更好的数据可视化指南

1本全面而专业的数据可视化宝典

5大设计原则，让你的图表直击人心

80多种可视化图表，助你成为数据呈现专家

500多个可视化案例，让你轻松掌握图表应用

U0281103

Better Data Visualizations:
A Guide for Scholars, Researchers, and Wonks

更好的
数据可视化指南

[美]Jonathan Schwabish 著　　易炜 译

电子工业出版社
Publishing House of Electronics Industry
北京·BEIJING

内 容 简 介

这是一本关于如何更好、更有效地进行数据可视化的书。本书分为 3 个部分。第 1 部分是创建有效可视化的通用指导原则，我们将了解受众的重要性，以及思考哪类图表能更好地契合他们的需求。第 2 部分是本书的核心部分，我们将定义和讨论 80 多张图表，这些图表分为八大类：比较、时间、分布、地缘、关系、构成、定性和表格。我们将看到各类图表是如何起作用的，以及它们的优缺点。第 3 部分整合了两块内容，一是构建数据可视化样式指南，二是如何结合不同的经验对图表进行重新设计。

本书将指导你选择最适合展示相关数据的图表，并有效地传递你想传达的信息。

版权贸易合同登记号　图字：01-2022-3035

图书在版编目（CIP）数据

更好的数据可视化指南 /（美）乔纳森·施瓦比什（Jonathan Schwabish）著；易炜译 . —北京：电子工业出版社，2022.8
书名原文：Better Data Visualizations：A Guide for Scholars, Researchers, and Wonks
ISBN 978-7-121-44063-2

Ⅰ . ①更… Ⅱ . ①乔… ②易… Ⅲ . ①可视化软件 – 数据处理 – 指南 Ⅳ . ① TP31-62

中国版本图书馆 CIP 数据核字（2022）第 136145 号

责任编辑：张慧敏
印　　刷：天津千鹤文化传播有限公司
装　　订：天津千鹤文化传播有限公司
出版发行：电子工业出版社
　　　　　北京市海淀区万寿路 173 信箱　　邮编：100036
开　　本：720×1000　　1/16　　印张：23.5　　字数：432.4 千字
版　　次：2022 年 8 月第 1 版
印　　次：2022 年 8 月第 1 次印刷
定　　价：136.00 元

凡所购买电子工业出版社图书有缺损问题，请向购买书店调换。若书店售缺，请与本社发行部联系，联系及邮购电话：（010）88254888，88258888。
质量投诉请发邮件至 zlts@phei.com.cn，盗版侵权举报请发邮件至 dbqq@phei.com.cn。
本书咨询联系方式：（010）51260888-819，faq@phei.com.cn。

译者序
你需要一个数据可视化工具箱

作为一个信息可视化的爱好者，我阅读了大量与可视化有关的书籍，也浏览了许多与可视化相关的网站。结果发现，要做好信息可视化，需要非常广泛的知识，包括但不限于格式塔心理学、设计原理、色彩规则、图表类型等。

很多人在运用数据可视化时，容易陷入一个误区，就是执着于如何制作一张酷炫、华丽、夺目的数据图表，于是Excel、Tableau、R、Python等软件齐齐上阵，就是为了生成一张看上去很漂亮的图表。

也可能因为这样，市面上教你怎么制作一系列漂亮图表的书比较多，但真正从源头上厘清在什么情况下使用什么图表效果更好的书却非常少，即便有，内容也不是那么系统。

因此，我一直想找一本能系统地介绍如何规范使用数据图表的指南。

"念念不忘，必有回响"，一次偶然的机会，让这本书出现在我的面前。

有一天，电子工业出版社的张慧敏编辑联系我，希望我推荐一个译者来翻译一本数据可视化的书。我请编辑把电子版先发给我看一下，并准备根据大致内容帮她寻找合适的译者。

当我浏览这本书时，激动得直拍大腿，这不就是我一直在找的书吗！这简直就是一个数据可视化的工具箱，在你需要了解哪些图表适用于什么场合时，拿出来查阅一下，就能挑选出恰当的图表。

这本书的核心就是不断强调：**用什么图表取决于你的目的，以及受众的需求！**所有数据图表的使用都围绕着这一点进行，在没有分析清楚这个之前，不要贸然使用所谓的经典图表。

作者的这个核心观点，和我在结构思维体系中创建的 G·A·S（目的、对象和场景）模型不谋而合。这么奇特的缘分，怎么能让它擦肩而过呢！

打定主意后，我就毛遂自荐，说我来试试吧！于是直接试译了前言，发给编辑过目，不知是不是被我的诚意所打动（在签订翻译合同之前，我已经默默地翻译了三章），张慧敏编辑最后决定让我来完成本书的翻译。

在此，非常感谢张慧敏编辑的信任，把这么一本大部头书放心地交给一个翻译领域的新手。

在翻译的过程中，虽然查阅了大量数据统计方面的资料，力争能将专业术语翻译准确，但还是发现有些图表没有统一的中文称谓。我知道读者中藏龙卧虎，如果你发现有不准确的地方，还望不吝指出，你可以发邮件到本书责任编辑的邮箱 zhanghm@phei.com.cn，我们会在再版时进行修订。

易炜

前言

　　有多少人在制作数据图表时是这么做的：分析数据，得出结论；做一张图表，把它粘贴到报告中，再配上说明文字；写一个平平无奇的标题，比如"图1. 平均收入，1990—2020年"；另存为PDF格式，把它发送出去。

　　你也许会用几个月甚至几年的时间来整理和分析数据并写出这份报告，但设计数据图表所用的时间要少得多。你可能会打开一个类似于Excel的软件，粘贴数据，单击下拉菜单，选择一张使用过数十次甚至上百次的图表，采用默认格式，并将其粘贴到报告中。

　　在这个过程中，你有没有停下来思考过，在传递信息时最重要的是什么？是受众！人们会读你的报告，会听你谈论你的研究内容。然而，许多人不愿花时间去思考，如何更好地展示自己的洞见，大家都是在用一些简单而俗套的方法。

　　这是为什么呢？也许你觉得自己缺乏技术能力或设计基础来创建复杂、有趣的图表，也许你担心时间花得不值，因为你的领导或其他人认为这不值得花时间。大多数人认为他们的读者会"明白"，就好像每个人都看过这个内容上百遍似的。但是，许多读者，尤其是那些有权做出改变或实施政策的人，可能从未见过这个内容。在这种情况下（可能是大多数情况），仔细考虑数据如何呈现与数据本身一样重要。

　　这是一本关于如何更好、更有效地进行数据可视化的书。它的目的是提升你的图表素养，扩充你的图表工具箱。下次你再打开Excel、Tableau、R或其他这类软件时，将不再拘泥于下拉菜单或导航菜单里的图表。本书将指导你选择最适合展示相关数据的图表，并有效地传递你想传达的信息。

人们常常和我说，他们不能创建那些复杂的、非标准化的图表，因为他们的同事、领导或受众无法理解这些图表。我们不是生来就能读懂条形图、折线图或饼图的。正如ProPublica的执行副主编斯科特·克莱因（Scott Klein）曾写道的那样："根本不存在所谓的直觉类图表，没有人生来就能阅读视觉化的信息。"

作为数据可视化的创造者，你必须了解受众，并知道什么时候使用哪类图表能够吸引读者——帮助他们提升图表素养。

▶　▶　▶　▶　▶

本书分为3个部分，第1部分是创建有效可视化的通用指导原则。我们将了解受众的重要性，以及思考哪类图表能更好地契合他们的需求。没有哪本数据可视化的书能包含制作有效图表的所有内容，不过有些最佳实践能够帮助你更好地开展工作。当你继续创造更多的视觉效果，并看到它们对受众的影响时，你将培养出自己的美学观，并学会何时改变或打破这些指导原则。

第2部分是本书的核心部分。我们将定义和讨论80多张图表，这些图表分为八大类：比较、时间、分布、地缘、关系、构成、定性和表格。我们将看到各类图表是如何起作用的，以及它们的优缺点。

各类别之间的图表可能会有重叠——例如，条形图既可以用来显示某个类目随时间的变化，也可以用来表示各类目之间的对比。图表的分类是基于它们的用途的。但即使这样，也并不是完全客观的，你的看法和面临的情况可能不一样。本书不会涉及所有的图表，比如建筑、生物和工程等领域里的专用图表就不在本书的讨论之列。相反，本书会涵盖最常见和最灵活的图表，这些图表可以满足大多数人展示数据的需要。

第3部分整合了两块内容，一是构建数据可视化样式指南，二是如何结合不同的经验对图表进行重新设计。如果你曾写过研究论文或报告，那么你可能了解一些写作格式指南，从CMS（The Chicago Manual of Style，芝加哥手册，一个适用于美国英语的写作格式指南）到MLA（Modern Language Association，美国现代语言协会制定的论文格式指南）。这些指南把写作分解为多个要素，并规定了它们的正确用法。数据可视化样式指南与之类似——定义构成要素、规定相应格式,以及如何使用它们。在最后一章中,我们将应用这些经验重新设计一系列图表,以更好地展示数据。

本书将指导你深挖数据,以及如何进行数据可视化。为了让你的信息传播得更远,可视化比以往任何时候都重要。你的客户和同事、政策制定者和决策者、感兴趣的读者都被淹没在信息洪流之中,而好的视觉效果可以帮他们拨云见日。

任何人都可以改进其可视化和沟通数据的方式,而且你不需要拥有市场营销、设计或广告专业的研究生学位。你看我,我的职业生涯就是从联邦政府的经济学家开始的。

我学习数据可视化的历程

我曾准备报考麦迪逊的威斯康星大学经济学专业(有一次尝试数学专业也是倒霉透顶,因为在马尔可夫链遇到了麻烦),我知道自己最终想去华盛顿,那是公共政策和政治的中心。在那里,我能探索真正的问题,并制定解决方案。

我在2005年搬到华盛顿,并加入国会预算办公室(CBO)。我的工作是帮助研究长期微观模拟模型,以用于检查社会安全系统和预测联邦预算的长期财政状况。2005年春,对于社会保障工作而言,是一个激动人心的时期。那年,布什总统宣布将社会保障作为其第二任期的核心组成部分。他在2005年的国情咨文中说:"我们必须通过改革,彻底解决社会保障的财政问题。"虽然那一年晚些时候,改革停滞不前了,但在我加入国会预算办公室的头几个月里,我在国会预算办公室的团队评估和分析了数十项政策的效果。

五年后,我把残障工人、移民和食品券(现在称为补充营养援助计划或SNAP)的政策研究纳入我的工作范围内。2010年,我的三位同事起草了一份关于社会保障政策选择的特别报告。该报告探讨了30种不同的改革方案,以及它们的影响。报告中有一组核心数据,该组数据会显示系统中的税收变化和支付的福利,还能体现出两者之间的差额,以及这30种改革方案在其他财政偿付能力指标上的变化。这组数据看起来像这样:

选项名称			收入、支出和余额在GDP中的占比				75年现值占比		信托基金耗尽年份
			年				GDP	应税工资	
			2020	2040	2060	2080			
基线[a]		收入[b]	4.9	4.9	4.9	5.0	5.2	14.4	20XX
		支出[c]	5.2	6.2	6.0	6.3	5.8	16.0	
		余额[d]	-0.3	-1.3	-1.1	-1.3	-0.6	-1.6	

选项名称			收入、支出和余额变化在GDP中的占比				75年现值的变化占比		信托基金耗尽年份变化
			年				GDP	应税工资	
			2020	2040	2060	2080			
1	2012年工资税率提高1个百分点	收入	0.4	0.4	0.3	0.3	0.3	1.0	XX
		支出	*	*	*	*	*	*	
		余额	0.4	0.4	0.4	0.4	0.3	1.0	
2	20年内提高工资税率2个百分点	收入	0.3	0.7	0.7	0.7	0.5	1.6	YY
		支出	*	*	*	*	*	*	
		余额	0.3	0.7	0.7	0.8	0.6	1.6	
3	60年内提高工资税率3个百分点	收入	0.2	0.5	0.8	1.0	0.5	1.5	ZZ
		支出	*	*	*	*	*	*	
		余额	0.2	0.5	0.9	1.1	0.5	1.4	
4	取消应税最高限额	收入	0.8	0.9	0.9	0.9	0.9	n.a.	AA
		支出	*	0.3	0.5	0.5	0.3	n.a.	
		余额	0.8	0.6	0.4	0.4	0.6	n.a.	
5	提高最高应纳税额,以涵盖收入的90%	收入	0.3	0.4	0.4	0.4	0.4	n.a.	BB
		支出	*	0.1	0.2	0.2	0.1	n.a.	
		余额	0.3	0.3	0.2	0.2	0.2	n.a.	

作者在国会预算办公室制作的初稿

你就算不是政府经济学家也知道,国会议员不会去阅读这种数据表——里面太多的行和列,满屏的数据,信息严重过载。就在那时,我开始思考有没有更好的展示数据的方式。

于是,我们对原来的表做了一些改进,用小面积图代替了一些数字,让读者对每个选项都有一个直观的印象,这样,他们就能看出,哪些选项增加了偿付能力,哪些选项没有增加。

表2

社会保障财政在各种方案下的变化

（占GDP的百分比）

		2020	2040	2060	2080	年度财务	GDP	应税工资
						现行法规[a]		
						收入和支出[b]		
	收入	4.9	4.9	4.9	5.0		5.2	14.4
	支出	5.2	6.2	6.0	6.3		5.8	16.0
	余额	-0.3	-1.3	-1.1	-1.3		-0.6	-1.6
改变收入税率						从现行法律调整的点位[a]		
						年度余额变化[c]		
1 2012年工资税率提高1个百分点	收入	0.4	0.4	0.3	0.3		0.3	1.0
	支出[d]	*	*	*	*		*	*
	余额	0.4	0.4	0.4	0.4		0.3	1.0
2 20年内提高工资税率2个百分点	收入	0.3	0.7	0.7	0.7		0.5	1.6
	支出[d]	*	*	*	*		*	*
	余额	0.3	0.7	0.7	0.8		0.6	1.6
3 60年内提高工资税率3个百分点	收入	0.2	0.5	0.8	1.0		0.5	1.5
	支出[d]	*	*	*	*		*	*
	余额	0.2	0.5	0.9	1.1		0.5	1.4
4 取消应税最高限额	收入	0.8	0.9	0.9	0.9		0.9	n.a.
	支出	*	0.3	0.5	0.5		0.3	n.a.
	余额	0.8	0.6	0.4	0.4		0.6	n.a.
5 提高最高应纳税额，以涵盖收入的90%	收入	0.3	0.4	0.4	0.4		0.4	n.a.
	支出	*	0.1	0.2	0.2		0.1	n.a.
	余额	0.3	0.3	0.2	0.2		0.2	n.a.

Continued

来源：国会预算办公室

国会预算办公室关于社会保障报告的最终版本。请注意，数据较少，图形较多

这份报告的效果不错，我们收到来自多方的赞许，有国会预算办公室和其他部门的同事，也有国会山（Capitol Hill）和其他地方的读者。这也是我和我的部门第一次仔细而有前瞻性地思考数据可视化。从那时起，我就开始研读数据可视化、设计、色彩理论以及排版等方面的内容。

接着，我开始和编辑、设计师通力合作，改进基础报告中的图表，同时创建一些新的报告和图表类型。我们开始制作信息图，当时挺流行的，它把数据、文本、图像等信息整合在一起，形成一张有着统一视觉效果的长图。2012年，我们制作了这张信息图，作为长期预算展望（一份109页的报告）的补充和总结。

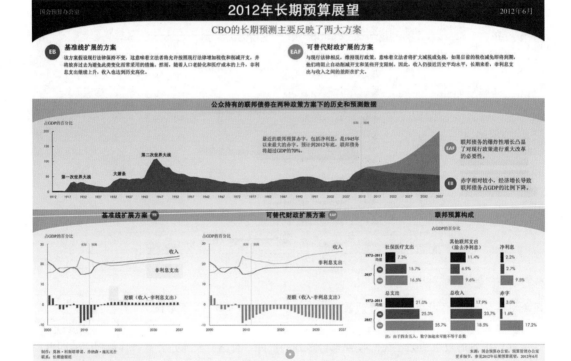

来源：国会预算办公室

关于2012年长期预算展望的信息图

　　同年6月，国会预算办公室主任在美国众议院预算委员会面前阐述我们的分析结果。当时走廊上的电视正在播放听证会，我突然听到同事大喊："乔恩！乔恩！快出来！你的信息图上电视了！"

　　我出来一看，果然，在C-SPAN（公共事务卫星有线电视网）上，众议员克里斯·范·霍伦（Chris Van Hollen）举着我的那张信息图，上面布满了标注和笔记。这种形象化的展示甚至引起了美国总统的注意，当然，也吸引了那些整天和联邦预算打交道的人。那一刻我意识到，如何呈现数据和数据本身一样重要。

来源：C-SPAN2

马里兰州众议员克里斯·范·霍伦在众议院预算委员会听证会上举着"长期预算展望"信息图

　　2014年，我加入了位于华盛顿的城市学院（Urban Institute），这是一家非营利机构。在那里，我有一半的时间做研究，另一半的时间则在通信部帮同事做数据可视化和数据的有效展示。

　　从那时起，我先后举办了数百场研讨会，在全球各地发表演讲，出版了两本关于数据沟通的书。大家似乎也意识到了，更好的视觉内容和演示，能更好地影响决策者采纳相关研究和政策。随着计算机技术的突飞猛进、社交媒体的广泛普及，以及媒体领域的不断扩展，视觉化内容变得越来越重要，甚至可以说是必需的。

如今，我和不同组织的人一起合作，有非营利组织的、政府机构的、私人企业的等。我的主要工作是帮助他们提升创建图表的能力，以及更好地传递内容。我曾与年轻的经济学家和分析师一起处理海量数据；帮助医护人员将分析结果传达给患者、家属及医院管理层；与人力资源管理者一起处理求职者数据库；帮助广告和市场人员销售产品，等等。

在工作和学习中，我们将面临各种各样的数据可视化挑战，虽然在学校或职业发展计划里都不会教授这些技能，但是这些技能都是容易学会的。我们可以轻松学会并读懂那些从未见过的复杂图表，我们也可以学会如何利用这些图表进行更有效的沟通。

最终，我发现，能展示给大家最重要的东西之一，就是大量的可视化图表。这正是本书要带给大家的——80多张可视化图表，从大家所熟知的标准图表，到个性化图表，都有涉及。

不过，在正式讲解每张图表之前，还是应该先了解一下，我们的大脑是如何处理这些可视化信息的，以及有哪些数据可视化的最佳实践。

目录

第3部分　设计你的可视化内容

第1部分

数据可视化原理

视觉化过程和感知顺序

在创建图表之前，我们需要先了解大脑接收视觉信号的理论基础，这能帮你决定如何选择最适合的图表类型。

当我们考虑如何对数据进行可视化时，必须问问自己，读者感知数据的准确度如何。有些图表是否能引导读者了解，比如2%和2.3%之间的差异？如果是，那么在创建可视化图表时，应该如何体现这些差异？

对于这个问题，有一张感知图谱（Perceptual ranking diagram）可供参考。这是基于我们过去三十多年的研究整理的一张图谱——简单地说，就是由点、线、块等数据类型组成的图表，按人们识别数量关系的难易度进行排序。数量关系明显的，排在上面，而数量关系不明显的，排在下面。

这个排序很容易理解，我们识别折线图、条形图和面积图上的数据比较容易，因为它们都有相同的坐标轴或共同的基准线。而那些不使用同一坐标轴的数据图表（你可以想象一下，两张条形图被放在一起对比，但它们分别使用了不同的坐标轴），要识别图表上的具体值会很难。

在纵轴的下方，是基于角度、面积、体积和颜色来区分信息的。你凭直觉就知道这一点：在阅读条形图时，你很容易就能识别出准确的数据值，以及各数据值之间的差异。而在阅读用不同颜色填充的热力图时，你将很难识别出准确的数据值。

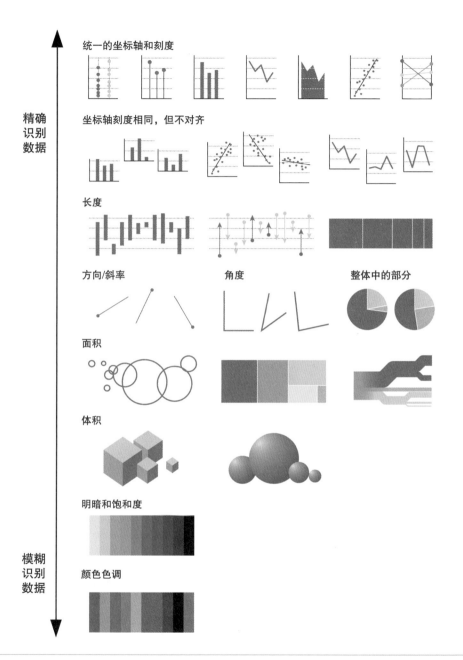

感知图谱。选择什么样的数据可视化，取决于你的目标以及受众的需求，还有你的经验和专业度。

这张图是基于克利夫兰（Cleveland）和麦吉尔（McGill）（1984年），希尔（Heer）、伯斯托克（Bostock）和奥吉维茨基（Ogievetsky）（2010年）等人的研究，并由阿尔贝托·开罗（Alberto Cairo）（2016年）改编的

诸如条形图、折线图这类标准图表，之所以被广泛运用，是因为它们能被准确地感知，大家更熟悉，而且也容易创建。而非标准图表，比如圆形图或曲线图，读者就很难准确地感知对应的数据值。

但是，精确地读取数据值不是唯一目的，甚至根本就不是我们的目的。

鼓励读者参与其中同样重要，有时甚至更重要。而非标准图表刚好可以起到这样的作用。有时，非标准图表比标准图表能更好地展示潜在的模式或趋势。另外，非标准图表长得与众不同这一点就可以让大家更投入，毕竟，有时我们需要先将大家的注意力吸引到可视化上来。

这张图来自信息设计师费德里卡·弗拉加潘尼（Federica Fragapane），它展示了2017年世界上暴力犯罪最多的50个城市。纵轴表示每个城市的人口，横轴表示每10万人中的凶杀率。每个图标中的线条数量表示凶杀案的数量，其他颜色、形状和标记代表的指标包括国家（每个图标中间的符号）、地区（垂直虚线）和2016年以来的变化（蓝色表示减少，红色表示增加）。当然，也可以用条形图、折线图或其他类型的图表。但如果用普通的图表，你会把图表放大，仔细查看吗？

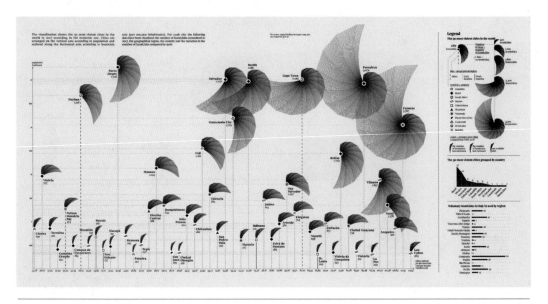

费德里卡·弗拉加潘尼为La Lettura Correier della Serra设计的图表显示了世界上暴力犯罪最多的50个城市

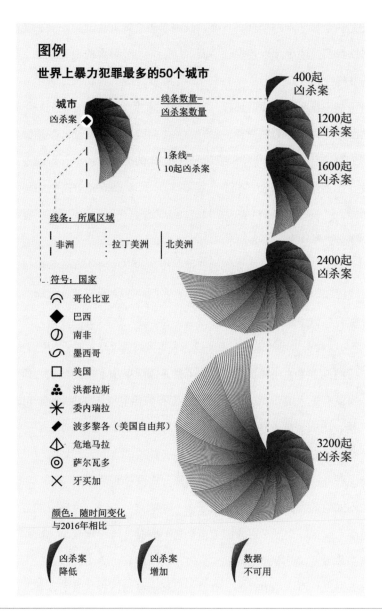

把费德里卡·弗拉加潘尼（Federica Fragapane）的图表放大，你就可以看到详细的数据和元素。如果使用条形图或折线图，你还有兴趣放大后仔细阅读吗

数据可视化是科学和艺术的结合。有时，我们希望更接近科学的一面，让读者更准确地进行比较。而有时，我们希望更接近艺术的一面，创造一些吸引人的视觉效果，虽然在这种情况下会失去一定的准确性。

有时，读者可能不像我们希望的那样，对这个主题感兴趣，或者他们缺乏足够的专业知识来理解内容。然而，作为内容的创造者，我们的工作是鼓励人们阅读和使用图表，即使会"违反"众所周知的感知规则。我们应该考虑不同受众群体的类型、需求，以及他们对视觉化本身的兴趣或参与度。正如历史学家塞西莉亚·沃森（Cecelia Watson）在阐述"分号的历史和用法"时所写的那样，"假如我们少考虑规则，多考虑交流，并认为我们彼此有义务找出真正要交流的是什么，那会怎样？"

即使我们用常见的、最熟悉的图表类型，也不应该假设读者会注意到视觉设计上的所有细节。条形图、折线图和饼图是很常见的图表，但这些图表都太无聊了，无聊的图表是易被忘记的。采用不同寻常的形状和样式，会让读者眼前一亮，吸引大家的注意力。阅读图表和看照片是不一样的，看照片时会有自发的理解。而阅读图表更像阅读文章，是一个更复杂的认知过程。

这并不是说我们不需要关注视觉感受，也不是不需要做出准确的比较，而是让读者参与进来，这个目标本身就有很大的价值。数据可视化工程师伊利亚·米克斯（Elijah Meeks）说："像其他沟通一样，图表需要有说服力才能令人信服。以条形图为例，尽管它可能是最理想的，但屏幕上千篇一律的条形图，会沦为背景噪声，让看图表的人昏昏欲睡。那么，你有责任让数据图表更具说服力，尽管和简单的图表比起来，它没那么精确。"

引入新的或不同的图表类型也会给读者带来一些障碍。有时，障碍可能会比较大，比如一个全新的图表类型，或者一个异乎寻常的数据描述。有时，障碍比较小，比如使用了在感知图谱上靠近底部的一些图表，或者是之前偶尔见过几次的图表。为了克服这些障碍，你可能需要解释如何阅读这类图表。但这是值得的，有时，风格迥异的图表能吸引读者的注意力，激发他们的好奇心。

过得怎样？

来源：OECD

这是一张来自经济合作与发展组织（OECD）的交互式可视化图表，它让用户能够探索"更好的生活"有哪些不同的指标和定义。如果用标准图表，如用条形图可能更容易进行数据比较，但会不会同样有趣呢

什么时候应该使用非标准图表？如果是基于学术目的，则不适合使用非标准图表，因为对于学术写作来说，准确是最重要的，在学术报告中，我们希望读者能清楚有效地对比其中所呈现的数据。不过，在诸如标题风格、独立图表、博客文章、简报、报告、社交媒体等场景下，创建一些与众不同的图表会更吸引眼球，并让他们关注你的论点、数据或内容。

艺术家兼记者杰米·瑟拉·帕罗（Jaime Serra Palou）创作的这幅充满创意的数据可视化作品，是一个非标准图表的绝佳例子。他用咖啡杯上的污渍描绘了一年中每天的咖啡消耗量。你可以立刻看到，他在一年中的哪些时间段需要喝更多的咖啡。当然，一张折线图也能传达相同的数据，但如果用折线图，你会停下来看它一眼吗？

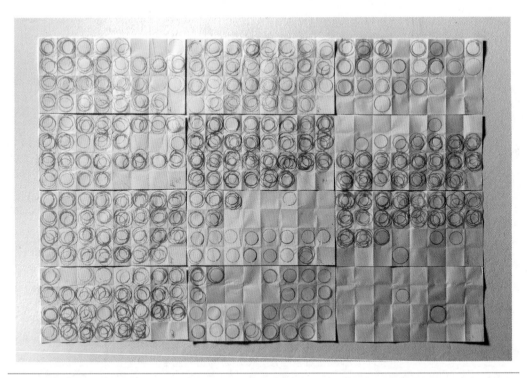

艺术家兼记者杰米·瑟拉·帕罗用咖啡杯上的污渍描绘了他一年中每天的咖啡消耗量

　　有时，你也可以两不耽误，用非标准图表吸引注意力，同时搭配大家熟悉的图表。像瑟拉创作的那种图表，可以作为关于咖啡消耗量的书或报告的题图，而在内页可以添加细节更丰富的标准图表。一些研究表明，创造新颖的图表，比如那些允许用户定制内容（通过输入他们自己的信息），或者仅仅是更具美感的图表，都能让读者更积极地阅读内容。

安斯库姆四重奏

1973年，统计学家弗朗西斯·安斯库姆（Francis Anscombe）出版了《安斯库姆四重奏》（*Anscombe's Quartet*），这本书很好地说明了数据可视化的价值。"四重奏"向我们展示了图表的力量，以及它们如何与统计相结合，从而更好地呈现数据。

我们看下面这张表，它展示了四组数据，每组数据都包含X值和Y值。

数据集		1	1	2	2	3	3	4	4
变量		x	y	x	y	x	y	x	y
观测值 编号	1 :	10	8.0	10	9.1	10	7.5	8	6.6
	2 :	8	7.0	8	8.1	8	6.8	8	5.8
	3 :	13	7.6	13	8.7	13	12.7	8	7.7
	4 :	9	8.8	9	8.8	9	7.1	8	8.8
	5 :	11	8.3	11	9.3	11	7.8	8	8.5
	6 :	14	10.0	14	8.1	14	8.8	8	7.0
	7 :	6	7.2	6	6.1	6	6.1	8	5.3
	8 :	4	4.3	4	3.1	4	5.4	19	12.5
	9 :	12	10.8	12	9.1	12	8.2	8	5.6
	10 :	7	4.8	7	7.3	7	6.4	8	7.9
	11 :	5	5.7	5	4.7	5	5.7	8	6.9
平均值		9.0	7.5	9.0	7.5	9.0	7.5	9.0	7.5
方差		11.0	4.1	11.0	4.1	11.0	4.1	11.0	4.1
相关性		0.816		0.816		0.816		0.817	
回归方程		$y = 3 + 0.5x$		$y = 3 + 0.5x$		$y = 3 + 0.5x$		$y = 3 + 0.5x$	

来源：弗朗西斯·安斯库姆

这个例子被称为"安斯库姆四重奏"，通过这种方式很难看出数据模式和汇总数据

我们观察后可以看出，前三组中的X值都相同；最后一组中的X值除一个是19外，其他的都是8；并且，X值都是整数，而Y值不是。我们甚至还注意到，第三列Y的最大值是12.7。以我的经验，大多数人不会在意各组数据之间的关系，不过，这正是我们想要说的。通过计算，我们发现在这四组数据中，每一组都会生成一些相同的信息：X列和Y列的平均值相同；每组数据的方差相同；X和Y之间的相关性相同；它们的回归方程也是一样的。

　　然而，当我们用图来显示相同数据时，立即就能看出这些关系。例如，四组数据都正相关；第二组中的曲率，你在表中是看不到的；以及异常值12.7和19。

　　相较于原来那张表，我们更容易记住这四张小图。分子生物学家约翰·梅迪纳（John Medina）在他的畅销书《让大脑自由》（*Brain Rules*）中写道："输入的信息越直观，就越有可能被识别和回忆起来。"因此，数据和内容越直观，读者越容易记住它，当然，如果还能用起来，就更好了。

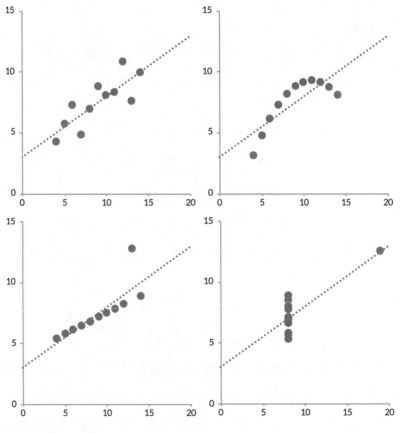

来源：弗朗西斯·安斯库姆（1973年）

如果安斯库姆四重奏的数据用图表来表示，则更容易看到两个变量之间正相关，还有右上角图中的曲率，以及底部两个图中的异常值

视觉感知的格式塔原理

我们如何感知信息？作为图表创建者，我们如何利用相关原理，更有效地传达我们的数据？格式塔（Gestalt）理论可以帮助我们理解，读者是如何辨识图形的。格式塔是20世纪早期由德国心理学家发展起来的理论，它指的是我们会将相关视觉元素看成一个整体来识别。对该领域的进一步研究因德国纳粹的兴起和第二次世界大战而中断。战争过后，格式塔理论因缺乏严谨的方法论而饱受诟病。但是，格式塔的观点在许多领域都得到体现，包括信息理论、视觉科学和认知神经学。

格式塔理论中有六个原理对于创建图表和视觉效果尤其有帮助，它们可以让我们的图表在读者的脑海中留下深刻的印象。

邻近原理

我们认为彼此接近的物体属于一个整体。我们可以将许多图形元素组合在一起：带有点的标签、多组条形图，或者像下面这张图一样——散点图中的点，在图中我们可以看到两个组，一个在右上角，另一个更靠近左下角。

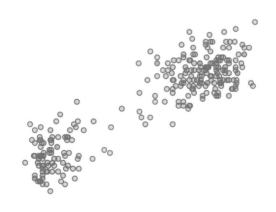

相似原理

我们的大脑会将具有相同颜色、形状或方向的物体分组。为上面的散点图添加颜色后，会强化我们将其分成两组的认知。

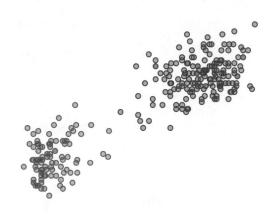

包围原理

有边界的对象会被视为一组信息。在这里，除使用颜色外，我们还可以用圆或其他形状将它们圈起来。

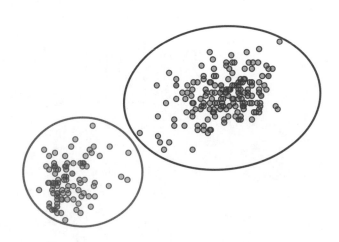

闭合原理

我们的大脑会自动补全画面,即便画面间有明显的间断。在阅读基础数据图表时,我们会连同纵轴和横轴将其看作一个整体,因为两条轴线足以让我们感知到一个封闭的空间。对于缺失数据的折线图,我们倾向于用最直接的方式补齐这个缺口,即使实际情况并不是这样的。比如,在左边的折线图中,我们会脑补一条直线,将其连起来,但实际的数据产生的可能是先向上、再往下的折线。

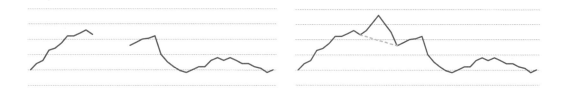

连续原理

连续原理是指,对齐或连续的对象会被视为一组信息。因此,当看一系列的形状时,我们的眼睛会寻找一条平滑的对齐线。例如,你不需要在这张柱状图中使用横轴线,因为柱状图是沿着标签基于底部对齐的。

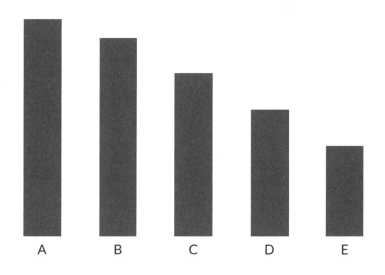

连接原理

根据连接原理，我们把相连的物体视为同一组信息。以图表中一系列的点为例：首先，我们把它看作一个单一的系列，一堆蓝色的点。在添加了颜色后，我们可以清楚地看到有两个不同的系列。而当我们把这些点连在一起时，就可以清楚地看出这两组数据最初是如何趋合的，但随后发生背离。

  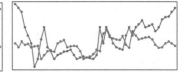

前注意加工

"前注意加工"是格式塔理论中的一个概念，它是我在进行数据可视化时考虑最多的视觉原理。正如我们刚才看到的，我们的眼睛能够捕捉到有限的一系列视觉特征，然后将这些特征结合起来，无意识地把它看成单一图像。换句话说，前注意属性将我们的注意力吸引到图像的特定部分。

举个例子，请找出下表中四个最大的数字。

表 1：今年销售额增至 6 亿美元

	Q1	Q2	Q3	Q4
Bob	26	35	72	84
Ellie	22	15	61	35
Gerrie	19	20	71	55
Jack	22	95	13	64
Jon	83	62	46	48
Karen	30	65	98	82
Ken	38	28	45	71
Lauren	98	81	41	63
Steve	16	50	23	41
Valerie	46	24	30	57
总计	$400	$475	$500	$600

很难，对吧？那么，试试下面两个版本，左边的用颜色，右边的用明暗的方式，突显了这四个数字。

表 1：今年销售额增至 6 亿美元

	Q1	Q2	Q3	Q4
Bob	26	35	72	84
Ellie	22	15	61	35
Gerrie	19	20	71	55
Jack	22	95	13	64
Jon	83	62	46	48
Karen	30	65	98	82
Ken	38	28	45	71
Lauren	98	81	41	63
Steve	16	50	23	41
Valerie	46	24	30	57
总计	$400	$475	$500	$600

表 1：今年销售额增至 6 亿美元

	Q1	Q2	Q3	Q4
Bob	26	35	72	**84**
Ellie	22	15	61	35
Gerrie	19	20	71	55
Jack	22	**95**	13	64
Jon	83	62	46	48
Karen	30	65	**98**	82
Ken	38	28	45	71
Lauren	**98**	81	41	63
Steve	16	50	23	41
Valerie	46	24	30	57
总计	$400	$475	$500	$600

前注意属性让我们立刻注意到大的数字

在这两张表中查找数字比在第一张表中更容易，因为这些数字使用了前注意属性：颜色和明暗进行编码。每一种方式都能帮助我们毫不费力地定位关键数字。

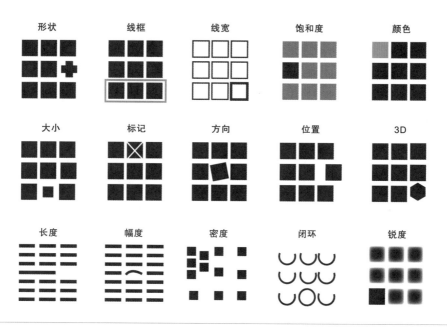

我们可以在视觉化中利用前注意属性来引导读者的视线

当有元素和周围明显不同时，前注意属性会起作用。我们可以利用许多方法来吸引读者的注意力，比如形状、线宽、颜色、位置、长度等。

在看照片时前注意加工也起作用。看看这些水果和蔬菜的照片。在左边的照片中，你的视线会被吸引到右上角。这组西红柿比其余的稍大一些，而且位置远离其他西红柿。然而，在右边的照片中，你的视线并不会被吸引到任何特定位置。这张照片比较平衡，没有哪个物体和其他物体分得很开。

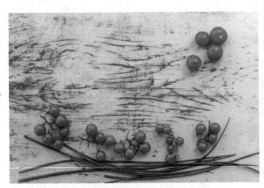

在左边的照片中，你会很快注意到右上角的四个西红柿，而右边的照片相对平衡，因此你的视线不会立即聚焦在任何特定区域。这是NordWood Themes（左）和蒂姆·高（Tim Gouw）（右）发布在Unsplash[1]上的照片

我们可以将这些属性应用于数据可视化中。折线图使用点的位置来表示数据，而条形图使用长度。你可以利用前注意属性将受众的注意力吸引到图表的各个方面，从而引导他们专注于你想强调的信息。

例如，我用灰色矩形标出折线图上的"预测"区域，它立即将你的视线吸引到图表的右侧。类似地，我可以用颜色高亮显示散点图中的几个点，而其他点保持为灰色。

1　译者注：Unsplash是一个免费图片下载网站。

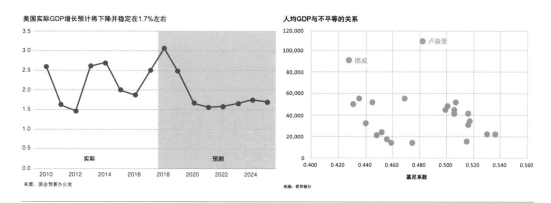

对这些图表应用简单的前注意属性可以引导你看向图表的"预测"区域（左图）和图表中突出显示的两个国家（右图）

小结

有了这些感知的基本规则，我们现在能够更好地识别和解释视觉化的特征，而这些特征我们可以用来突显数据。在开始丰富数据可视化工具箱之前，我们先了解一些让数据可视化更有效的指导原则——无论创建的是哪种图表，你都应该记住这些原则。

提高数据可视化效果的五个原则

每当我对数据进行可视化时，不管是静态图、动态图，还是报告、博客中的一部分，甚至是Twitter的配图，我都会遵循以下五个原则。

1. 展示数据。

2. 减少混乱。

3. 图文结合。

4. 避免使用意面图。

5. 从灰色开始。

展示数据和减少混乱意味着减少多余的网格线、标记和阴影，这些都会干扰实际数据。有力的标题、更好的标签和有用的注释将使图表与其周围的文本相结合。当图表有许多数据系列时，可以策略性地使用颜色突出显示感兴趣的系列，或者将一个密集的图表拆分成多个小图表。

总之，这五个原则会提醒我关注受众的需求，以及如何用可视化的数据讲故事。

原则1: 展示数据

读者只有看到你的数据，才能理解你的重点、观点或故事。这并不意味着你要展示所有的数据，但你要突出显示那些支撑观点的数据。作为图表的创建者，我们面临的挑战是要呈现多少数据，以及呈现的最佳方式。

这张美国的点密度图，使用了自2010年起，美国十年一次的人口普查数据，每一个点代表一个人，这是全国3.08亿居民在人口普查区（一个人口普查区相当于一个街区）的分布情况。注意，这张图除了数据什么都没有，没有州界，没有道路，没有城市标志，也没有湖泊和河流的标记。但我们仍然能看出这是美国，因为人们往往生活在边境和沿海地区，这些数据痕迹勾勒出了整个国家的形状。

格式塔的相似原理帮助我们看出美国的人群聚居情况。图片来源：版权所有，2013年，韦尔登库柏公共服务中心，Rector and Visitors of the University of Virginia[1]，达斯汀·A.科博尔（Dustin A.Cable）制作

1　译者注：Rector and Visitors of the University of Virginia是弗吉尼亚大学下属的一家出版社。

这并不意味着我们必须一直显示所有的数据。有时图表显示的数据太多，很难看出哪些数据更重要。比如这两张折线图，都显示了世界上50个国家的平均受教育年限。在左边的图表中，每个国家都用不同颜色的折线表示。这导致整张图表非常混乱，无法看出任何一个国家的趋势。而在右边的图表中，突出显示了六个重点关注的国家，其他国家全部被设置为灰色，把它们当成背景信息。这样，读者一眼就能看出我们想要强调的国家。这不是说我们要显示最少的数据，而是说要显示最重要的数据。

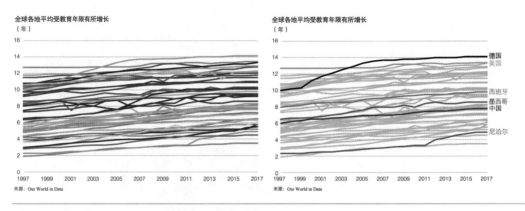

只突显几个国家（右图），这样图表更容易阅读

原则2: 减少混乱

使用不必要的视觉元素会分散读者的注意力，并使页面变得混乱。有很多导致图表混乱的陷阱需要避开。有一些基本元素，比如太粗的刻度线和网格线，几乎都可以直接删除。有些图表会使用数据标记（如正方形、圆形和三角形）来区分序列，但当标记重叠时，它们会让图表看上去乱糟糟的。当使用简单的、纯色的图表效果也很好时，千万不要做纹理或渐变填充。当使用不必要的3D（立体）效果时，会使数据失真。还有一些图表包含太多的文本和标签，使得整个空间变得混乱而拥挤。

就拿这张美国和德国的平均受教育年限的三维柱状图来说。

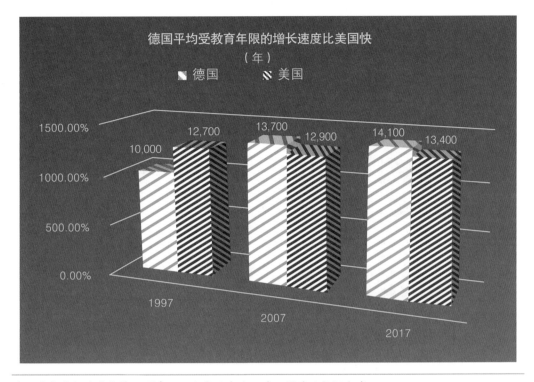

你之前应该也见过这种3D图表——分散注意力、难以阅读及数据失真

如果你认为没有人会设计这么奇怪的图表，那么你就错了。这是直接复制过来的图表，包括它的渐变样式。三维的柱形和闪烁的条纹，不匹配的数据和轴标签，用大量的小数表明数据的精确度，但实际上并没有这种效果——所有这些混在一起形成了一张很难阅读的图表，老实地说，看起来很不舒服。同时，三维图形会让数据失真。出现这种失真，是因为使用了不必要的三维透视效果。通过摈弃这些无关的、分散注意力的元素来简化图表，可以让你的观点更加清晰、易懂。

虽然我们对感知，以及眼睛和大脑如何工作的理解大多根植于科学研究，但决定使用什么视觉效果往往是主观的。比如使用哪种图表、在哪里放置标签和注释、使用什么颜色和字体等。

德国平均受教育年限的增长速度比美国快
（年）

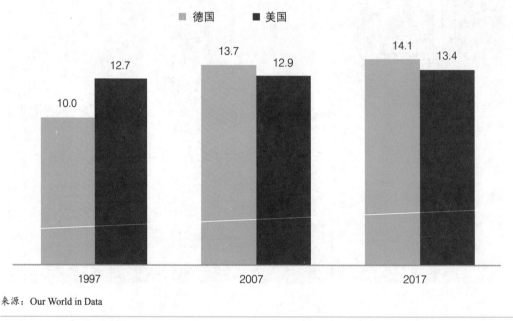

来源：Our World in Data

使用基础的柱状图就能消除3D效果导致的混乱和失真，因此图表更容易阅读和理解

在有些情况下，使用某种图表客观上就是错误的，但在大多数情况下，需要靠你的主观判断。随着你创建和阅读可视化图表的数量越来越多，你将拓宽视野，提高审美能力，并找到艺术和科学之间的平衡。

原则3: 图文结合

尽管我们主要关注创建可视化图表的元素，比如条形、点或折线，但对图表的文字说明同样重要。我们常常将文本和注释视为事后才思考的内容，但这些元素可以帮助读者来理解图表所包含的内容，以及图表本身。《纽约时报》的数据编辑阿曼达·考克斯（Amanda Cox）曾经说过，"注释部分是最重要的……否则就相当于说'都在这儿，你自己去搞明白'。"

为图表添加正确的注释，从帮助读者理解的角度来说，至关重要。有三种方法可以让图表和视觉效果融为一体：删除图例、创建有吸引力的标题和添加一些细节。

1. 尽可能去掉图例，直接标注数据

让我们从最简单的注释类型开始：删除图例并直接标注数据。许多软件会默认创建图例，并将其放置在图表周围，且和数据离得比较远，导致读者费力地寻找每一条折线或每一个条形对应的标签。更好的方法是，直接标注数据系列。

以前面50个国家平均受教育年限的折线图为例。左图默认在图表的某个位置放图例，而右图改为直接在图表的右端标注对应的国家。

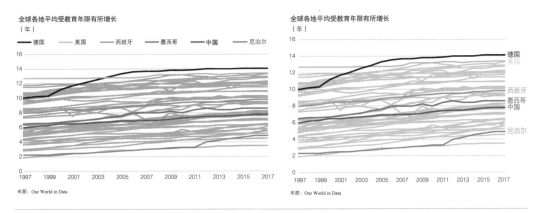

将标签直接放置在图表上，读者能更轻松地找到对应的数据

在线条较少的图表中，还可以将标签直接放置在图表上。在这种情况下，我会对齐标签，而不是随机放置。在左图中，你需要在图表上四处寻找每一个标签。我们通常从标题开始阅读图表，"美国"更靠近标题，会被认为是作者想强调的信息。在右图中，各国的标签沿着一条垂直线对齐，这样就更容易感受到整个视觉效果。

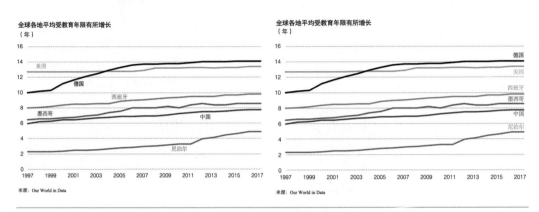

全球各地平均受教育年限有所增长
（年）

全球各地平均受教育年限有所增长
（年）

来源：Our World in Data

对齐标签而不是将标签随机放在图表上，同时，使用和折线相同的颜色进行匹配

我们可以采用类似的方法来标注"德国"和"美国"的平均受教育年限的柱状图。如果只有两个国家，与其使用游离于数据之外的图例，还不如直接把信息标注在柱状图上。或者把标题中相关国家的字体颜色和图表中的颜色对应起来，会怎样？

通过整合文本和数据，我们可以更好地照顾到读者的需求。他们需要分别看清每一条折线，还是将所有折线放在一张图表上也行？标记散点图中的每一个点很重要，还是突出显示几个点就够了？我们如何整合标签和图表元素，帮助读者快速而轻松地理解内容呢？

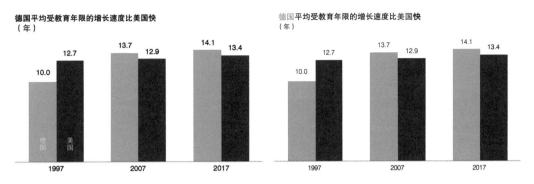

来源：Our World in Data

这是将标签融入图表中的两个例子

　　当然，并不总是可以删除图例的。具有多个类别的条形图或具有不同颜色的地图需要图例，因为直接把大量信息标注在图表上，在视觉上会很混乱。在这种情况下，至少要保持图例的顺序与数据的顺序一致。比如下面的左图，这是来自社会保障咨询委员会的一张折线图，其中线条的顺序和图例的顺序是不一致的。我们不仅需要在线条和标签之间来回游走，还有一个额外负担，就是要弄清楚两者的顺序。右图是重新设计的图表，删除了不必要的数据标记和网格线，并通过在线条旁边直接添加标签将图例集成到图表中。

　　我们不可能删除每张图表上的图例，但应尽可能将数据和标签关联起来，比如直接在图表上标记数据系列。

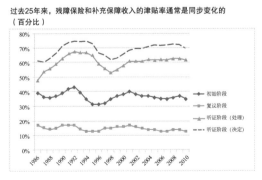

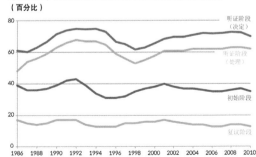

来源：社会保障咨询委员会，2012年2月

左图中线条的顺序和图例的顺序不一致，重新设计后，消除了不必要的混乱，并直接为折线添加标签

2. 把标题写得像报纸的标题一样

大多数标题都是对数据的中性描述，例如"图1：1950—2016年男女劳动力参与率"。但好的标题需要能抓住图表的要点，告诉读者从中可以得出什么结论。我把这些称为"有力的标题"或"报纸式标题"。在我写的关于演讲的书中，我听从了卡迈恩·加洛（Carmine Gallo）的建议，推荐演讲者在幻灯片中使用"Twitter式标题"。这些简洁、有力的短语，可以让听众轻松理解幻灯片或图表所要表达的内容。通常，我们的标题只是在描述数据，而不是在表达观点或论点。

虽然皮尤研究中心（Pew Research Center）用"1950—2016年男女劳动力参与情况"这样的标题也没什么错，但它没有表达出读者应该了解的内容，即在1950—2016年，男性和女性的劳动力参与率的变化。最后，皮尤研究中心使用了一个更为明确的标题——"女性劳动力参与率上升，男性劳动力参与率下降"——以此告诉读者，他们应该关注什么。

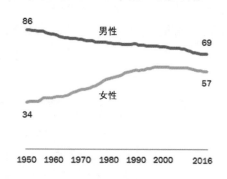

**女性劳动力参与率上升，男性劳动力
参与率下降**
劳动力参与率（%），年龄在16周岁及以上

说明：劳动力参与率指男性和女性正在工作或正在寻找
工作所占的比例。
来源：劳工统计局历史数据
"美国在性别平等方面存在着巨大的党派分歧"

皮尤研究中心

这张来自皮尤研究中心的图表的标题准确地告诉你应该从中学习什么

人们会看标题吗？哈佛大学2015年的一项研究表明，"标题和文本会吸引人们的注意力，在阅读的过程中会被强化，而且……有助于识别和回忆相关信息"。如果人们会阅读标题（以及所有的文字说明），那么我们就应该像对待图表那样认真对待标题。

但是，"有力的"标题会让我们看起来有偏见吗？我曾与许多同事讨论过，我为什么偏爱有力的标题。但他们认为这样会显得有偏见。不过，如果使用观点鲜明的标题只是为了忠实地展示结果和图表信息，那就没问题。在大多数情况下，可以通过查看图表周围的文字说明来理解其所表明的论点，以及如何解释这些数据。换句话说，他们的论点就在图表的旁边，但是就像我们之前说的图例一样，它和图表是分开的，这样会增加阅读的难度。

清晰、有力的标题，可以让数据更清晰、更有说服力。当然，简短、有力的标题并不总是适用的，比如，你可能提出了不止一个观点，或者简单地描述数据就是你的目的。总的来说，在标题中体现图表的核心内容，可以使你的论点和讲述的故事更聚焦。

在上面的例子中，皮尤研究中心既没有让读者在图表中自己找观点，也没有在标题中添加带有偏见的评论，只是突出显示了图表中的关键信息。

如果你想不出一个简洁、有力的标题，那么可能是你的图表缺乏有价值的信息，或者更常见的情况是，你没想清楚想用图表说明什么。

3. 添加注释

一旦图表制作完成，标题确定下来后，不妨问问自己，如果再添加一些文字说明，会更有帮助吗？

有时数据里有峰值或谷值、离散值或波动值需要解释。在图表中添加细节说明，有助于大家推导出你的论点或关键点。如果使用的是非标准图表，则还要解释如何阅读它。

下面这张折线图是关于"尼尔"这个名字在美国的流行度的，由英国数据可视化顾问尼尔·理查德（Neil Richards）制作。任何人都可以画出左边的折线图，它只是一个数据系列，但只要快速浏览一下，读者可能就会问一些明显的问题：为什么在20世纪60年代末会突然停止下降？为什么这条线在70年代会突然上升？又是什么阻止了21世纪初的继续下滑？

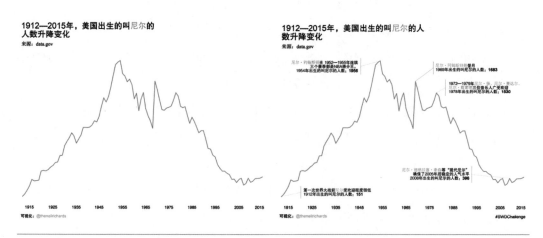

右图中简短的说明解释了数据的一些基本特征

现在再看看这张图表的第二个版本，添加了简短的说明。20世纪60年代末的高峰可能归因于尼尔·阿姆斯特朗（Neil Armstrong）登上月球，接着是70年代归因于尼尔·杨（Neil Young）、尼尔·塞达卡（Neil Sedaka）和尼尔·戴蒙德（Neil Diamond）三位音乐人的流行。21世纪中期这一趋势的平缓可能归因于尼尔·德格拉塞·泰森（Neil DeGrasse Tyson）等"现代尼尔"。这些注释并不难，也不需要复杂的编程或设计，它们通常只是对数据中有意思的点进行了简短的文字说明。

注释能帮助读者快速掌握和理解内容，尤其是对于缺乏数据可视化经验的读者。《金融时报》（Financial Times）的交互数据记者约翰·伯恩·默多克（John Burn-Murdoch）在2016年的一次采访中说："注释部分让'新闻'变成真正的'视觉新闻'。制作一张图表就相当于采访受访者，但你的工作是挑选出读者应该知道的部分。"不是每个人都是记者，但每个人都能找到一些方法，来帮助读者看清什么是重要的，什么是希望他们了解的。

原则4: 避免使用意面图[1]

很明显,当某张图表包含太多的信息时——折线图看起来就像一堆意大利面条,还有几十种颜色和图标的地图,或者一个接一个的条形布满整个页面。当一张图表中包含大量的数据时,这的确是一个挑战,但我们不需要将所有数据都放到一张图表中。

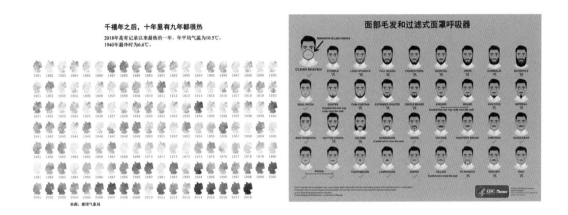

小型序列图(small multiples)的两个示例。左图来自Zeit Online,显示了德国过去140年的平均气温。右图来自疾病控制和预防中心,显示了面部毛发如何影响呼吸器的安装。格式塔的连接原理可以帮助我们追踪图中的变化

我们可以将一张图表分解成多张图表。这被称为网格图或面板图,也叫格栅图,或小型序列图。这些较小的图表使用相同的比例、坐标轴和范围,但将数据分布在多张图表上。换句话说,不要把所有的数据都放在一张图表中,而是在基础数据上创建多个更小的版本。

小型序列图不是一种新的或革命性的数据表达方式。1878年,摄影师埃德维德·穆布里奇(Eadweard Muybridge)要确定一匹马在飞奔时是否完全腾空。穆布里奇开发了一种技术来拍摄一匹疾驰的马,它可以拍摄一系列快速动作的照片(我们现在称之为定格)。他的照片证明,马在飞奔时确实完全离开了地面。图像序列,也给人一种动态感,这是小型序列图早期的例子。

---

1 译者注:意面图(Spaghetti Chart)是制造业里的一个术语,这里作者用来泛指那种容纳了大量数据的图表。

摄影师埃德维德·穆布里奇早在1878年就采用了小型序列图的方式来确定马在飞奔时是否完全腾空

　　小型序列图至少有三个优点。首先，一旦读者知道如何阅读其中的一张图表，就会阅读其他图表了。其次，你可以显示大量的信息，而不会让读者感到困惑。第三，读者可以跨多个变量进行比较。《卫报》（*Guardian*）的这个例子显示，2016年英国脱欧决议案在六个不同人口统计学变量上的投票结果。横轴保持不变，可以很容易看到每个人口统计指标的关系方向。

按人口统计指标划分的区域

将结果与当地人口统计指标相比较，会看出一些明显的模式。投票的最佳预测指标是拥有学位的居民比例。
在大多数情况下，趋势存在异常值，苏格兰是一个例外。

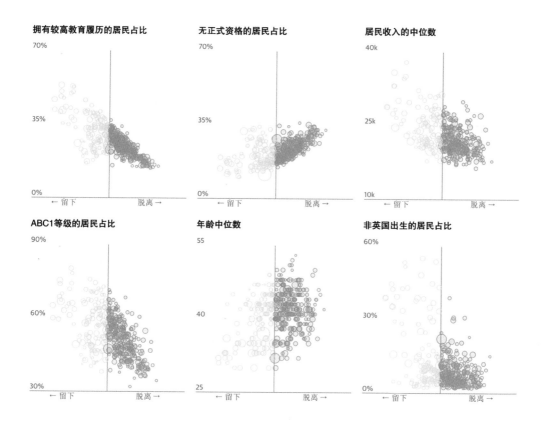

《卫报》的多张小型散点图显示了投票选择与六个人口统计学变量之间的关系。格式塔的相似原理
让我们很容易看到每张散点图中的两类数据

但这种序列图也存在一些缺陷，如果不加以避免，图表会很混乱。首先，图表应该按逻辑顺序排列。不要让读者到处浏览整个页面，而是应该使用直观的排序方式，比如地理位置或字母顺序。

其次，图表应该使用相同的布局、大小、字体和颜色。请记住，我们正在将一张图表分解为多张图表，因此它应该看起来像一张图表被复制了多次。纵轴和横轴也许会改变，但你不能用蓝点在一张图表中代表"否"，而在另一张图表中代表"是"。第三，序列图应该相对容易阅读。你不必要求读者放大，并详细解读图表中的所有细节，你的目的是给他们一种整体模式。这些图表的尺寸很小，因此，包含注释和标签，或重复冗长的轴标签和数据标记，都会让读者不知所措。

原则5: 从灰色开始

我用一个实用的技巧来结束这一节，这是创建清晰、易懂的可视化效果的一个简单步骤：从灰色开始。无论何时绘制图表，都从全灰色元素开始。这样，会迫使你在使用颜色、标签和其他元素时更有目的性和策略性。

我们以一张简单的平均受教育年限的图表为例，这次只显示10个国家。有了颜色和标签（左上角的图表），我可以把这张图表放到我的报告或讲义中，稍做加工，再添加一个有吸引力的标题，读者就可以知道哪些标签对应于哪些折线。但是，如果把所有的折线都变成灰色的（右上角的图表），读者就无法完成同样的任务，因为不知道哪条折线对应于哪个国家。

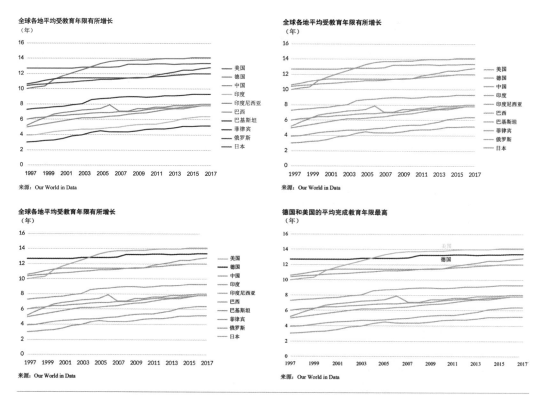

将所有数据先全部设置为灰色，这会迫使你思考你的目的，以及你到底想要将读者的注意力引向何处

现在我可以有目的地调整这张图表。我可以添加颜色，改变线条的粗细，以便更好地突出显示想要强调的信息，比如其中的两个国家。左下角的图表，把所有的标签都放在图表上，而右下角的图表，只是直接标明两个国家，可以明显地看出，右下角的图表能更有效地传递信息。从灰色开始，能迫使我们有目的地选择在前景中放置哪些元素。

数据类型

任何数据可视化的基础都是数据。如果没有数据，不理解数据的定义，不知道数据如何收集，也不清楚数据告诉我们什么，那么，我们只是在画画。虽然本书不是讲数据类型和统计方法的，但一篇简短的入门文章可以帮助我们理解数据类型，就像我们理解图表类型一样。

数据类型主要有两种：定量和定性。定量数据可以用数字来衡量，如距离、美元、速度和时间。定性数据是非数字信息，通常是描述性文字，如"是或否""满意或不满意"，或者是采访和调研中的引用或段落。

我们可以将主要的数据类型进一步细分。在定性方面，有定类（Nominal）尺度和定序（Ordinal）尺度。定类尺度只是分类，没有顺序或数量值。比如动物界，狮子、老虎和熊的顺序没有任何意义（当然，歌曲除外）。在定序尺度中，顺序很重要，但顺序之间的精确比较是未知的。比如一项调查，要求人们在 1 和 4 之间进行选择。1 强烈同意；2 同意；3 不同意；4 强烈反对。这些选项可以排序，但 1 和 2 之间的差异不一定与 3 和 4 之间的差异相同。

在定量方面，数据可以是离散的，也可以是连续的。离散数据是不能细分的整数。比如，尽管是计算全国平均水平，但没有人会有 2.3 个孩子。而连续数据可以被分解成更小的单元，如体重、身高和温度。

连续数据可以被进一步细分为定距和定比。这两者的差别是我们能不能计算。对于定距尺度，我们知道顺序和精确的间距差，但没有真正的零值。这意味着我们可以对定距尺度上的数据进行加减，但不能乘除。一个典型的例子是以华氏度为单位的温度：10 度和 20 度之间的差值与 70 度和 80 度之间的差值相同，但我们不能说 20 度比 10 度热两倍，因为 0 度只是一个人为规定的值，而不是绝对零点（0 度不是表示没有温度）。

定比尺度具有所有其他尺度的全部特征，加上它有一个绝对零点，这意味着我们可以进行所有的数学运算。

体重是定比尺度的一个典型例子——一个体重 200 磅的人比 100 磅的人重两倍，0 磅表示没有重量。

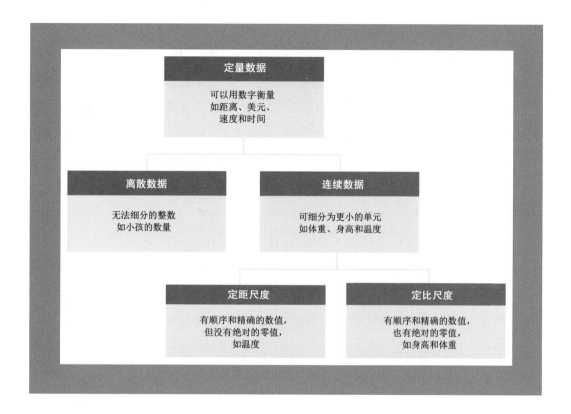

数据的平等与责任

以上指导原则列出了有效可视化数据的基本方法。虽然这不是一本关于数据分析的书——不会教大家如何获取数据，以及从哪里获取数据，也不会教大家如何做基础统计分析，以及开发统计模型——但在处理数据时，必须意识到视觉内容对人们如何使用数据和做出决策有很大的影响。因此，作为数据传播者，我们有责任尽可能认真、客观地对待自己的工作和数据。同时，也应该意识到，我们的数据可能会受到潜在偏见的影响。

我们使用的数据在很多方面可能有偏差或不具代表性。在《数据女权主义》（*Data Feminism*）一书中，凯瑟琳·德伊格纳西奥（Catherine D'Ignazio）和劳伦·克莱因（Lauren

Klein）描述了数据科学的发展，强化了现有权力的不平等。她们探讨了数据既可以是天使，也能充当恶魔，比如，数据可以用来揭露不公正，增进国民健康和提高政策效果，同时，数据也会用来监督和歧视。通过询问谁创建数据及为谁创建，可以更好地管理我们的数据和可视化。

这个世界上的许多模型，都是以男性（或者说以男性为主）为基础构建的。在《看不见的女人》（*Invisible Women*）一书中，作者卡罗琳·克里亚多·佩雷斯（Caroline Criado Perez）揭示了即使在基础数据中也隐藏着不平等。有一些简单的例子，比如智能手机一般都长5.5英寸，但对于大多数女性的手掌和裤袋来说太大了。另外，许多办公楼的平均温度对女性来说低了5华氏度，因为确定理想温度的公式是在20世纪60年代，根据一个40岁、重150磅的男性的新陈代谢静息率得出的。还有一些更直接的例子，比如英国女性在心脏病发作后被误诊的概率要高出50%；汽车碰撞试验假人是基于男性的身体的，所以尽管男性更容易发生车祸，但女性在碰撞中受重伤的概率要高出近50%。

同样地，在大数据、机器学习和人工智能时代，使用了越来越多的算法和统计技术。我们通常对这些算法所需的数据知之甚少，也不知道模型本身是如何使不平等永久化的。数学家凯西·奥尼尔（Cathy O'Neil）在她的书《数学杀伤性武器》（*Weapons of Math Destruction*）中对此进行了探讨，教师素质、信誉、惯性、算法等都可能发展和强化公共政策的歧视模型。

当具体到数据可视化时，我们必须意识到，不同的呈现方式会导致潜在的偏见和不平等。正如理查德·罗斯坦（Richard Rothstein）在他的书《法律的颜色》（*The Color of Law*）中所写，"HOLC（业主贷款公司）创建了美国各大都市的彩色地图，最安全的社区为绿色，最危险的社区为红色。如果一个非裔美国人居住在某个社区，即使它是一个拥有独栋住宅的中产阶级社区，它也会变成红色。"系统性歧视是我们滥用数据造成的。

最后，除使用某些颜色在不同文化中可能会产生文化差异外，我们还要注意视觉中的语言、形状和图像。我们使用的是具有包容性的语言和图像吗？我们什么时候需要为人们面临的问题提供历史和社会背景信息？随着可访问性、多元化和兼容性的发展（见第12章），这些都是数据可视化领域一直努力应对的挑战。

冠状病毒大流行的数据可视化教训

本书的手稿于 2020 年 3 月被交付给出版商，当时新型冠状病毒肺炎（COVID-19）正在全球传播。随着它的传播，它引发了大规模的政治、经济和社会变革，并给我们的词库带来了新的词汇，比如"拉平曲线"（flattening the curve）。在 2020 年 2 月下旬，《经济学人》（*Economist*）发表了数据记者罗莎蒙德·皮尔斯（Rosamund Pearce）根据疾病控制和预防中心的数据制作的图表，帮助大家建立防护意识，并促使大家行动起来，尤其是在相对较新的"社交距离"概念上。

但是，在提供信息和指导的图表中，有许多图表被误用，或者传递了错误的信息。例如，一张饼图莫名其妙地将 11 种不同疾病的传染率加总为 100%，并添加了一个单独的注释："新型冠状病毒肺炎的感染人数仍然是一个粗略的估计，因为它的潜伏期很长，这意味着我们不知道有多少人被感染。"这是不负责任的数据可视化。

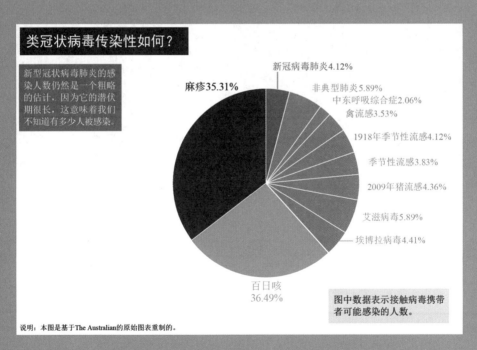

说明：本图是基于The Australian的原始图表重制的。

冠状病毒史无前例的传播给了我们一个利用实时数据，更好地了解病毒及其传播特征的机会。不过，关于新型冠状病毒肺炎的许多图表都有问题，其中一个原因是，很多人认为我们在某个领域的知识是足够的。公共卫生专家、流行病学家和内科医生都接受过医疗卫生和疾病传播方面的训练，具有洞察力和相关经验，能够提供有用的数据和信息。而对于其他人来说，如果没有这些领域的专业知识，我们的可视化工作即便是善意的，也会好心办坏事。

我们经常在非专业领域创建或被要求创建可视化效果。有时，这是一个探索不同的可视化形式和功能，并尝试新工具的机会。不过，也可能会力不从心。我们也许不能完全理解相关数据。即使阅读了数据词典或参考了数据收集方式，我们也可能对数据是如何被建模或模拟的并不了解，或者对其收集方式的可靠性了解不够。

一般情况下，可视化会被应用于失业率、住房选择或财富分配等问题上，而对于病毒大流行这种危及生命的领域，则应用较少。在这种情况下，必须特别注意，我们的产出可能会被误读，并且可能会改变读者的思维或行为。

与之相对的是，流行病学家可能对疾病传播模式很了解，但他们可能不知道如何更好地可视化这些模式，解释专业术语和关键数据。在这里，科学家有责任去联系数据可视化专家和图形设计师，以确保读者可以读懂他们的内容。

更进一步，我们应该通力合作，而不是认为自己有限的知识足以驾驭各个领域的主题和数据。就拿新型冠状病毒肺炎来说，信息传递错误是致命的。如果我们将自己视为记者并去联系特定领域的专家，那么我们就可以建立能提供更好的数据、更好的可视化效果和更好的决策的团队或组织。

下一步

有了基本的指导原则和感知规则，似乎可以往数据可视化工具箱里添加更多的图表了。但是，在开始对数据进行可视化之前，还需要考虑图表的用途。

以什么格式向读者呈现数据？是用一张静态的图表让他们了解你的论点，还是用交互式图表帮助他们探索数据，并得出更深入的结论？在下一章中，我们将讨论可视化的不同形式和功能，以及可视化的多种方法。

形式与功能

受众需求决定数据可视化选择

本书主要探讨的是静态的数据可视化，就是那些不需要交互，也不会动态变化的可视化。但是，即使在学术领域，交互式和动态的可视化也正变得越来越普遍，而且，随着技术的发展，制作交互式可视化效果的工具正变得更易用、更便宜（甚至免费）和更强大。

静态可视化中关于颜色、布局和字体的要求同样适用于交互式可视化。此外，交互式可视化还有一套它自己的规则。比如，将按钮放在哪里？它是什么样子？如何引导用户看到不同的内容？用户需要滚动鼠标吗？如果需要，朝哪个方向滚动？台式电脑与平板电脑或手机之间的交互性有什么变化？

本书不会讨论如何讲故事、怎么交互和如何做动画，但是我们需要认真思考，静态还是交互，哪一种更能满足受众的需求。有些人想要一份长而深入的报告，有些人想要一份简短的简报或一篇博客文章，还有些人只是想拿到数据自己来分析。

下面这张示意图可以帮助你思考，哪种类型的可视化更适合你的读者。

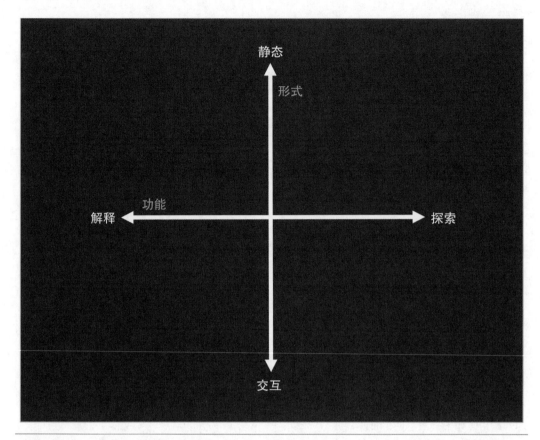

所有的可视化都可以被归在这个矩阵里

纵轴是"形式",从静态到交互。

静态可视化一次性提供所有信息,不会有变化。例如,标准的折线图、条形图和饼图。

交互式可视化可以让用户参与互动。用户单击、轻触或悬停,图表会有新的变化,并呈现一些新的信息。

在两者之间的是动态可视化。例如,动画GIF(图形交换格式)、电影、在线幻灯片等,这类可视化也许不会让用户操控相关数据点,但可以让用户自己控制节奏。

横轴是"功能",从解释到探索。

解释性可视化,通常结论先行,主要用来展示作者的假设和观点。

探索性可视化，通常鼓励读者自己探索数据或主题，以形成自己的洞见。

两轴相交，形成四个象限。

静态-解释象限

静态图表，通常用于说明一个观点，或者强化某个论点，如折线图或条形图。这也是我们在组织内呈现自己的分析和发现时最常用的形式。本书的侧重点就在这部分，我们将在第4~11章中进行深入探讨。

静态-探索象限

这类可视化让读者自己解读，并得出结论。例如，下一页中设计师克里斯蒂娜·苏奇（Krisztina Szűcs）的这张信息图，就鼓励我们自己探索数据的含义。在每张图表中，左纵轴显示烂番茄指数（电影质量的评估分数），右纵轴显示电影的盈利能力，即总收入和预算之间的差值。图表中没有给出具体的论点，也没有突显具体的细节，而是让你探索数据，得出自己的结论。

交互-解释象限

最简单的交互-解释型图表，也许就是在静态图表的基础上，加上交互式悬停或滚动层。虽然这种方式在几年前还很流行，但随着智能手机的普及，其似乎越来越不受欢迎，并且点击或悬停也没那么重要了。交互的方式可以让读者体验数据背后的故事或解释分析过程。

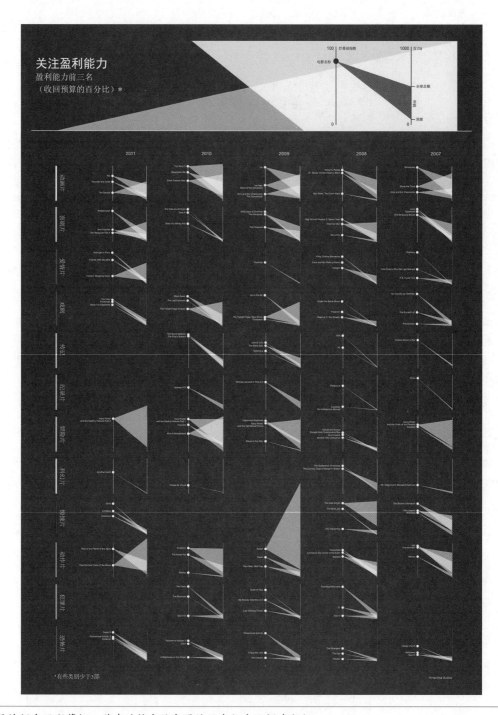

设计师克里斯蒂娜·苏奇的静态信息图鼓励我们自己探索数据

交互-探索象限

这类可视化以图形的方式呈现完整的数据信息，并让用户寻找有趣的模式或故事。例如，艾伦·科布林（Aaron Koblin）的飞行模式，显示了24小时内美国领空的所有航班。用户可以放大、暂停或回放视频和快照（包括2011年TED演讲），以及用其他方式探索可视化。有时，这些图形的目的是给大家提供可娱乐的数据，或者创建自己的可视化效果，抑或将数据用于自己的工作中。

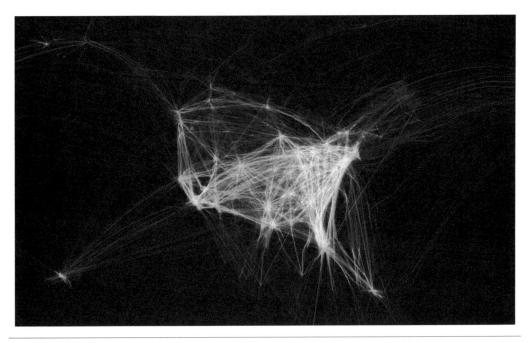

这张由艾伦·科布林绘制的地图显示了24小时内美国领空的所有飞行路线

需要注意的是，这些轴线表示范围，因此，可视化方案可以被应用在某个象限内，也可以同时横跨多个象限。你肯定在《卫报》《纽约时报》《华盛顿邮报》和其他地方看过这样的例子——配合文字，动态和静态结合的可视化。也许是将采访的音频和图片整合在一起，创造一种更加沉浸式的体验，让你更加透彻地理解，这是仅仅通过阅读文字所无法获得的。2018年《卫报》有一篇"巴士出城（Bussed Out）"的专题报道，就是结合文字、视频采访、静态图表和动画等可视化方式，讲述了美国市政府如何将流浪汉赶出城市的故事。

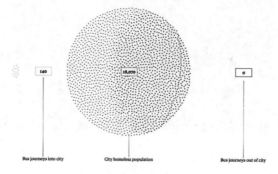

2018年《卫报》通过文字、视频采访、静态和动画可视化结合，以"巴士出城"为主题讲述了美国市政府将流浪汉赶出城市的故事

将各象限融合在一起的另一种方法是使用动画。动画可以采取不同的形式，实现不同的目的。在《视觉化分析与设计》（*Visualization Analysis and Design*）一书中，塔玛拉·穆兹纳（Tamara Munzner）将动画分为三种：叙事故事（如电影）、从一种状态过渡到另一种状态、视频播放——可以通过播放、暂停和回放来自主控制。在书中，她写道："当动画被用于两个数据集配置之间的转换时，其非常强大，因为用户不需要切换上下文。"因此，这种转换有助于读者（确切地说是用户）看到一个或多个数据点，从一个位置变化到另一个位置。

探讨动画可视化的一个简单方法是"动画GIF"。GIF（图形交换格式）是指一个文件中封装了许多帧图像。从数据可视化的角度来看，GIF非常强大，因为它可以将不同的图像封装在一个动画里。就像卡通：一个有一条线的图形，紧跟着的是另外三条线，一条接着一条出现，最后，构成了一张有四条线的折线图。

动画可视化在社交媒体上尤其强大，因为其打破了冗长的内容和图像。

使用哪个象限的可视化方案无所谓"对"或"错"，你的选择取决于你希望从受众那里得到什么反馈，你在哪里发布内容，以及受众需要什么工具来理解数据。

改变我们与数据交互的方式

1997年，马里兰大学帕克分校的计算机科学教授，本·施奈德曼（Ben Shneiderman）的这句话被交互式数据可视化奉为圭臬：

> "首先是概述、缩放和筛选，然后是按需提取详细信息。"

其原理是，你给用户一个可视化的概述，然后让他们缩放，接着筛选，这样他们就有可能找到所需的细节信息（例如，通过工具提示或下载）。

然而，随着移动技术的日益发展，施奈德曼的方法已经不那么适用了。大约十年后，《纽约时报》的制图副总监阿奇·谢（Archie Tse）认为，移动平台的广泛使用，意味着人们只想滑动屏幕。如果读者除了滑屏还需要点击或执行其他操作，那么"内容得足够震撼才行。"

这种说法是很有道理的。当我在通勤火车上浏览手机上的新闻提要时，我不想在手机上对数据进行分类和筛选。我希望作者直接告诉我，或者向我展示数据里最重要的信息。这一点在阅读科技文章时尤为重要。

2018年，微软研究院（Microsoft Research）做过一个项目，测试人们在手机上阅读不同图表的速度和准确性。他们让100个人从一个气象App和一个睡眠App中读取数据，这两款App使用了不同的图表类型：线性柱状图和径向图（有点像圆环形的柱状图）。研究人员发现，人们理解径向图的速度较慢，但推断结论的准确性并不低。

人们使用手机的时间越来越长，根据皮尤研究中心的数据，2017年10月，约六成（58%）的成年人通过手机设备获取新闻，而用电脑的比例为39%。当你利用形式-功能矩阵来选择图表时，请记住，技术、行为和习惯总是在变化的。

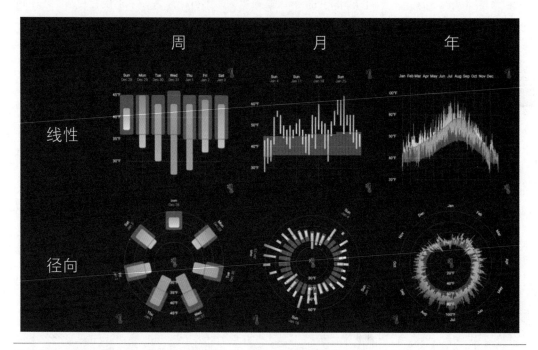

微软研究人员布雷姆（Brehmer）、李（Lee）、埃森伯格（Isenberg）和崔（Choe）（2018年）测试人们在手机上阅读不同图表的速度和准确性

我们开始吧

本书的后续章节将主要基于功能来探讨相关图表。每一章都采用了不同的样式指南（主要是借鉴一些新闻单位、非营利机构和其他组织的做法），来展示各种可供选择的设计思路。在第12章中，我们将学习更多的特殊样式，以及如何构建自己的数据可视化风格。

记得关注你的受众，甚至可以直接和他们聊聊，问问他们想要什么，以及需要什么来帮助他们更好地理解数据、内容和分析结果。将工作立足于生活经验，以及你关心的和想要接触的人。有的人想要一份35页的PDF报告，有的人想要一份2页的简报，有的人想要一篇800字的博文，还有的人希望有一个更加沉浸式的叙事体验，就像你在一家主流报纸网站上看到的那样，有的人只想知道基础数据。学者、经理、专家、政策制定者和记者需要的东西可能完全不同，因此，你的可视化要符合受众的需求。

在考虑受众的需求时，可能要在图表的准确性与吸引力之间取得平衡。一种有效的方式是对受众的需求保持同理心。从艾伦·阿尔达（Alan Alda）的书《如果我理解了你，我脸上会有这种表情吗？》（*If I Understood You, Would I Have This Look on My Face?*）中可以看出，"同理心和学习了解对方的想法，对良好沟通来说都是必不可少的。"

第2部分

图表类型

比较

　　本章中的图表旨在帮助读者对数据进行比较。条形图、折线图和散点图都可以做到这一点。有时，我们希望读者既看到层次，也看到变化，或是其他变量的组合，而有时，我们希望他们将注意力集中在某个比较上。

　　比较数据的挑战是，我们想用图表传达什么。有核心论点或故事吗？有什么重要的对比是你想让读者知道的？作为图表的创建者，优先考虑的是，要用图表来做什么。如果把所有的信息都放在图表中，那么我们想要表达的观点就会变得模糊不清。

　　本章从条形图开始，与下一章的折线图一样，大家相对熟悉。在比较数据或查看随时间变化的内容时，使用条形图很方便。虽然我们不用总是给读者准确的数值，但当需要这么做时，条形图是一个不错的选择。

　　本章中的图表大致遵循欧盟统计局（Eurostat）的样式指南。该指南有76页，涵盖了从颜色、版式、商标、表格到布局等所有内容。更多的综合样式指南，会在第12章中探讨。

条形图

条形图（bar chart）和柱状图中矩形条的长或高描述了数据值，这是最常见的数据可视化方式之一。矩形条可以与水平轴平行（通常称为条形图）或垂直（通常称为柱状图）。为了简洁起见，不管用哪种方式排列，本书中主要将其称为条形图。

条形图位于感知图谱（Perceptual ranking diagram）的顶部。由于矩形位于同一直线轴上，因此很容易快速而准确地对比数值大小。条形图制作起来也很简单，甚至直接用纸和笔也能完成。下图显示了世界上10个国家的总人口数，即使没有标明具体数值，也很容易看出世界上人口最少的国家（意大利）和最多的国家（巴西）是哪个。

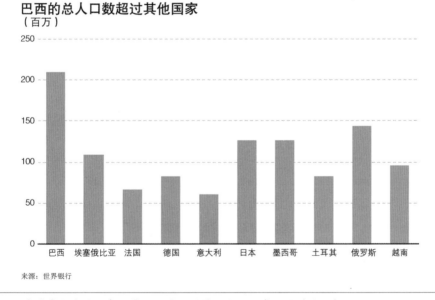

条形图是大家非常熟悉的图表，易于阅读和制作。它位于感知图谱的顶部

在对数据进行排序后，更容易看出最大值和最小值。不过，这种做法并不总是有效的，比如要展示60个国家的人口数，我可能会按首字母排序，这样读者能更容易地找到某个国家对应的人口数。但是，如果想要对某个或某些国家的人口数进行论证，我会把需要分析的国家排在

图表的一端，或者简单地用颜色突显想要分析的国家。

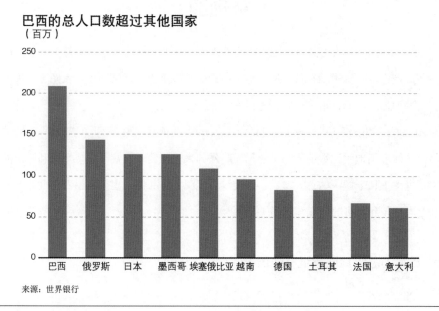

巴西的总人口数超过其他国家
（百万）

来源：世界银行

尽量对条形图中的数据进行排序，这样读者更容易找到最大值和最小值

创建条形图的策略

创建条形图有几种策略，其中一些策略也适用于本章中的其他图表。

策略1：坐标轴从0开始

条形图的坐标轴从0开始，是许多数据可视化专家都认同的法则。因为我们是通过条形的长度来感知它的数值的，如果不是从0开始，则会过于强调条形之间的差异，这会让我们误解数据。

以人口数的条形图为例，因为没有一个国家的人口数低于5000万，我们也许会把5000万作为坐标轴的起点。不过，这样就是在强调各国人口数的差异。

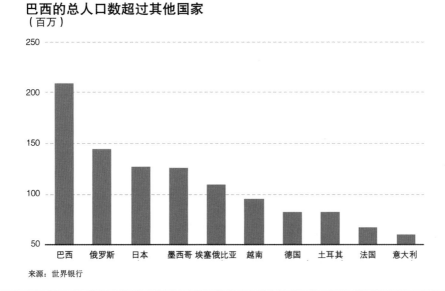

巴西的总人口数超过其他国家
（百万）

来源：世界银行

当纵轴从5000万开始时，各国之间的差异会被拉大，容易让读者产生误判

　　当这样做的时候会发生什么呢？数值间的差异被强化了，事实上，被过度强调了。从图表上看，巴西似乎比意大利多几个数量级，而事实上，它只比意大利多大约3.5倍。这不是一个从准确感知到一般感知的问题，而是一个从准确感知到错误感知的问题。

　　更极端一点，从1亿开始——如果可以从5000万开始，那么我们可以选择任意数字。现在一眼看上去，感觉这些国家中一半人都没有！

　　也有新的研究表明，坐标轴是否从0开始，并不影响我们对数据的理解。在一项研究中发现，当为纵轴设置的区间和数据变化更吻合时，参与者能够更好、更准确地识别结果。然而，我倾向于坐标轴从0开始，避免任何混淆或可能的视觉偏差。

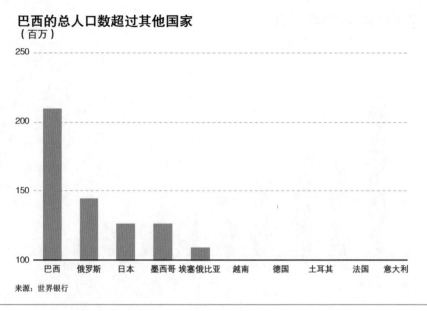

如果纵轴可以从5000万开始，那么为什么不从1亿开始呢

策略2：不要中断条形图

数据可视化的另一个问题是"中断条形"——用曲线或形状来切断条形。当有异常值时，这样做很有诱惑力，但会使相对值失真。

我们创建一张条形图，展示人口数处于世界前10的国家。2018年，中国和印度分别以13.9亿和13.4亿的人口成为全球人口最多的国家，紧随其后的是美国，人口为3.27亿。我们可以看到中国和印度相对于其他国家的规模有多大。如果想让其他国家的人口差距更明显，则可以用切断条形的方式，但这使中国和印度的人口看起来比现在少得多。切断的长度是很随意的——我可以把那些曲线放在任何自己喜欢的地方，以放大其他差异，但这不是真实数据的反映。

如果遇到异常值，又希望显示其他值之间的差异，则可以尝试使用多张图表。类似于"放大"和"缩小"的做法，先显示所有数据，以便读者看到最大值，然后略过最大值，放大看细节。下面的图表去掉了异常值，从而强调人口较少的国家，以显示它们之间的差异。另外，添加标签和有吸引力的标题也是一种常用的方法。

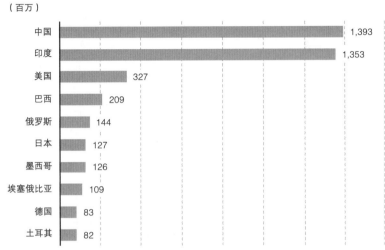

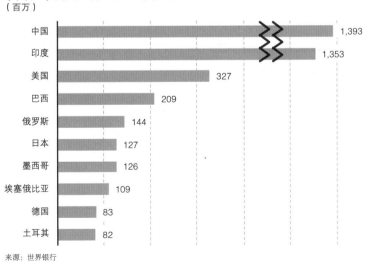

不要切断条形图中的条形，这种中断会让数据失真

中国和印度是世界上人口最多的国家
（百万）

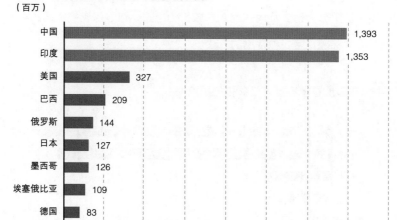

来源：世界银行

这些国家的总人口数从8200万到3.27亿不等
（百万）

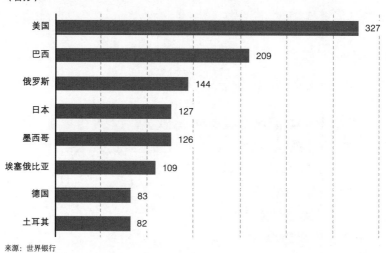

来源：世界银行

如果有些值较大或有异常值，但又希望比较其他值之间的差异，则可以尝试使用多张图表

极值或异常值

异常值是远离其他观测值的数据。这可能是由于数据的随机变化、测量误差或实际异常导致的。异常值既是一个机会，也是一个警示。它们可能会带来一些有趣的话题，或者暗示数据有问题。

当然，并非所有的异常值都是错误的。举个例子，以下是发达国家因枪械造成的人身伤害的比例。2017 年，在美国每 10 万人里有超过 8 人是枪械暴力的受害者，加拿大是 0.9，比利时是 0.49。在某些情况下，异常值是真实存在的。

有很多测试异常值的方法，有些比较复杂。有一种简单的做法，就是查看数据。这并不需要复杂的数学和统计知识，只要直观地检查数据就行。

不过，这不是一种基于数学的方法。标准的做法是，将观测值与四分位距（IQR）的 1.5 倍进行比较。IQR 是指第三个四分位和第一个四分位之间的差值（详见第 6 章中关于百分位的内容）。

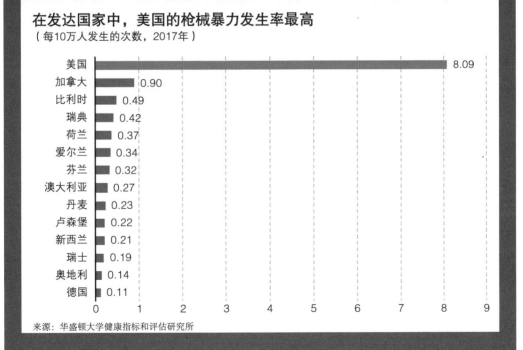

在发达国家中，美国的枪械暴力发生率最高
（每10万人发生的次数，2017年）

美国	8.09
加拿大	0.90
比利时	0.49
瑞典	0.42
荷兰	0.37
爱尔兰	0.34
芬兰	0.32
澳大利亚	0.27
丹麦	0.23
卢森堡	0.22
新西兰	0.21
瑞士	0.19
奥地利	0.14
德国	0.11

来源：华盛顿大学健康指标和评估研究所

策略3：谨慎使用刻度线和网格线

条形图不需要刻度线，通过空白区域就能将各组区分开，删除刻度线还能减少图表的混乱感。

一种例外情况是，你有跨越多个数据的更大的分类标签需要体现。在这种情况下，添加大的刻度标签有助于对数据进行分组。

使用网格线方便读者查看数据值，对于离坐标轴最远的那组数据尤其有用。因为网格线主要用来引导视线，所以可以将其设置为浅色，这样读者的注意力会被集中于数据上。

如果确切的值对读者很重要，则可以添加数据标签。在这种情况下，我倾向于去掉网格线和坐标轴。

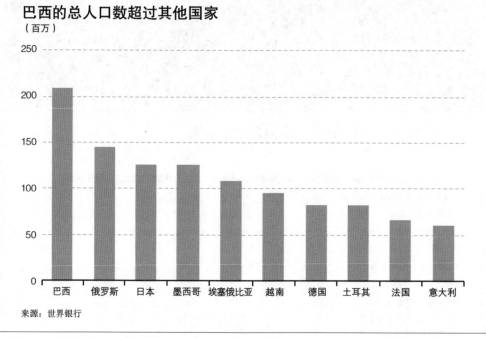

巴西的总人口数超过其他国家
（百万）

来源：世界银行

条形图不需要刻度线，空白区域就能起到区分的效果

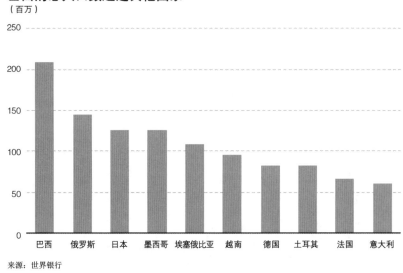

巴西的总人口数超过其他国家
（百万）

来源：世界银行

省略刻度线是删除尽可能多的干扰元素的一部分

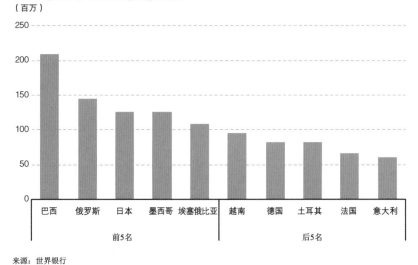

巴西的总人口数超过其他国家
（百万）

前5名

后5名

来源：世界银行

当你有大的类别时，使用刻度线可能会有帮助

　　我们看下面两张图表中的意大利（用蓝色强调），借助网格线，可以看出意大利的人口数超过5000万。而利用数据标签，可以清楚地看到意大利的人口数为6000万，因此，可以不用网格线。

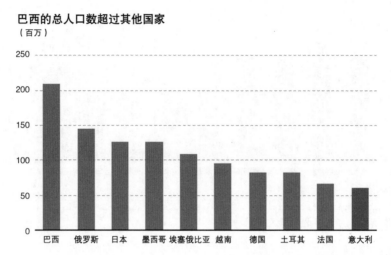

来源：世界银行

使用水平网格线可以让读者看到相关数据，比如意大利有5000多万人

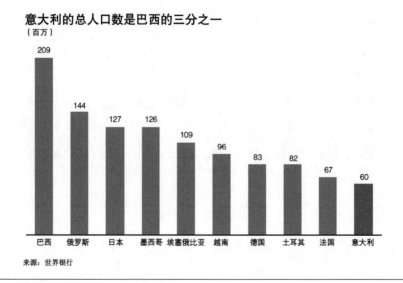

当把数据标签直接放在图表上时，网格线就显得多余了，甚至也可以去掉纵轴

如果有50个国家，哪怕是20个国家，图表上的标签都会显得很杂乱，所以我可能会额外添加一张表或一个附录。在包含数据标签时删除网格线，主要是基于美观的考虑。当你不断地使用数据并制作图表时，你将会慢慢形成自己的风格。

策略4：旋转长标签

柱状图横轴上的标签有时会很长，默认的处理方式是将文本纵向排列，就像书脊上的文字一样[1]。另一种处理方式是将标签倾斜45°，即便这样，读者也还是要扭着头才能看清。还有一种处理方式是缩小字号，直至水平对齐，但是这样字看起来太小了。

最优雅的解决方案很简单，就是切换纵坐标和横坐标，把柱状图变成横向的条形图——依然利用矩形条的长度来显示数据——不过，轴标签全都水平对齐，这样更容易阅读，而且对理解数据没有影响。

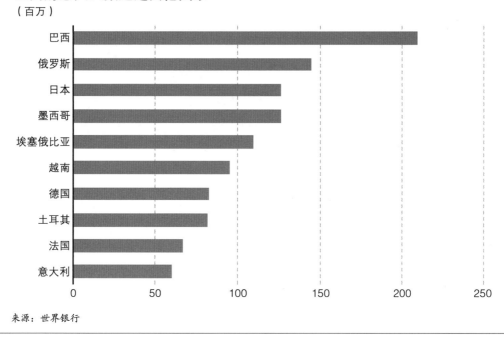

巴西的总人口数超过其他国家
（百万）

来源：世界银行

如果文本标签太长，则可以旋转图表，使文本水平显示，这样更容易阅读

1　译者注：这里是指英文的文本。

条形图的变化

调整标准条形图的方法有很多，一种简单的方法是用其他形状代替条形。例如，棒棒糖图就是用线和点来代替条形的。在感知图谱中，它的位置比条形图略低一点，因为不清楚圆圈代表什么值。不过，这种图表留白比较多，为添加标签或其他注释提供了更大的空间。

这只是其中的一个例子，用三角形、正方形、箭头也行，有时条状的图像能更好地强化数据。比如，显示城市增长数据的图表可以用建筑形状的条形，而展示气候变化的图表可以用树木形状的条形。不过，需要注意的是，读者可能会分不清实际数据是用面积还是用高度来体现的。

另一种变化是不使用常规的坐标，而是将条形按圆形排列，称为径向布局。这样做有两种常用的方法：径向条形图和圆形条形图。

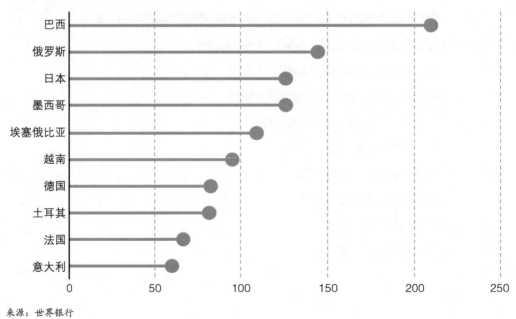

巴西的总人口数超过其他国家
（百万）

来源：世界银行

棒棒糖图用一个形状（通常是一个点）和一条线来代替条形

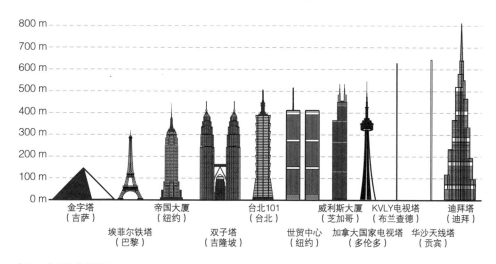

来源：基于维基媒体用户BurjKhalifaHeight Petronas Towers

其他形状，如建筑物或人，可以用来代替基本的柱形

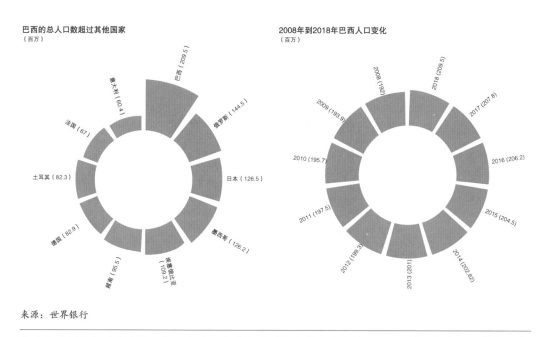

来源：世界银行

径向条形图将标准条形图环绕一个圆。此图表类型位于感知图谱的下方，因为比较条形的高度较难

　　径向条形图，也被称为极坐标条形图，将条形从圆心向外辐射。它在感知图谱中的位置靠下，因为和直线排列的条形比起来，识别圆形排列的条形长短很困难。不过，这种布局可以让你在紧凑的空间里容纳更多的值，这使得径向条形图非常适合显示更多的数据、频繁（如每月或每天）或长期的变化。

　　1900年，W. E. B. 杜·博伊斯（Du Bois）在巴黎的美国黑人博览会上使用了圆形条形图。他在《佐治亚州黑人：社会研究》（*The Georgia Negro: A Social Study*）中的信息图里加入了这种图表，用来展示6年（1875年、1880年、1885年、1890年、1895年和1899年）中非裔美国人在佐治亚州拥有的家用和厨房家具的价值。惠特尼·巴特·巴普蒂斯特（Whitney Battle-Baptiste）和布里特·鲁塞特（Britt Rusert）在他们的书中说到杜·博伊斯的图表时写道："最终的结果是，既容易阅读，又让人昏昏欲睡。"

来源：W. E. B. 杜·博伊斯，佐治亚州黑人拥有的家用和厨房家具的价值评估（1900年），国会图书馆印刷品和照片部

　　不过，这种圆形条形图是有问题的，因为它让我们对数据的感知不准确，条形的长度和实际值并不相符。如果两个条形的值相等，那么它们的两端应该在同一位置对齐，但由于它们处于不同半径的圆上，因此其长度和实际值是不相符的。数据可视化专家安迪·科克（Andy Kirk）用奥运赛跑做了一个比喻。由于外道一圈的距离更长，因此，运动员在起跑点位置是错开的，但他们最终都跑相同的距离。在这里，这种图表在感知图谱中的位置并不会更靠下，事实上，它已经不在感知图谱里了，因为它使数据失真。从这个角度来说，我建议不要使用这种图表。

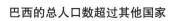

巴西的总人口数超过其他国家
（百万）

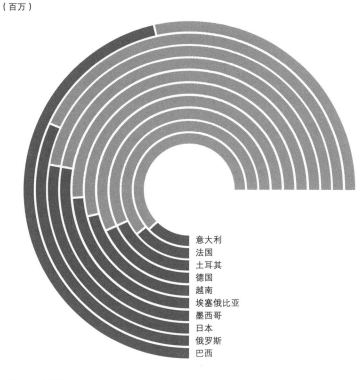

意大利
法国
土耳其
德国
越南
埃塞俄比亚
墨西哥
日本
俄罗斯
巴西

来源：世界银行

圆形条形图是有问题的，因为它让我们对数据的感知不准确，条形的长度和实际值并不相符

簇状条形图

简单的条形图适合用来进行不同类别的比较，比如比较不同国家的人口情况。假如想比较的不仅是国家之间，还有国家内部，那么簇状条形图（Paired Bar）是一个不错的选择。对簇状条形图大家都比较熟悉，且其容易阅读，同时因为共用坐标轴，各类别间的比较也显得很容易。

除了埃塞俄比亚，其他国家的女性都多于男性
（百万）

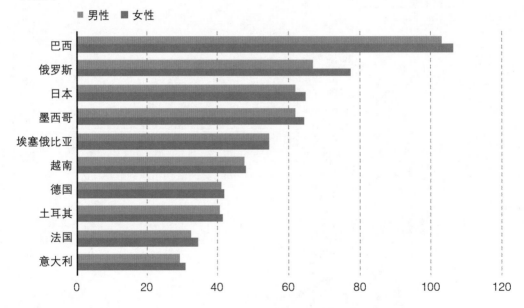

来源：世界银行

簇状条形图大家都比较熟悉，且其易于阅读

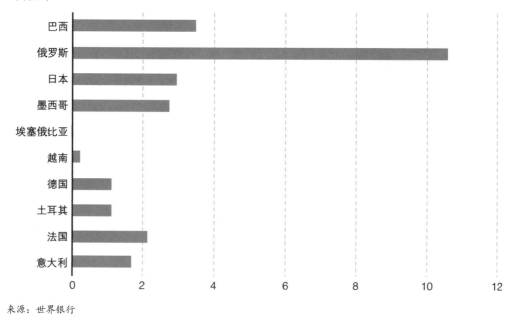

女性和男性的数量差异
（百万）

来源：世界银行

我们也可以显示两者之间的差异，而不是两者的具体值

如果要显示样本中每个国家的男女人数，那么就可以选择使用簇状条形图。

值得注意的是，簇状条形图不仅让读者注意到值的大小，还让读者注意到它们的差异。如果这两者都很重要，那么簇状条形图是一个很好的选择。

但是，如果我们的目的是让读者只关注两个值之间的差异，那么使用这种图表来表现就不够直接。我们可以在一张条形图中显示两个值之间的差异，就像上图一样。

如果你想让读者既看到值，又看到差异，则可能需要选择其他图表。我更喜欢用平行坐标图、斜率图（随时间变化的数据）和点状图（在后面的章节中会介绍这些图表）。记得问自己，用这种图表的目的是什么？这个问题将指引你找到数据可视化的最佳方法。

使用簇状条形图还可以表示数据随时间的变化。例如，下面的图表显示了2014—2018年5个国家的人口情况。在这张图表上，读者既可以看到国家内人口的变化，也可以看到国家间人口的差异。

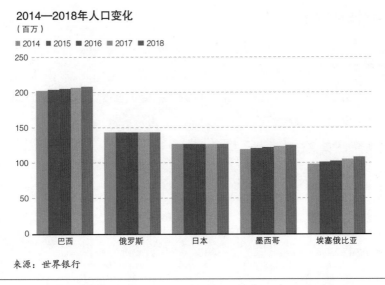

簇状条形图既可用于显示数据随时间的变化，也可用于查看国家内和国家间的变化

数据本身的模式也会影响对图表的选择。如果各类别的值在不同的年份平滑下降，那么用簇状条形图还不错。但是，如果这些值随着时间的推移而波动，那么也许用折线图或周期图（见第5章）会更合适。

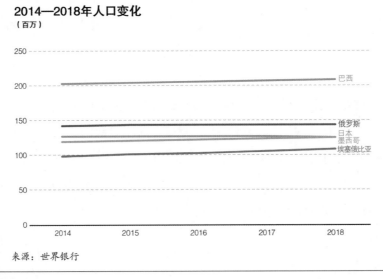

折线图常用来表示随时间变化的值

在以下两种情况下，我更喜欢用条形图来显示数据随时间的变化。一是当数据点很少时，例如，只有5年——5个条形在视觉上更突出；二是当有离散的时间间隔（和少量的观测值）时，如一年的第一季度。

是否杂乱是判断使用簇状条形图的主要标准。当条形太多，特别是当每个类别有两个以上的条形时，读者很难看出数据的规律，也没法确定最重要的对比是在组间还是在组内。

如何判断是否杂乱呢？相信你的眼睛和直觉就好。设身处地为读者着想，当他们第一次看图表时，试着想象他们的视线会在哪里停留。如果数据太多，你可能需要拆分数据，使用其他图表，或者尝试使用多张小图。

堆积条形图

条形图的另一个变体是堆积条形图（stacked bar）。簇状条形图显示了各类别的两个或多个数据值，这意味着对同一类数据做了进一步的细分。如果这些细分类别的总和按100%来计算，那么每个条形的总长度是相等的。如果按绝对值进行堆积，那么总长度是不等的。我绘制了10个国家用于支持医疗、养老和其他项目的支出占国内生产总值（GDP）的份额。条形的全长表示每个国家在这些项目上的支出占GDP的比例。

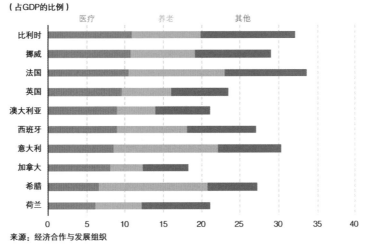

10个经合组织国家的社会支出
（占GDP的比例）

来源：经济合作与发展组织

堆积条形图显示了不同类别的总和。然而，图表中内部系列的比较较难，因为它们不在同一条基线上

堆积条形图和前面的各种条形图一样，大家比较熟悉，也容易阅读和创建。然而，最大的挑战是，比较条形图里的各部分较难。在上面的例子中，很容易比较各国在医疗类别上的占比，因为这段条形有相同的纵轴基线。但对于另外两个类别来说，就很难比较了，因为它们没有共同的基线。哪个国家在养老项目上花费更多，是意大利还是希腊？但你能很快发现，意大利在医疗项目上的支出比希腊多，因为这部分在纵轴上是左对齐的，但要确定其他类别就困难得多。

有一种处理方式是将图表分开，以便每个系列都位于自己的垂直基线上。下图是一排小型序列图，现在更容易看出，希腊在养老项目上的支出要比意大利多。不过，这种图表没法比较总额，折中的办法是在最后添加表示总额的小图（当所有系列的总和为100%时，则不需要这样拆分，因为各类别的总和长度相同）。

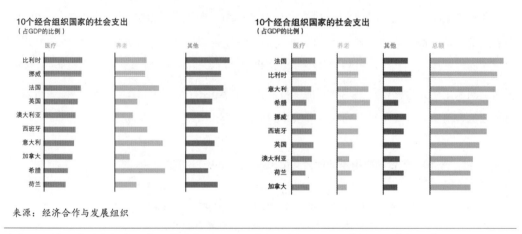

我们不必将所有的数据都放在一张图表上，可以将它们拆分为小型序列图（有或没有总额）。这样，它们就处于感知图谱的顶部，因为每个系列都有自己的基线

在这两个版本中，每个小图的横向间距应该相同，否则会出现比例失真。在添加总额小图的情况下，其宽度可以更宽，但沿轴的增量应该相同。换句话说，如果每个小图的坐标轴在0%～50%之间的宽度为1英寸，那么在0%～100%之间的宽度应为2英寸。

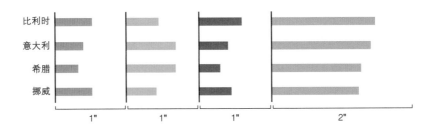

在创建小型序列图时，请保持每条线段的宽度相同

　　尽管标准的堆积条形图各类别的基线不同，导致数据值的比较更困难，但在某些情况下，使用堆积条形图更合适。在下面这张图表中，包含了更多的支出类别，并体现出占总支出的份额，因此图表突出显示了支出的分布情况。很明显，这些国家约四分之三的支出用于医疗和养老项目。在右边的版本中，则很难看出分布情况。尽管比较不同国家在每个类别上的差异比较容易，但对于同一个国家各类别间的差异，则很难看出来。

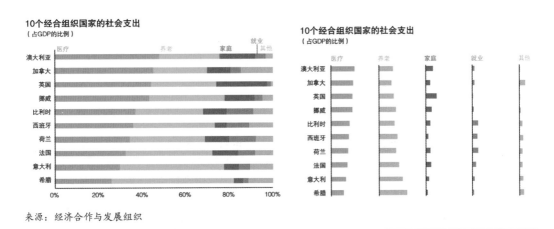

在这个例子中，对比国家内和国家间的数据值，不同的图表效果不同

　　如前所述，先确定你想展示什么，以及你想把读者的注意力放在哪里。在这个例子中，强调了医疗支出，因为数据按百分比排序，而且有共同的垂直基线。在这种布局中，我们可以看到，与医疗支出相比，其他类别处于次要地位。

还有一种堆积条形图，它显示了一组数据值和另一个值（通常是总数）之间的差距。下面的图表用这种方式显示了1917年至2018年，当选美国众议院议员中女性的比例。左边的版本显示了原始百分比，垂直轴的范围为0%～25%。你可以看到，女性在国会中所占的比例激增。右边的版本显示了相同的数据，但是在数据值的上方叠加了一个灰色序列，坐标轴到50%。在这个版本中，我们可以说明，尽管女性的比例在上升，但占比仍然很小。当相对比例与变化同样重要时，这种图表会更有价值。

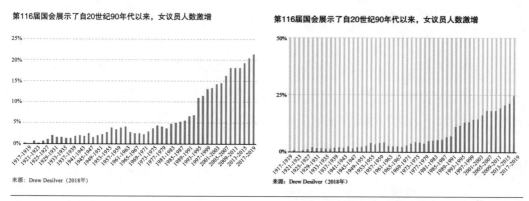

将堆积条形图用在一个系列上是比较少见的。不过，当相对比例与变化同样重要时，这种图表会更有价值

百分比变化和百分点变化

百分比变化和百分点变化之间有一个重要的区别，大家经常搞混。

百分比变化是指将初始值与最终值进行比较，公式如下：

$$[（最终值-初始值）/初始值]\times100$$

百分比为正（最终值＞初始值），意味着百分比增加了；百分比为负（最终值＜初始值），意味着百分比下降了。你可以计算随时间变化的差异或组间差异。你必须遵循这个公式，并且所比较的变化是基于初始值的。

而百分点变化是指百分比的变化，公式如下：

$$最终百分比 - 初始百分比$$

这是两个完全不同的指标。举例来说，美国人口普查 2016 年贫困人口为 4060 万，2017 年为 3960 万，贫困率（贫困人口占总人口的百分比）2016 年为 12.7%，2017 年为 12.3%。

贫困人口减少了 2.3%。百分比变化为：

$$[(39,698,000-40,616,000)/40,616,000] \times 100 = -0.023 \times 100 = -2.3\%$$

但贫困率在两年内下降了 0.4 个百分点：

$$12.3\%-12.7\% = -0.4$$

显然，这是两个完全不同的数字，但人们总是混淆它们。要想清楚地表示数据，首先要了解数据，知道如何收集和统计数据。

对比条形图

另一种堆积条形图是对比条形图（diverging bar）[1]，它从中心基线向相反的方向延伸。其通常出现在一些调研中，将收集的反馈信息按照一定的顺序排列，比如从强烈反对到坚决同意。这往往被称为"李克特量表"（Likert scale），这种量表形式是心理学家伦西斯·李克特（Rensis Likert）在20世纪30年代早期发明的。

这本书读起来很有趣

强烈反对　　反对　　不知道　　同意　　坚决同意

1　译者注：国内一般叫旋风图或蝴蝶图。

　　下面这个例子的数据来自国际社会调查项目，调查对象被问及他们是否认为政府有责任降低收入间的不平等。将"反对"和"同意"放在中心基线的两边，我们可以比较不同国家的总体情绪。

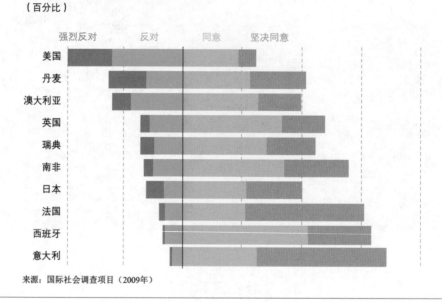

政府有责任降低收入间的不平等
（百分比）

来源：国际社会调查项目（2009年）

对比条形图可以显示对立情绪或群体差异，比如"同意/反对"或"对/错"

　　这张图表的优点是，情绪被清楚地呈现出来——反对在左边（我们通常认为是消极的方向），同意在右边。如果你的读者对每一方的总体情绪感兴趣，而不是想要比较每个组成部分，那么这种方法就很有效。若是要比较每个组成部分，那么簇状条形图是一个不错的选择。

　　为什么我们会认为左边的值是负数？纵观历史，左边乃至左利手的人，一直饱受负面内涵的困扰。

left来自古英语单词lyft，意思是"弱"。在拉丁语中，单词sinister的意思是左手或左手方向。right这个单词来自古英语riht，它的原意是"直"，即没有弯曲或不诚实。这就是为什么我们有"站直（standing upright）"或"做正确的事（do the right thing）"或"正确的回答（the right answer）"这样的短语，所有这些都意味着善良和正确。在其他语言中也类似，例如，在西班牙语中，derecha一词的意思是"右边"，而派生的derecho一词的意思是"直的"。

与堆积条形图一样，这种可视化使得组内和组间的比较很困难。将条形反向排列后，两组的总数无法比较。换言之，很难将"反对"的人数与"同意"的人数进行比较。在簇状条形图中，这种比较会容易一些，但这样就失去了对比条形图中正负的含义。根据数据自身的模式，以及类别和组的数量，你可能会发现此图表看起来有点乱。

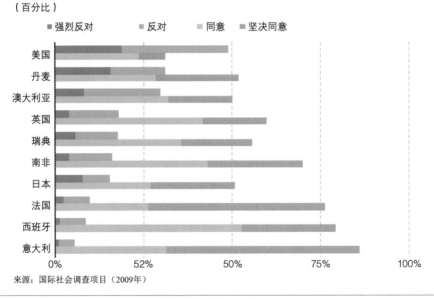

将对比条形图的两边放在标准的簇状条形图中，这样就可以比较两边的总数

如果有一个类别是"中立的",那么在使用对比条形图时需要特别留意。所谓"中立的",就是既不是同意,也不是反对,因此不应该将其分配给任何一边。

政府有责任降低收入间的不平等
（百分比）

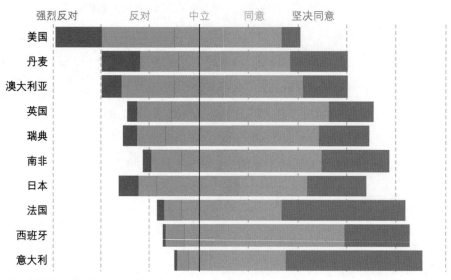

来源：国际社会调查项目（2009年）

把中立项放在对比条形图的中间是错误的,这意味着它被分配给了两种对立的情绪

将中立项沿垂直基线放在图表的中间,会造成组间不一致,并意味着中立项在两种情绪之间被割裂了。这也意味着两边的情绪项没有一个位于垂直基线上。我们可以将它放在图表的一侧,因为反对项、同意项和中立项现在都位于各自的垂直基线上,尽管中立项有点被突出强调。

还有一种可选的做法——不管有没有中立项,都可以使用堆积条形图。在下图中,不同类别累加起来是100%,大家可以很容易地比较各国之间的总数。标记特定的合计值是一种不错的做法。例如,标记了50%的位置,以明确哪些国家的"同意"和"反对"的总数超过半数。

政府有责任降低收入间的不平等
（百分比）

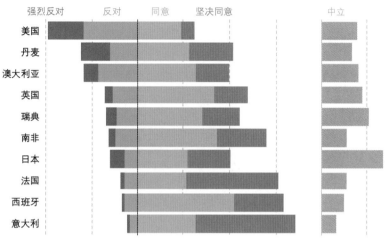

来源：国际社会调查项目（2009年）

一种更好的做法是将中立项放在图表的一侧

政府有责任降低收入间的不平等
（百分比）

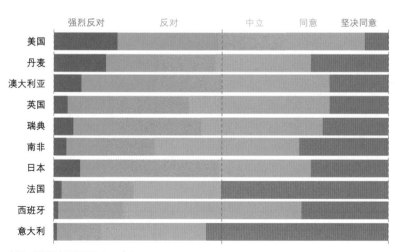

来源：国际社会调查项目（2009年）

堆积条形图可以用来展示李克特量表

你也可以像上一节讨论的那样，将图表进一步分解成一系列的小图，选择哪种变化取决于你的目标。

政府有责任降低收入间的不平等
（百分比）

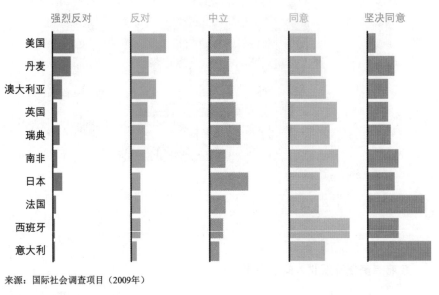

来源：国际社会调查项目（2009年）

小型序列图是可视化这类数据的另一种方法

点状图

我最喜欢用点状图（dot plot）（有时被称为哑铃图、杠铃图或差距图）来替代簇状条形图和堆积条形图。点状图由数据可视化研究的先驱之一威廉·克利夫兰（William Cleveland）开发，其通常通过直线或箭头连接两个符号（一般是圆点）。数据值对应一条轴，组对应于另一条轴，但不一定要以特定的方式排序，尽管排序可以有所帮助。

点状图是用于比较的一种简单方法，特别是比较项较多时会更有优势。但如果使用条形图，则会让页面显得很杂乱。例如，下面是各个国家在国际学生评估项目（PISA）中的考试成绩，PISA是经济合作与发展组织（OECD）进行的15岁学生阅读、数学、科学能力评估的研究项目。我们可以用一张简单的条形图绘制各国的数学和阅读成绩，但20个条形使图表看上去冗长而密集。

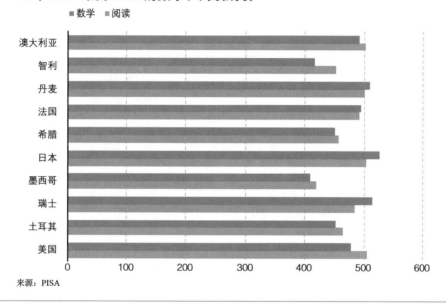

这张简单的条形图显示了多个国家的数学和阅读成绩。条形图通常是展现这类数据的默认图表，但它看起来冗长而密集

相比之下，点状图显示的是相同的数据，每个数据值上都有一个点，用一条线连接以显示范围或差异。圆形比条形留白更多，这使得视觉效果更为清晰、简洁。国家标签靠近最左边的点，也可以沿纵轴靠左设置。如有必要，可以将数据值放置在圆形的旁边、上方或内部。

点状图不局限于两个点和一条连接线，也不局限于比较不同的类别。例如，可以使用点状图来显示两年之间的变化。你也可以用不同的形状、图标或箭头代替连接线来表示方向。你还可以使用两个以上的对象。例如，可以将科学成绩添加到这张图表中，同时，确保添加足够的标签，以便读者知道图表上的每个标签代表什么。是否需要添加轴和网格线，则取决于读者是否需要知道确切的值。

10个OECD国家PISA的数学和阅读成绩

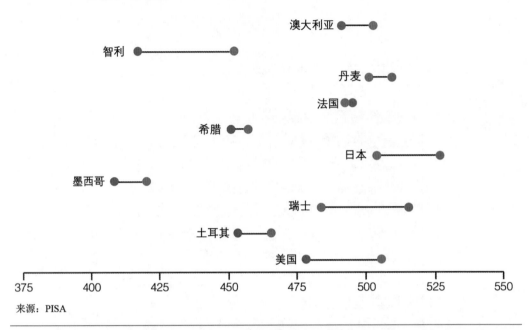

基本点状图为每个数据值放置一个点，并用一条线将它们连接起来。更多的留白让图表更清晰

　　关于点状图有几点注意事项。首先，当值的方向发生变化时，可能不容易注意到。比如上一张图表，你注意到有四个国家的数学分数比阅读分数高吗？除非读者仔细检查这些点及其颜色，否则很难立刻看出来这种差异。在这种情况下，我们可以利用充分的注释、清晰的标签和高亮的颜色来标明方向。下图是按数学成绩高低排序的，这让国家看上去更有序一些，但还是不能快速看出，只有前四个国家的数学分数高于阅读分数。

　　为了能快速识别出来，可以将图表分成两组，其中一组是数学分数高于阅读分数的国家，另一组则相反。然后，用大号粗体标题进行排序。我们也可以添加数据值——我有时会把它们放在圆形内，不过要谨慎使用，因为标签会把图表弄乱。另一种做法是使用垂直网格线，这取决于我们是否需要精确传达数据。

10个OECD国家PISA的数学和阅读成绩

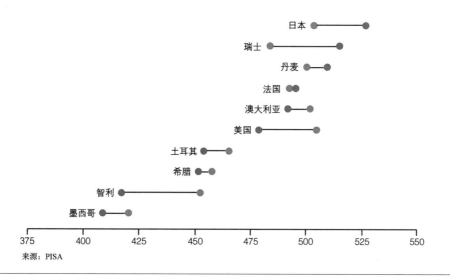

与基本条形图一样，在点状图中对数据进行排序有助于读者辨识信息

10个OECD国家PISA的数学和阅读成绩

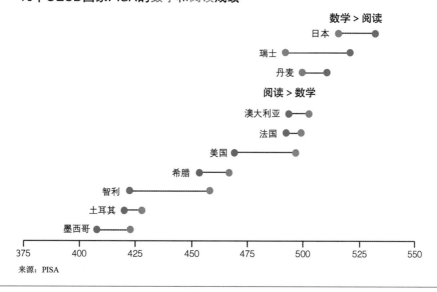

标签和注释可以帮助读者厘清不同值之间的差异。有时不需要添加网格线

当用点状图来表示数据随时间的变化时，我更喜欢用箭头连接，这样方向更明确。

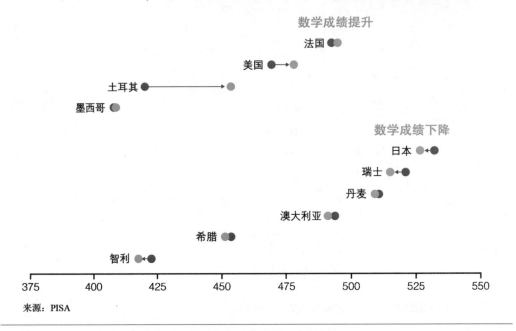

点状图可以显示数据随时间的变化。我一般会用箭头表示变化方向

随时间变化的点状图还有一点需要特别注意。它是一个概览图，并没有呈现出期间的所有数据。如果两个点之间的数据是同方向移动的，那么点状图就很好用。但如果数据每年都有较大的波动，那么点状图可能会掩盖这种变化模式（就像条形图一样）。例如，如果成绩在2015年至2019年间下降，而在2019年至2020年间急剧上升，那么点状图最终会显示总体上升，从而掩盖了中间的变化。

有时，你别无选择。比如你使用美国十年一次的人口普查数据，你只能获得每十年一次的数据。这你就无能为力了。不过，假如你对内容足够熟悉，那么就会知道仅仅展示这些数据是否可以说明你的观点。

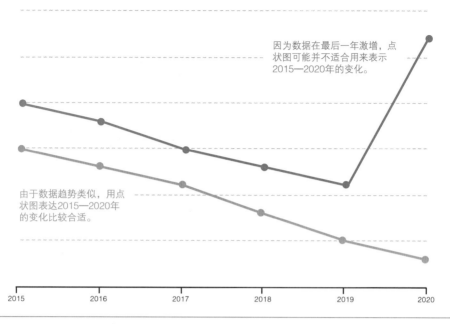

因为数据在最后一年激增，点状图可能并不适合用来表示2015—2020年的变化。

由于数据趋势类似，用点状图表达2015—2020年的变化比较合适。

2015   2016   2017   2018   2019   2020

点状图是一个概览图，因此在使用波动比较大的数据时需要当心

玛莉美歌图和马赛克图

刚开始看时会觉得玛莉美歌图（Marimekko chart）有点怪，不过，它们只是条形图的扩展。当你要在两个变量之间进行比较时，这类图表很有用：一个比较类别，另一个显示它们的总和。图表的名字来自芬兰设计公司玛莉美歌，由阿米·拉蒂亚（Armi Ratia）和她的丈夫维尔乔（Viljo）于1951年创立。早期玛莉美歌的风格特点是使用笔直的线条、超大的尺寸、几何图形和明亮的色彩。

在标准柱状图中，数据是根据纵轴坐标来衡量的，且柱形的宽度相同。玛莉美歌图的纵轴采用标准柱状图，在横轴上会根据另一个数据值扩展条形的宽度。玛莉美歌图是在标准柱状图或条形图的基础上，添加了第二个变量。

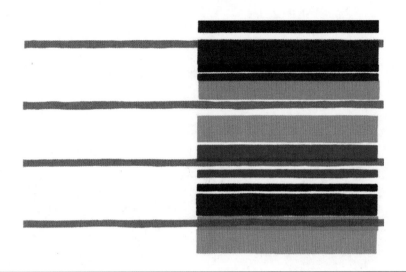

早期玛莉美歌的风格特点就像这样，笔直的线条、超大的尺寸、几何图形和明亮的色彩

下面这张图表展示了10个人口最多的国家的两个变量：日收入低于5.20美元的人口比例和各国人口占总人口的比例。日收入低于5.20美元的人口比例是沿纵轴绘制的；横轴按堆积条形图的方式，体现各国人口的占比，总和为100%（也可以显示原始计数而不用百分比）。可以看到，人口最多的国家（最宽的条形）及其贫困分布情况。你也可以策略性地使用颜色：如果这张图表是关于巴西和中国的贫困分布的，则可以把其他国家都标上同样的颜色，就像右图那样。

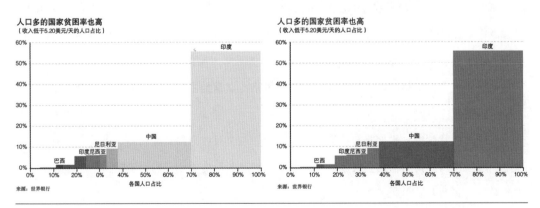

玛莉美歌图，有时被称为Mekko图，用条形的宽度体现另一个变量。颜色可用来突显特定值

　　上面的两个变量也可以用两张条形图来展示。虽然这种图表让人熟悉且易读，但是其并不能体现两个变量之间的关系。

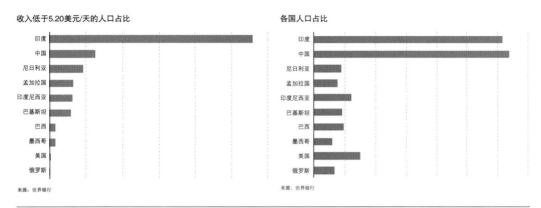

两个变量可以分别用条形图来展示，而不用玛莉美歌图

　　把两个变量放在一张图表上，会让你想到这两个变量之间可能有联系。如果是这样，那么你可以考虑使用其他图表类型，比如用散点图来呈现相同的数据。你可以很明显地看到，中国和印度是两个离散值，尤其是沿着人口轴更明显。不过，这种图表不会体现贫困人口和总人口之间的关联。右边的平行坐标图很好地展示了这一点，我们既可以看出总人口的占比，也能看出与其对应的日均收入低于5.20美元的人口占比。

　　不过，平行坐标图有一个潜在的问题，那就是当用来比较两个变量时，这些线条可能会让某些读者觉得这是随时间推移的变化。

　　玛莉美歌图的一种变化形式是将纵轴、横轴分别定为100%。这种图表有时也被称为马赛克图（mosaic chart）。当然，这两种叫法大家也不用刻意区分。不过，这里还是要讲一下马赛克图。马赛克图是对整个图表空间进行了填充，因此读者可以从两个维度看到数据的部分和整体之间的关联。从这个角度来说，它和树图（treemap）紧密相关，只是不像树图那样体现层次关系。

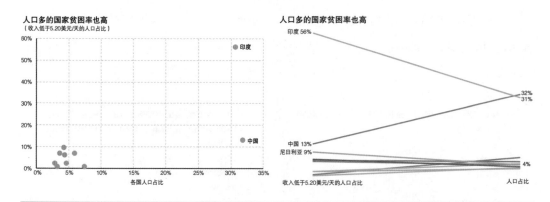

绘制两个数据系列也可以用散点图（左）或平行坐标图（右）。这两种图表都将在本书后面进行讨论

在本例中，人口仍沿横轴绘制，纵轴现在包含三类人群：日均收入低于1.90美元、3.20美元和5.20美元的人群。

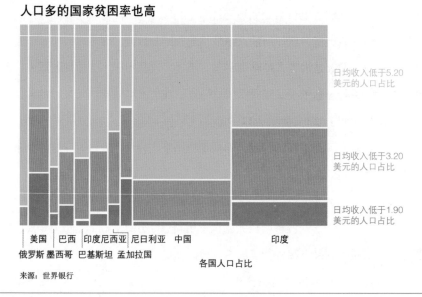

马赛克图是玛莉美歌图的变体，其中条形图的纵轴和横轴都是100%

马赛克图也可以作为堆积条形图的扩展。下图显示了2017年在《减税与就业法案》颁布后，不同收入区间对单位税收的影响。左侧的堆积条形图显示了11个收入区间，5种税收变

化，其中条形的宽度相同。如果根据每个收入区间的纳税人数来调整条形的宽度，纵轴总和为100%，我们就可以创建右侧的马赛克图。通过马赛克图可以更好地了解纳税人数在不同群体中的分布，但由于最高收入的人数较少，所以在图表上很难看见。

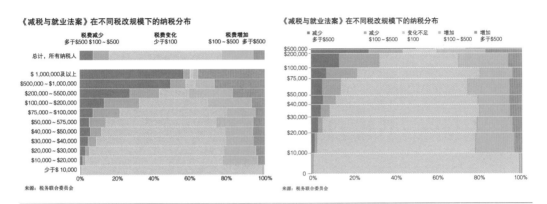

注意这两张图表的区别，左侧的条形宽度相同，而右侧的马赛克图在宽度上添加了新的变量，这样就很难看出它顶部的细节信息

单元图、同型图和华夫图

单元图

单元图（unit chart）被用来显示数量。单元图的每个符号可以表示一个观测值或单元（组件）数。例如，一个符号表示10辆车，那么10个符号就表示100辆车。你可以用单元图来显示百分比、金额或其他离散值。你也可以把它们排列在不同的方向上，或者用颜色或勾勒轮廓的方式，将它们进一步细分。

这类图表还有一个优点，就是更人性化。例如，条形图抽象而单调，所有的数据点反映的人数都被叠加起来，然后用同一个形状来表示。而单元图，通过提醒读者每个单元所代表的人数来与主题建立联系，特别是每个单元代表一个人的时候。

全球适龄儿童失学数量

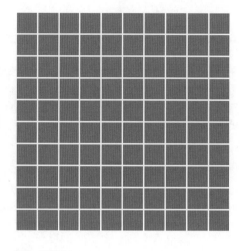

来源：世界银行

单元图使用符号来显示数量

　　还有一种更简单的方式来显示这类信息，就是直接用数字。在《仪表盘大全》（*The Big Book of Dashboards*）中，作者史蒂夫·韦克斯勒（Steve Wexler）、安迪·科特格雷夫（Andy Cotgreave）和杰夫·沙弗（Jeff Shaffer）把它称之为BAN（Big-Ass Numbers）法。这种方法也许在仪表盘、信息图、社交媒体或幻灯片中很有效，但在较长的报告中，我会很谨慎地使用它。

全球适龄儿童失学数量

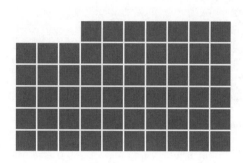

来源：世界银行

所谓的BAN法就是直观地显示数值

同型图

同型图（isotype chart）是用图像或图标来体现单元图。术语"同型"（isotype）——"国际排版教育体系"（International System of Typographic Picture Education）——是由德国哲学家和政治经济学家奥托·纽拉特（Otto Neurath）、他的妻子玛丽·纽拉特（Marie Neurath）和他们的合作者格尔德·阿恩茨（Gerd Arntz）在20世纪20年代提出的。他们使用这套体系来可视化各种数据，从产业工人，到人口密度和分布，再到特定工厂使用的机器数。他们认为，这种视觉方式能面向更广泛的人群有效传递人口、经济和环境信息，因为阅读这种图表，对教育程度没什么要求。

下图是一个典型的例子，每个符号代表不同数量的工人（家庭或工厂）和生产的磅数。它们沿纵轴对齐，可以很容易看出相关值是如何随时间变化的。

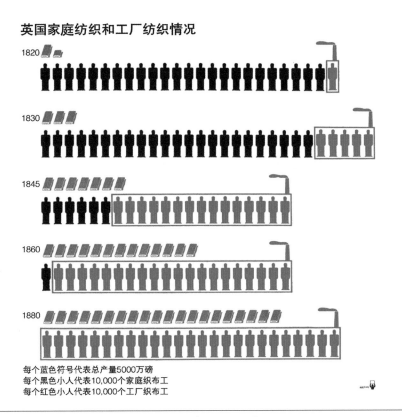

奥托·纽拉特、玛丽·纽拉特和格尔德·阿恩茨在20世纪20年代开发了同型图

我们可以用同样的方法处理之前关于贫困率的数据，而且可以使用多种形式的同型图来表示。左边的版本使用单独的人形图标来表示10%，右边的版本基本上就是在条形图上排列图标。不管哪种形式，这种可视化的图标都能将主题和内容连接起来。

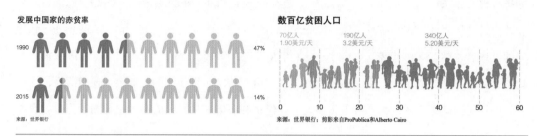

两种利用图标进行可视化的方式。

除纵横排列图标外，你还可以根据值的大小来缩放图标。但要小心，因为有时不知道缩放是根据高度、宽度还是面积来进行的。当然，不是每个人都觉得这个很重要。很明显，47%比14%要大得多，但在准确性至关重要的情况下，这种图标缩放的方法就不合适了。如果用纵轴表示数据值，那么左侧图标的面积大约是右侧的10倍。

发展中国家的赤贫率

也可以根据数据值对图标进行缩放，但要小心，因为有时不知道缩放是根据高度、宽度还是面积来进行的

这些用图标表示的图表看起来漂亮而有吸引力，尤其是数据量不多时。不过，当使用这种图表时，读者很难进行计算和比较。1914年威拉德·科普·贝尔廷（Willard Cope Bertin）在其著作《呈现事实的图解法》（*Graphic Methods for Presenting Facts*）中，对这种方法提出了批评："这种用不同尺寸的小人表示的图表，通常以小人身体的大小来区分数据的差异。这会误导读者，因为面积比高度增长得更快。"数据可视化作者和导师斯蒂芬·福（Stephen Few）写道：单元图迫使读者"要么数个数，要么读数字，要么尽最大努力比较区域大小（这个对大家来说太难了）。"

但有时，吸引读者的注意力比精确理解数据更重要。有研究表明，有图标的图表比单纯的条形图更有吸引力。该研究还发现，添加背景图会干扰信息的读取。如果你要使用图标或图像，则请确保仅使用它们来展示数据，而不是做无谓的装饰。

其他研究表明，图标的可视化是直观的和灵活的，有助于读者慢慢理解可视化。有些人发现，"当我们希望读者理解特定的数据（例如，单元、人、货币、地区等）时，单个图标的可视化是最有效的。"然而，太多的数据和太多的图标会造成混乱，使个别数据点或论点变得模糊。

华夫图

华夫图（waffle chart）是单元图的一个子类，特别适合体现部分和整体的关系。华夫图由10×10的网格构成，每个单元格代表一个百分点。你可以使用多张华夫图来显示单独的百分比，因此该图表既可以显示部分和整体的关系，也可以让读者跨类别进行比较。

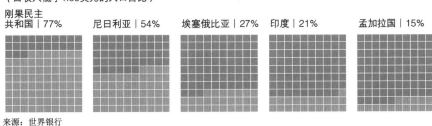

5个国家的总体贫困率
（日收入低于1.90美元的人口占比）

| 刚果民主共和国｜77% | 尼日利亚｜54% | 埃塞俄比亚｜27% | 印度｜21% | 孟加拉国｜15% |

来源：世界银行

华夫图是单元图的一个子类，就像这样将正方形排列成10×10的网格

在创建单元图或华夫图时，尤其是使用图标时，请注意选择符合内容和受众的图标。例如，如果你要展示不同国家的儿童死亡率，使用婴儿的图标是不合适的。使用男性的图标来表示人数可能会忽略女性。或者，你想测量花园里不同类型的花椰菜，只要像扎卡里·斯滕塞尔（Zachary Stensell）那样，排列花椰菜图标就行了。

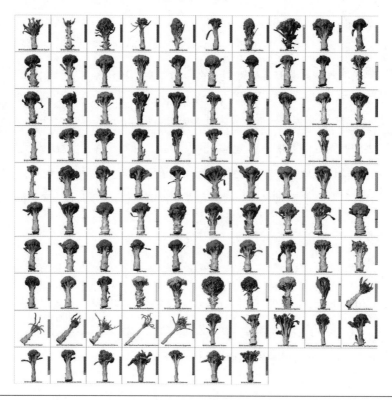

扎卡里·斯滕塞尔创造了这张小型序列图，展示了花园里不同类型的花椰菜

热力图

热力图（heatmap）使用颜色及其饱和度来表示数据值。简单地说，热力图是一张单元格带有颜色的表格。它们通常用于展示高频数据，或者在识别模式比了解精确值更重要时使用它们。

下面两张热力图显示了10个国家总收入的构成，该数据来自卢森堡收入研究所（Luxembourg Income Study）。左侧的热力图使用了相同的色系来体现6个类别，其中浅色表示较小的值，深色表示较大的值。从这个角度来看，可以看到人们的工资收入占总收入的大头，而且在大多数国家，公共社会福利排在第二位。而在右侧的热力图中，则使用了不同的色阶来展示。在这张图表上，你可以更清楚地看到，澳大利亚、巴西、瑞士和美国的公共社会福利（第四栏）占总收入的比例较小。哪一种方式更好取决于你的目标——你是想让读者比较所有的值，还是只比较类别？

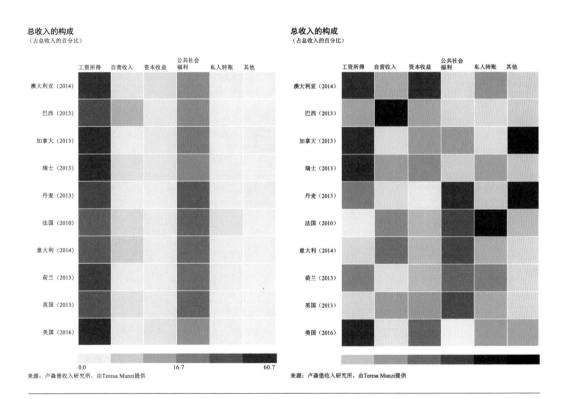

热力图使用颜色及其饱和度来表示数据值，可以将读者的注意力集中在列或行上

你也可以用热力图来展示随时间而发生的变化。想象一下，你有一张1928—2008年美国各州麻疹感染率的电子表格。如果表格中的州是按行排序的，年份是按列排序的，那么你的第一反应可能是创建一张折线图。

1928—2012年美国麻疹发病率

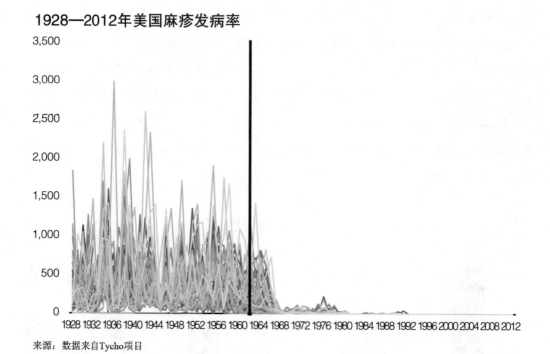

来源：数据来自Tycho项目

在这张密集的折线图中，可以看到美国麻疹感染的基本模式，但很难找出任何具体的数值

　　用折线图也没什么错，在图表上也能看到1928年至麻疹疫苗推出的1963年（以黑色垂直线为标志）的阳性感染率的变化。在未来5年左右，感染率迅速下降，最终，经过约10年的时间，降为0。从这张图表中你得到的基本信息是：在1963年之前，感染率在乱麻一样的线条里上上下下。

　　《华尔街日报》使用同样的数据创建了一张热力图。我在这里创建了自己的版本，不同的感染率用不同的颜色表示。在使用疫苗之前，可以看到深蓝色的单元格（大多数高于每10万人感染16例），同样，用黑线标记推出疫苗的年份。1963年后，这些颜色很快转变为较浅的蓝色，最终达到最低感染率（每10万人感染不到1例和零感染率）。

1928—2012年美国麻疹发病率

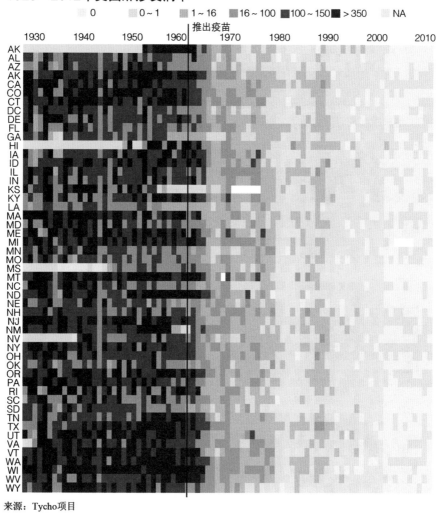

来源：Tycho项目

这张热力图在显示麻疹感染率方面可能并不比折线图好，但它能让读者更容易查看每一个州或年份

　　这张图表可能并不比折线图好，但它让你更容易查看每一个州或年份，这远比从乱麻一般的折线图中挑出一条线要容易得多。记住，有时与众不同本身就是一个不错的选择。你曾略过多少张复杂的折线图？热力图用其特别的外观和颜色吸引读者的注意力。正如艺术家和数据可视化专家乔治娅·卢皮（Giorgia Lupi）所说："对于读者来说，美观是一个非常重要的切入

点，这可以让他们对可视化产生兴趣，并愿意进行更多的探索。美观不能取代功能，但美观结合功能效果更好。"

还可以通过调整布局的方式使用热力图，例如，将其应用在日历上。这套图是2015年车祸死亡人数的热力图，可以很容易地看出星期五和星期六死亡率较高。

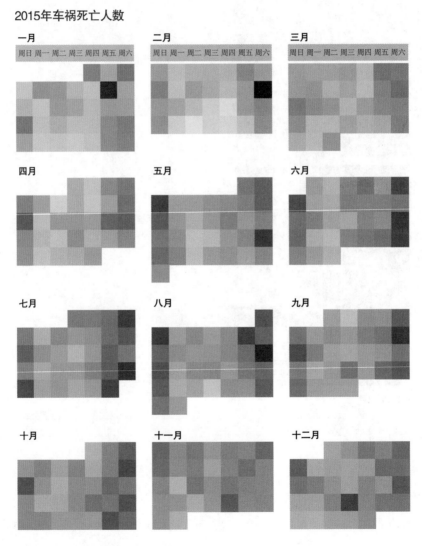

来源：美国国家公路交通安全局
说明：灵感来自FlowingData网站上的Nathan Yau

可以通过调整布局来使用热力图，这套图显示了2015年车祸死亡人数

　　相较而言，如果使用折线图绘制同样的数据，即便用蓝色圆圈标出周六，也很难得出周末死亡人数更多的结论。

2015年车祸死亡人数

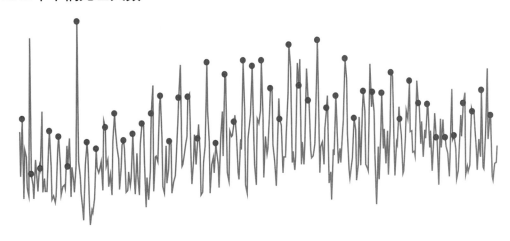

1/1/15　2/1/15　3/1/15　4/1/15　5/1/15　6/1/15　7/1/15　8/1/15　9/1/15　10/1/15　11/1/15　12/1/15　1/1/16

来源：美国国家公路交通安全局

这张折线图使用的数据和日历热力图一样，但很难得出相同的结论

　　在之前的麻疹案例中，两种图表各有优缺点。而在本例中，用日历热力图更好，它能突出周末死亡率更高，而且它更吸引人，使用的基本单元也是常见的形状。

仪表图

仪表图（gauge chart）看起来像汽车仪表板上的速度表。通常设置在半圆和圆之间，用指针来指示数据。量表的各个部分用阴影表示，例如差、良好和优秀。

仪表图在财务规划工具中很常见，它提供了一种简单、熟悉的方式来可视化目标或完成进度。它们也经常出现在募捐活动中，整个半圆代表目标，指针和填充区域显示迄今为止筹集的金额。这是使用熟悉的形状进行可视化的好例子，每个人都知道，"填满"这个量表意味着筹款目标达成。

仪表图很容易理解

然而，仪表图也带来了感知上的挑战，因为人们不擅长衡量和比较角度。如果你想让读者了解大概状况，仪表图是一个不错的选择。但是，如果你想让读者辨别出具体的数值，并将这些数值与整体进行比较，那么仪表图可能不合适。

由于人们对这种量表形式很熟悉，它们经常出现在各种地方。我曾收到Mountjoy Properties（一个服务于华盛顿地铁区的住宅房地产团队）发来的传单，上面有一系列仪表图，显示了我所在的弗吉尼亚州北部地区的房地产趋势。我可以很快地看出当前市场的整体状况，但是在这些图表上，很难再添加更多详细的数据。

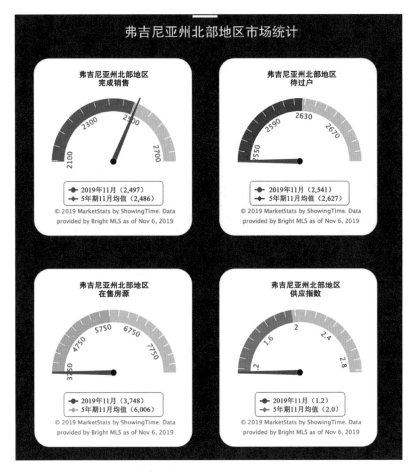

来源：MountJoy Properties，Keller Williams地产公司

这套仪表图展示了弗吉尼亚州北部地区的四大房地产趋势

子弹图

　　鉴于仪表图在精确识别数据上的不便，斯蒂芬·福（Stephen Few）发明了子弹图（bullet chart）。这是一种采用线性的、更紧凑的方式来显示类似数据的图表。子弹图通常包括三种不同的数据元素：

　　1. 实际值或观测值，在下图中，显示为黑色水平条。条形表示平均客户满意度为4.0分。

2. 目标值，在下图中，显示为黑色的竖线。目标满意度为3.5分。

3. 范围，显示等级，如差、良好和优秀。作为其他两个系列的背景，以便读者可以比较实际值和目标值。在这里，差是1.5分以下，良好是1.5～3.0分，优秀是3.0分以上。

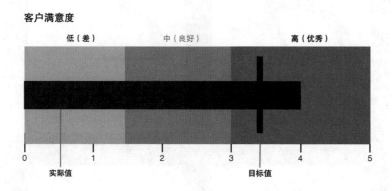

子弹图包含5个独立的数据值

　　子弹图的构成要素并不是一成不变的，也可以有5个等级，或没有目标值。等级也可以按分布的形式体现。例如，显示四分位数或百分位数。由于子弹图非常紧凑，因此可以将多张子弹图放在一起比较。下图就显示了财务报告中的三个指标，相比仪表图，它们更紧凑，而且更容易比较。

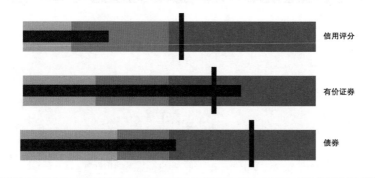

将不同的子弹图放在一起，是一种比较数据的简洁方法

气泡图和嵌套气泡图

在基本气泡图（bubble chart）中，圆形的大小表示某个变量的值。与条形图一样，其目的是比较各类别之间的差异。但与条形图不同的是，人们并不擅长精确比较圆形的大小。不过，圆形在视觉上更有趣，当识别准确的数值并不重要时，它们是一个很好的选择。使用圆形的另一个缺点是无法将负值可视化。条形可以有两个方向，通常向右或向上表示正数，向左或向下表示负数，而圆形体现不出这一点。

不管在什么情况下，我们都很难通过圆形来做出准确的估算，即使它们是按面积大小来划分的。我们往往会根据圆的直径进行比较，但这样就导致了错误的结论。看下面这两张图表，试着猜猜，巴基斯坦每天收入低于1.90美元的人口占比。你认为是气泡图容易，还是条形图容易？

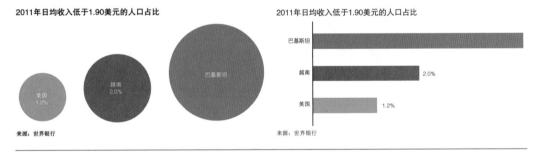

我们更善于辨别横条的差异，而不是圆的面积。另外，巴基斯坦日均收入低于1.90美元的人口占4.0%

　　这并不是说不要用气泡图。切记，这一切都和你的受众有关。将一张气泡图插入一篇短文的旁边，每个圆形中间都有突显的数值，这可能比标准条形图更有吸引力。然而，太多的圆形可能会让你的受众分辨不出数值或关系。在下图中，你可以看到印度、刚果民主共和国和尼日利亚的贫困人口最多，但很难快速评估它们之间的差异，或者辨别排在后面的国家的贫困人口数。

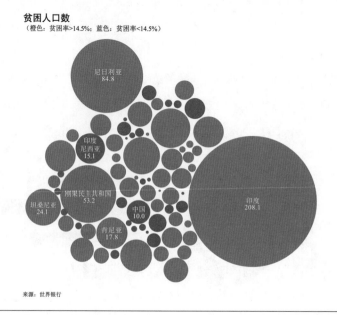

气泡图很有趣，但读者很难识别出具体的数值

计算圆的面积

请记住按圆的面积调整大小，因为按半径或直径的比例调整，会过度强调差异（半径或直径以线性方式缩放，而面积以平方方式缩放）。与灰色圆相比，第一个黑色圆是按直径调整大小的，而第二个黑色圆是以同等倍数按面积调整的。你可以清楚地看到，如果按直径调整，则会让两个值的差异看起来更大，使数据失真。

按直径放大　　　　　　　按面积放大

我们用一个简单的例子来说明为什么按面积来调整大小很重要。首先，我们一起回忆一下初中数学，直径是任何一条穿过圆心的直线。半径（r）是直径的一半。面积（A）等于常数 pi（π）乘以半径的平方，即 $A = \pi r^2$。

假设灰色圆的数据值是 1，黑色圆是 2。如果从灰色圆开始，并将半径设置为 1，我们可以确定面积为：$A_O = \pi r^2 = \pi 1^2 = \pi$。

我们以黑色圆是灰色圆的两倍来体现两者的数据差异。如果面积加倍，那么黑色圆的面积就是 2π，我们反算一下黑色圆的半径：$r_B = \sqrt{(A_B / \pi)} = \sqrt{(2\pi / \pi)} = \sqrt{2}$。如果按半径来调整大小，会怎样呢？灰色圆的半径仍然是 1，而黑色圆按半径增加两倍，也就是 2，那么黑色圆的面积为：$A_B = \pi r^2 = \pi (2)^2 = 4\pi$。换句话说，以这种方式调整大小，黑色圆是灰色圆的四倍，而不是两倍。

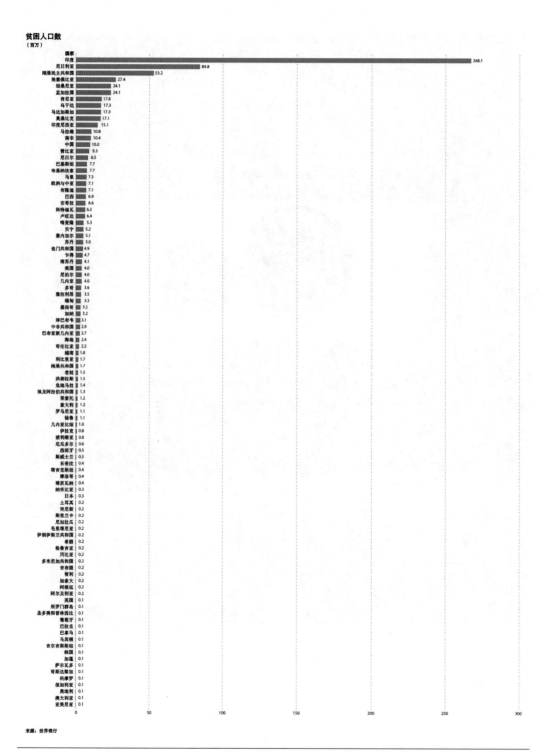

在这张条形图中，可以很容易地找出贫困人口最多和最少的国家，但它占据了整个页面

如果要在条形图中更精确地呈现数据，那么图表会很大。每个国家都有标签，所以读者可以找到马达加斯加岛，但这重要吗？再说一遍，目标是显示所有国家还是一个子集？请考虑你的目标，以及读者是否需要如此详细的数据。

下面这种叠放的圆形图通常被称为嵌套气泡图。嵌套气泡图有时会遮住后面的圆，不过依然可以很容易地比较数据。

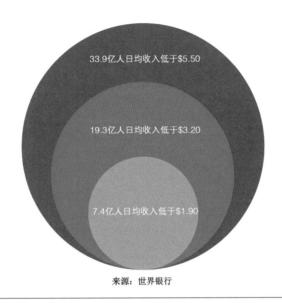

来源：世界银行

嵌套气泡图有时会遮住后面的圆，不过依然可以很容易地比较数据

你可以用气泡来演示相关性（请参阅第8章的气泡图），或将气泡添加到地图上以反映另一个变量（请参阅第7章中的点地图）。通常，在数据可视化中使用圆和气泡容易产生感知偏差，但它们比单纯的条形图或折线图更吸引人。正如《纽约时报》（*New York Times*）的数据编辑阿曼达·考克斯（Amanda Cox）所说："一个有争议的说法是，在数据可视化世界中，一切都能用条形图表示。也许真的可以，但那很可能是一个无趣的世界。"

桑基图

桑基图（Sankey diagram）是1898年，以其创造者马修·亨利·菲尼亚斯·里亚尔·桑基（Matthew Henry Phineas Riall Sankey）的名字命名的。这种图表特别有助于显示类别间的相互比较，以及如何从一个类别流入其他类别。用箭头或线条显示从一种状态到另一种状态，线条的宽度表示数量的多少。例如，可以使用桑基图来显示一个行业中不同公司，在不同年份是如何合并、分拆或失败的。

这张桑基图显示了52名学生如何拼写单词camouflage。第一个蓝色部分显示，所有52名学生的拼写都以字母"C"开头，接着50名学生以字母"Cam"开头，接着37名学生以字母"Camof"开头，依此类推。10名学生正确地拼写了这个单词，如图表顶部的橙色部分所示。

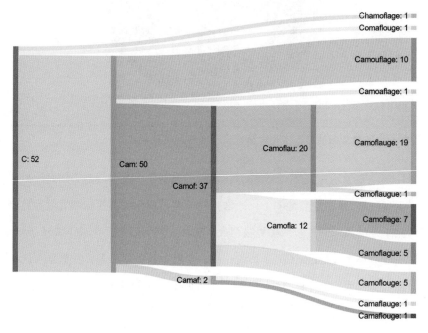

制图：Tim Bennett；数据收集：Reddit用户iheartdna

这是我非常喜欢的桑基图之一，它展示了52名学生如何拼写camouflage这个单词

下面的桑基图显示了美国、英国和德国对世界各地的联邦援助流向。你可以看到，撒哈拉以南的非洲国家获得了大部分援助，英国和美国对撒哈拉以南的非洲国家的捐助比德国多。

德国、英国和美国对世界各地财务援助的流向
（占所有援助的百分比）

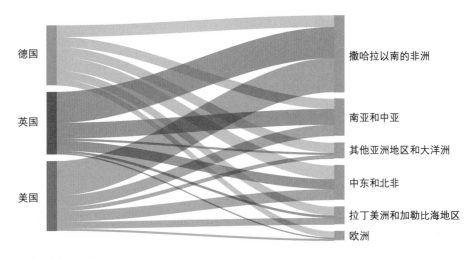

来源：经济合作与发展组织

这张桑基图显示了德国、英国和美国对世界各地财务援助的流向

　　如果将这些数据做成簇状条形图或堆积条形图，则会有不一样的视角。在下面左边的簇状条形图中，会优先在各资助国之间进行比较。而在右边的堆积条形图中，你更有可能比较各受援国，例如，撒哈拉以南的非洲国家，主要援助来自美国。桑基图以一种特别的形式吸引我们的注意力，它综合了以上两种比较方式。没有哪种图表是"对"或"错"的，它们只是为不同的受众提供不同的服务，突出不同的模式，回答不同的问题。

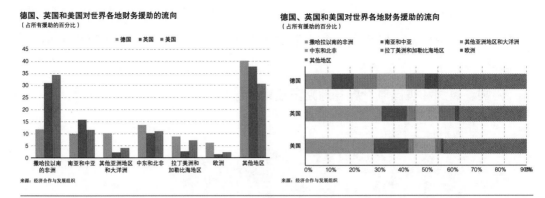

用簇状条形图和堆积条形图呈现财务数据，给我们提供了一个不同于桑基图的视角

　　桑基图和许多图表一样，最大的问题是绘制了太多的系列。下图包含了更多的国家，由于类别或交叉点太多，很难按图索骥。如果数据量大，你可以试着简化数据，或者使用多张桑基图，甚至换成其他更有效的图表。

德国、英国和美国对世界各地财务援助的流向
（占所有援助的百分比）

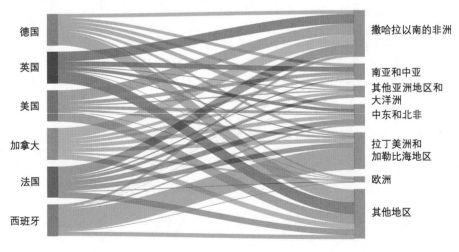

来源：经济合作与发展组织

桑基图和其他图表一样，最大的问题就是有太多的系列，这样很难看出数据模式或趋势

瀑布图

瀑布图（waterfall chart）显示了一个数学公式：从某个初始值开始，增加或减少，得到一个最终值。它本质上是条形图，每个条形都从上一个条形结束的地方开始，显示出数据是如何演变成最终值的。通常，正负值颜色不同，开头和结尾处的总数也不同。连接线可以帮助读者更好地阅读数据。因为这些线是参考线而不是实际数据，所以它们比其他元素更淡、更细。

下图是2016年澳大利亚总收入和总净收入的瀑布图。数据与之前热力图的数据相同，热力图可以在一张图表上拟合10个国家的数据，用瀑布图则需要10张不同的图——在某些情况下可能有用，但肯定不如热力图紧凑。

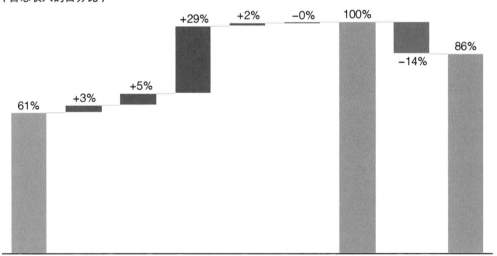

2016年澳大利亚收入构成
（占总收入的百分比）

来源：卢森堡收入研究所，由Teresa Munzi提供

瀑布图显示了一个数学公式：从某个初始值开始，增加或减少，得到一个最终值

瀑布图也可以显示数据随时间的变化。例如，你可以展示数年间，每一年GDP对总量的贡献，以及不同的值对当年GDP的贡献。任何相加或相减的数据序列都可以用这种方式表示，不过，这也是一种非标准的图表类型，可能需要读者花更多的时间来阅读它。

小结

不管是单独一个条形、一组条形还是堆积形式的条形，条形图是比较数据时最常用的可视化图表。它也位于感知图谱的顶部。但是太多的条形会使视觉效果凌乱不堪，当序列堆叠在一起时，比较不同坐标轴上的序列会变得更加困难。

基本的条形可以通过多种方式呈现。它们可以挨个排在一起，或者偏离中心基线。它们可以按纵轴或横轴堆叠，或者像马赛克图那样。它们也可以体现简单的数学公式，如瀑布图。人们擅长通过比较长度来辨识数据，因此这些图表类型让读者能更准确地感知数值。

在其他用于比较的图表中，我比较喜欢点状图，它们从标准条形图中删除了大量的干扰元素，并留出空间添加注释和标签。相较于标准图表，使用图标、方块或其他形状能更好地吸引受众，但它们的数据密度较小。

虽然条形图排在感知图谱的顶部，不过说实话，它们可能很枯燥，因为我们每天都会看到条形图。作为图表创造者，有时我们的挑战是找到吸引受众的方法，从数据可视化工具箱中调用不太常见的图表类型可以做到这一点。由我们来决定要把读者的注意力集中在什么地方——相似还是差异、单个还是多个比较、相对值还是绝对值。

时间

本章中的图表主要用来表示变量随时间的变化。大家可能对折线图、面积图和堆积面积图等比较熟悉。而其他诸如连接散点图和周期图，可能需要更多的标签和注释，以便读者理解。

本章中的许多视觉效果都是折线图或面积图的变体。有些可以在上面标注更多的数据，而有些可以结合其他随时间变化的数据。例如，使用地平线图和量化波形图，可以在一张可视化视图表中包含更多的数据，不过，不适合进行详细比较。其他图表，如流程图和时间线，可能要使用定性数据或文本以及视觉线索来帮助读者理解信息。

本章中的图表是按华盛顿的研究机构城市学院（the Urban Institute）发布的样式指南设计的。该指南概述了色彩、字体以及不同图表类型的使用方法。

折线图

折线图（line chart）和条形图可能是世界上最常见的图表。折线图清晰易读，用笔和纸也很容易绘制。数据值通过线条连接，以显示连续时间内的值、趋势和模式。

下面这张折线图显示了2000年至2015年这16年间，美国用于健康医疗的支出占GDP的百分比。

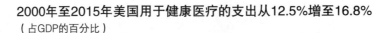

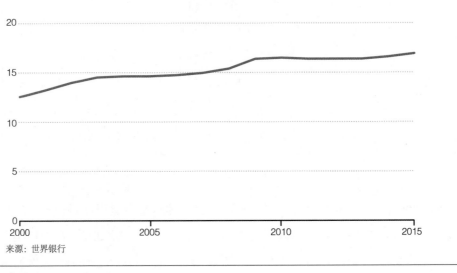

2000年至2015年美国用于健康医疗的支出从12.5%增至16.8%
（占GDP的百分比）

来源：世界银行

基本的折线图

与条形图一样，折线图位于感知图谱的顶部。所有的折线都以同一条横轴作为基线，这样可以很容易比较彼此之间和不同系列之间的值。

虽然创建和读取折线图非常容易，但也有一些因素需要考量，有些是美学方面的，而有些是实质性的。

绘制的线条数没有限制

没有硬性规定一张折线图里可以包含多少个系列。其关键不在于数量，而在于图表的用途，以及你想给读者看什么。例如，在具有多个系列的折线图中，可以突出显示或强调某些数据。

比如要展示美国和德国在健康医疗方面的政府支出，同时希望呈现它们与其他32个经合组织（OECD）国家的关系，则只需给"美国"和"德国"设置颜色并加粗，而将其他32个国家设置为灰色、不加粗即可。第2章介绍的"从灰色开始"的策略在这里很有用。

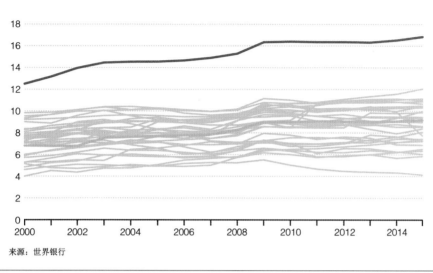

2000年至2015年美国和德国用于健康医疗的支出有所增长
（占GDP的百分比）

来源：世界银行

没有硬性规定折线图可以包含多少个系列

回想一下关于前注意加工的内容：颜色和线宽是前注意属性中的两个，因此我们的注意力被吸引到较粗的彩色线条上。采用灰色策略的优点是，读者既可以看出整体模式，也可以重点关注感兴趣的两个系列。

我们也可以将折线图分解成多张小型序列图。在每张小图中只有一个想要强调的系列，或者包含所有其他系列，然后设置成灰色。下图就使用了这种方法来展示34个经合组织国家中9个国家的健康医疗支出。每个国家单独占一张图，而不是把9条线都画在一张图表中。虽然我们可能无法了解每个国家的相对支出，但这种布局为每个国家提供了更大的空间，从而可以添加更多的细节、标签或其他注释。

自2000年以来，主要国家的健康医疗支出大幅增加
（占GDP的百分比）

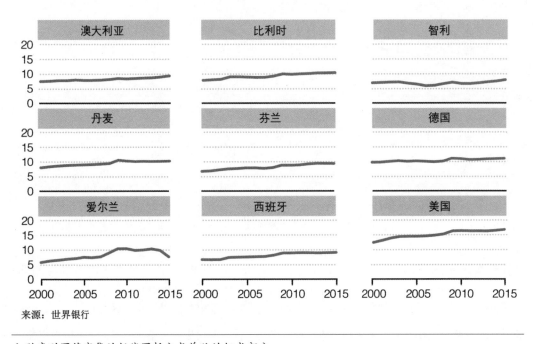

来源：世界银行

小型序列图将密集的折线图拆分成单独的组成部分

坐标轴无须从0开始

可视化数据的经验法则之一是，条形图的坐标轴必须从0开始（见第4章）。因为我们是从条形的长度来识别它的值的，所以，如果坐标轴不从0开始，则会放大数据间的差异。

不过，这个法则不适用于折线图，折线图的坐标轴不一定要从0开始。数据可视化有其复杂性和多面性。如果坐标轴不从0开始，那么什么是合适的范围？我们应该从哪里开始和结束坐标轴呢？

我们以美国健康医疗支出为例，下面4张图表在纵轴上使用了不同的范围。可以清楚地看到，不同的范围会影响我们对支出水平和变化的看法。在左上角的图表中，纵轴的范围是从0到20，我们看到支出略有增加。另外3张图表，按顺时针的顺序，纵轴的范围越来越小，支出的变化看起来越来越剧烈。

对纵轴范围的选择没有标准答案，而是取决于数据本身和你的目的。如果你想表达支出达到GDP的17%，经济会出现衰退，那么右下角的图表可能是最好的。如果只是想表达一般的结论，那么第一行的图表可能更可取，它们清楚地显示了支出随着时间的推移而增加。如果你需要审视每年的支出，则可以考虑右边的图表。

2000年至2015年美国用于健康医疗的支出从12.5%增至16.8%
（占GDP的百分比）

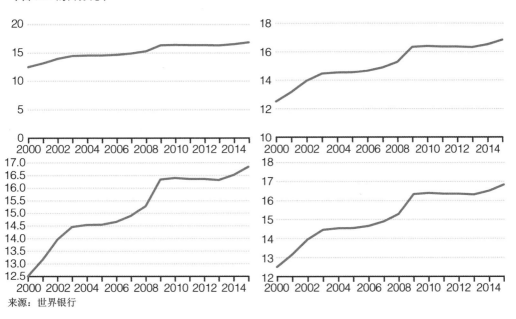

来源：世界银行

对纵轴范围的选择没有标准答案，而是取决于数据本身和你的目的

　　我会尽量避免使用左下角的图表，其坐标轴不是从0开始的，而且顶部或底部的值等于最大值或最小值。对于我来说，这种图表太"紧"了，因为它表示数据只能在这个区间，但这种情况是很少见的。

　　另外，我们还要考虑数据、上下文、内容和各元素是如何协同的。在医疗改革的背景下，支出占GDP的比例从12%提高到17%是一个很大的变化。但我的孩子在棋盘游戏中打败我的次数，从小时候的12次提升到现在的17次，这个变化对于我来说不重要（当然，这对于他们来说非常重要！）。

　　值得注意的是，如何绘制纵轴会影响我们感知0在图表中的位置。如果不仔细看折线图，你会认为纵轴的底部是0。在某些情况下，特别是有正负值时，这一点尤为重要。例如，下面的图表显示的是健康医疗支出的同比变化，而不是占GDP的比例。在左图中，一下子看不出在这段时间内支出是否下降，因为没有明显的零基线。而在右图中，将零基线加粗显示了，就可以更明显地看出，有三年支出占比下降。

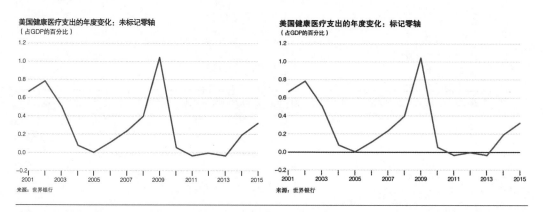

我们习惯性地认为纵轴的底部是0，因此对坐标轴使用不同的颜色或加粗可以清楚地显示0的位置

小心线条宽度（或曲线间的面积）导致的错觉

对于折线图（以及其他时间序列图），我们往往会错误地估计两条曲线间的差异。

以威廉姆·普莱费尔（William Playfair）的图表为例，普莱费尔是苏格兰工程师和政治学家，是统计图表法的创始人。在这张1785年的图表中，普莱费尔绘制了在1700年至1780年间英国与东印度群岛之间的进出口情况（以百万英镑为单位）。其中上面的线条表示进口，下面的线条表示出口，这两条线之间的垂直距离显示了英国与东印度群岛的贸易差额。从左边的1700年开始，可以看到贸易差额在前30年左右扩大，从1730年左右开始缩小，在1755年左右达到最小。随后，贸易差额增长了一段时间，并在1770年左右迅速扩大。

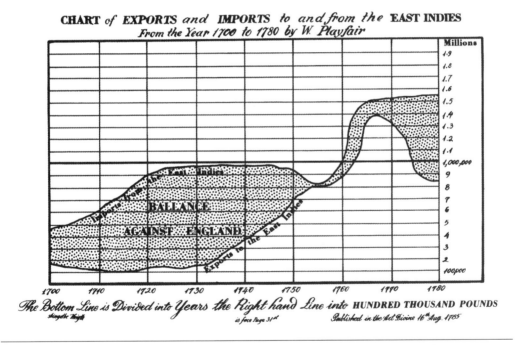

在这张1785年的图表中，威廉姆·普莱费尔展示了英国与东印度群岛之间的进出口情况

你注意到1760年后贸易差额的峰值了吗？在1762年至1764年间，进口增长迅速，而出口增长较慢，形成了较大的贸易差。在1764年至1766年间，东印度群岛的出口迅速增长，贸易差额也随之下降。但1762年至1764年间的峰值则很难在普莱费尔的原始图表中看到。这些变化在下面这张折线图中更容易看到。

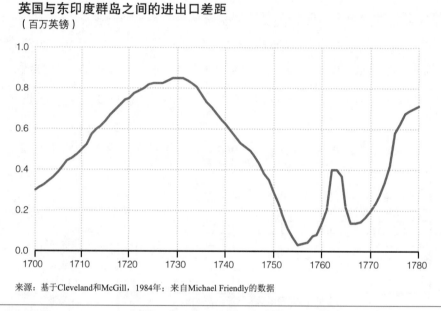

英国与东印度群岛之间的进出口差距
（百万英镑）

来源：基于Cleveland和McGill，1984年；来自Michael Friendly的数据

进出口差距的折线图，比普莱费尔的原始图表更容易看出贸易差额的起伏

有特定值时可以使用数据标记

数据标记，是指沿着折线用符号标记一些特定点。就我个人而言，我会在以下两种情况下使用数据标记：一是只有很少的线条或数据点；二是有我想要突显或注释的数据点。数据标记赋予图形更多的视觉感。

例如，下面的图表显示了德国和西班牙的健康医疗支出占GDP的比例。数据点很少，系列间的变化也不明显，添加圆形的数据标记，可以让线条更富视觉感。

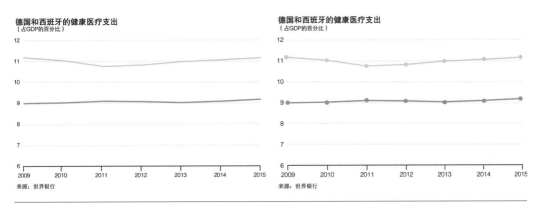

当没有太多数据或者想突出显示或标记特定值时，我会在折线图中添加数据标记

相比于三角形、方形或其他形状，我更喜欢圆形的数据标记。从某种程度上说，这是一种审美偏好，但也有其内在逻辑。圆是轴对称的，因此直线与圆相交的位置并不重要。而其他形状，比如三角形，线条与其相交的位置不固定，看上去会比较乱。

如果你或你的组织需要遵守某些法律法规，以让视力障碍人士也能轻松识别图表中的符号，则可能需要使用其他形状。在美国，联邦政府机构必须遵守联邦第508条的规定，使残障人士可以访问网站（有关数据可视化可读性的更多信息，请参见第12章）。如果形状相同，即便用不同的颜色，那么通过屏幕阅读器也无法区分不同的系列。在这种情况下，最好使用不同的数据标记。

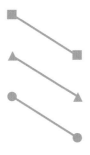

圆是一个轴对称的形状，这就是我喜欢使用它作为数据标记的原因

使用视觉符号表示缺失的数据

有时，我们会缺少数据。人们每天都在换工作，而不仅仅是在失业数据公布的时候。在每一次美国人口普查公布的十年间，都会发生很多事情。大多数数据都是某个时间节点的数据，但我们通常把它们看作是连续的。

当一个系列因为没有收集到数据而中断时，缺失的数据就真的没有了。这时，应说明数据是不完整的。在折线图中，我们可以更改线条的格式（例如，使用虚线），或者断开这些点来表示数据缺失，也可以在图表的上方或下方添加注释，说明这些数据是缺失的。

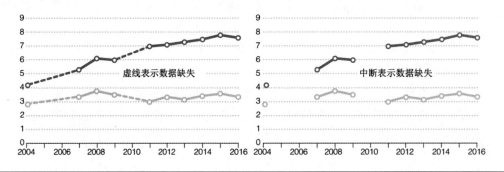

两种表示数据缺失的方法：虚线和中断

无论如何，我们不能完全忽略缺失值，否则图表中的数据会让人觉得是连续的、不间断的。

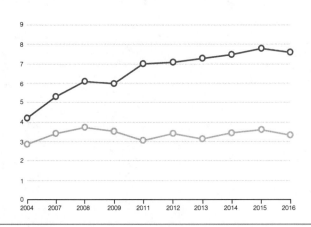

这张图表忽略了缺失的数据点，具有误导性。它让人们误以为这是一个连续的、不间断的系列

避免使用双轴折线图

在比较两个或多个不同系列的变化时，你可能会使用两条纵轴。但最好别这么做。下面的双轴折线图显示了2000年至2018年间美国的经济环境，左轴是收入中用于偿还家庭负债的占比，右轴则是季度失业率。在这张图表中，需要花些时间才能注意到，蓝色是失业率，且要看右轴，而黄色是家庭负债率，要看左轴。这张图表的目的是显示2017年和2018年的经济环境相当好——低失业率和低家庭负债率。

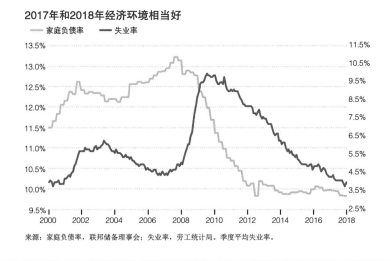

双轴图表引起一系列感知问题，也许最重要的是视线被吸引到两条线相交的地方，尽管这可能毫无意义

不过，用这种方式显示数据会有三个问题。

首先，它们通常很难阅读。你凭直觉知道哪条线对应哪条轴吗？反正我不行。即使标签和坐标轴的颜色与折线相匹配（很多双轴图表都不是这样的），也很难看出数据规律。这会让读图变得很费劲，尤其是标签不明显的时候。

其次，网格线可能不匹配。此图表中的水平网格线与左轴关联，这让右轴上的数字处于网格线之间。而在2009年的转折点上，也很难看出失业率（蓝线）仅仅接近9%。

第三，也是最重要的一点，线的交叉点成为视线焦点，尽管它可能没有意义。在这张图表中，视线被吸引到图表的中间，也就是两条线的交叉点，似乎那里发生了什么有趣的事情。但2009年并没有什么特别，只是两条线恰好在那里相交。这张图表想要传递的信息是，自2007年至2009年经济衰退以来，经济环境改善了多少，但我们不能马上感知到这个信息。

折线图的纵轴不需要从0开始，所以该图表的左轴从9.5%开始，右轴从2.5%开始，这没什么不对。按照这个逻辑，我们可以任意改变每条轴的坐标值，让折线相交在我们期望的位置。这就是双轴折线图的问题：图表的创建者可以故意误导读者对数据信息的理解。

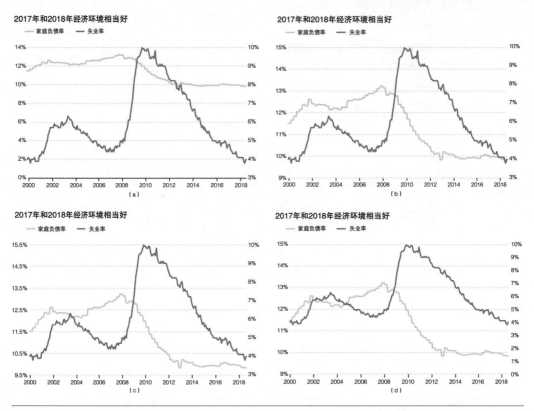

由于没有关于纵轴的坐标值的硬性规定，因此可以任意调整坐标值，使折线交叉在我们期望的任何地方

在这四张图表中，每一张图表的纵轴设置都是合理的，通过调整坐标轴的范围，我可以让这一系列看起来像：图（a），在2010年和2012年前后的几年里，两组数据很接近；图（b），

它们在中间和末端相交；图（c），它们在2003年前后相交，几年后再次相交；图（d），它们在前半部分是密切相关的，但随后拉开距离。

通过调整坐标轴的范围，我们可以使不同的数据系列看起来相关。泰勒·维根（Tyler Vigen）在他的网站"伪相关"上展示了各种通过调整坐标区间，生成的错误而滑稽的双轴图表。

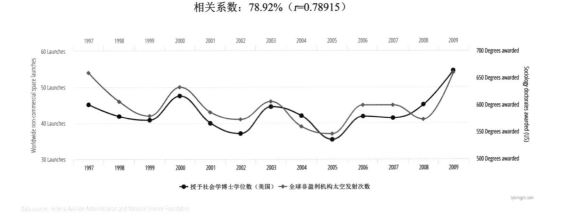

泰勒·维根收集的双轴折线图，向我们展示了如何通过调整纵轴，使相互独立的数据看上去存在相关性

结合不同图表类型的双轴图表，也存在类似的问题。比如下图中，失业率以面积图的形式绘制。右轴从0开始，这样两边的网格线是匹配的，但是哪个变量和哪条轴对应还是不明显。只有两种不同的趋势比较明显，但感知陷阱仍然存在，这会误导读者看到并不存在的相关性。

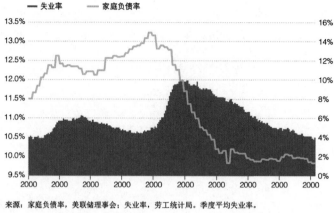

2017年和2018年经济环境相当好

来源：家庭负债率，美联储理事会；失业率，劳工统计局。季度平均失业率。

双轴图表的问题无法通过结合面积图和折线图来解决

针对双轴图表的这个问题，可以参考以下解决方案。

首先，试着并排放置图表。不是所有的内容都要放在一张图表中，我们可以使用小型序列图的方式来拆分图表。在理想情况下，序列图应该有相同的纵轴，这样便于比较。但在这里，不需要这样，只要将它们分开排列即可。

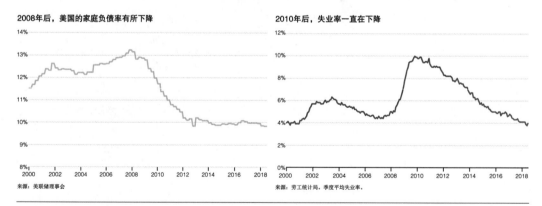

2008年后，美国的家庭负债率有所下降

来源：美联储理事会

2010年后，失业率一直在下降

来源：劳工统计局。季度平均失业率。

双轴折线图的一种替代方法是使用两张并排的图表

如果在横轴上标记一个特定的点很重要，则可以纵向排列两张图表，并画一条线穿过图表。这会改变图表的阅读顺序，但更容易标记特定值或年份。

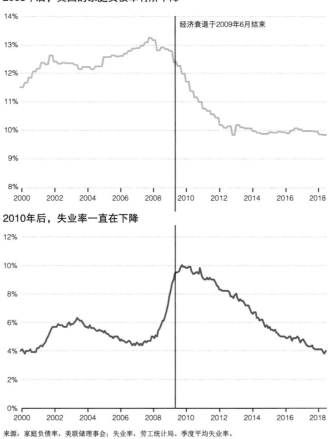

双轴折线图的另一种替代方法是使用两张垂直对齐的图表，这样在图表上标记特定的数据点更容易

其次，我们可以计算指数或百分比变化，这样就能看到两个系列随着时间的推移而发生的变化。图表中的数据，体现的是每一年和2000年之间的差异（百分点变化）。在这里，我们选择了呈现数据的变化，而放弃了展示数据值。

第三，尝试不同的图表类型。如果显示两个系列之间的关联变化很重要，则可以试试连接散点图（在本章结尾有专门介绍）。它就像一个有纵轴和横轴的散点图，但每个点代表不同的时间单位，如一季度或一年。正如下图所示，可以很容易看到这两个指标之间的关系随着时间如何变化。你还可以添加更多的标签和注释（以及不同的颜色），以引导读者阅读。

2017年和2018年经济环境相当好
（自2000年后的变化百分比）

来源：家庭负债率，美联储理事会；失业率，劳工统计局。季度平均失业率。

还可以通过对数据进行标准化或计算某个值的百分比变化来替代双轴图表

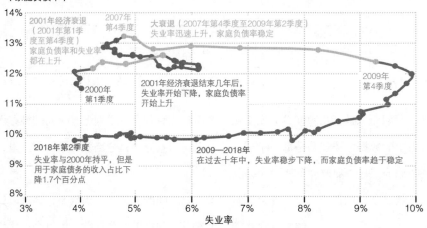

美国的低失业率和低家庭负债率让消费者感到经济环境变好了
（家庭负债率）

来源：家庭负债率，美联储理事会；失业率，劳工统计局。季度平均失业率。

连接散点图也是一个不错的选择，其中一个数据系列对应纵轴，另一个数据系列对应横轴

"避免使用双轴图表"的规则有一个例外——如果显示的是单个度量单位的转化，例如华氏度和摄氏度，这时我们不是试图追踪两个不同的变量，而是展示一个变量如何被直接映射到另一个变量，则不存在本节所讲的感知陷阱。

圆形折线图

第4章介绍的径向条形图和圆形条形图向我们展示了条形图可以被弯成一个圆形。对于随时间变化的折线图，也可以这样做。当然，就像之前所讲的，使用圆形可能在感知上不太准确，但是它可以用来改善视觉效果。

下面两张图表显示了从2014年到2017年，美国每周因流感而去医院急诊室就诊的人数占比。从10月流感季开始，左边的折线图给出了标准视图：冬季流感增加，进入夏季后逐渐消失；右边的圆形折线图（circular line chart）显示了相同的数据，但视角不同。峰值指向三点钟方向，意味着秋季和冬季感染更多，而夏季感染更少。圆形折线图比标准折线图更紧凑，但不精确，因为折线不在一条水平轴上。

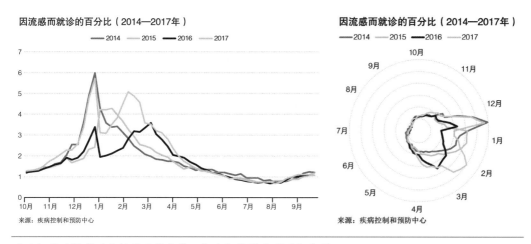

显示相同时间序列数据的两种方式：标准折线图和圆形折线图

斜率图

当不需要显示时间序列中的所有数据时，斜率图（slope chart）是一个不错的选择。

簇状条形图常用来显示两组数据的多个观测值。比如，在2000年至2018年间，美国6个州的失业率变化（见下左图）。在阅读这种图表时，要查看6个州各自的水平，以及在各州之间相互比较。由于图表中信息比较多，还需要读者做些心算。当然，也可以只绘制两个时间段之间的变化，不过，我们通常希望既能显示变化，又能显示具体值。

斜率图通过在分开的纵轴上绘制数据点，并用直线连接两边的数据点来解决这一难题。在本例中（见下右图），左纵轴表示第一个月（2000年1月）的失业率，右纵轴表示最后一个月（2018年1月）的失业率，从图中可以很容易地看到每个数据点的相对值。相比于簇状条形图，更容易看到蒙大拿州第一个月的失业率最高，康涅狄格州最低。两个数据点之间的直线显示了失业率随时间的变化。同样显而易见的是，蒙大拿州、夏威夷州和爱达荷州的失业率在2000年至2018年间有所下降，而其他3个州的失业率则有所上升。

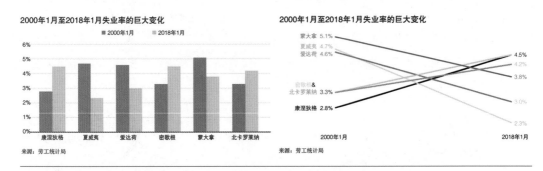

簇状条形图需要读者同时进行多个比较，而斜率图更直观

有许多方法可以设置斜率图的样式。我们可以用两种颜色分别表示增加和减少，也可以增加或去除一些标签，甚至可以调整线条的粗细以反映第三个变量。我们还可以遵循"从灰色开始"的策略，在基本斜率图中添加更多的数据。在下面这张图表中，所有的州都被包括在内，

但我强调并加粗显示的是6个州和全国均值。

2000年1月至2018年1月失业率的巨大变化

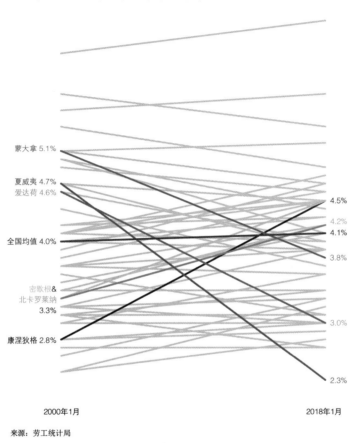

来源：劳工统计局

有许多方法可以设置斜率图的样式。"从灰色开始"的策略在这里特别有用，它可以显示许多观测结果，但只突出显示你想强调的

在这样的图表中，需要考虑是否用一张更高的图表，这样读者更容易看到所有的颜色、标签和注释。与点图一样，当概括性的趋势可能掩盖中间几年的变化时，请小心使用斜率图。当然，在使用簇状条形图时，也要考虑这个因素。

迷你图

有一种特殊样式的小型序列折线图，被称为迷你图（sparklines），是由统计学家爱德华·塔夫特（Edward Tufte）发明的。迷你图是"具有印刷分辨率，轻量、简单而小巧的图形"，它们通常被应用在数据表格中，位于行或列的末尾。迷你图的目的不是让读者寻找特定值，而是了解数据的模式和趋势。

以下是用迷你图显示的医疗支出数据。两列数字显示了2000年和2015年的支出，而迷你图则显示了整个16年间的变化。这样，读者既能看到某些特定值，又能感受到整个时期的数据模式。例如，从这张图表中可以很快地看到，除了土耳其，其他国家的医疗支出都有所增加，同时我也用不同颜色强调了这组数据。

部分国家医疗支出情况

国家	2000	2015	2000—2015
澳大利亚	7.6	9.4	
加拿大	8.3	10.4	
芬兰	6.8	9.4	
日本	7.2	10.9	
瑞士	9.3	12.1	
土耳其	4.6	4.1	
英国	6.0	9.9	
美国	12.5	16.8	

来源：世界银行

迷你图是一种小型序列图，主要被应用在数据表格中

凹凸图

折线图的一个变体是凹凸图（bump chart），它用于显示排名随时间的变化，例如，政治投票或高尔夫锦标赛中各个洞的位置。当我们想显示相对顺序而不是绝对值时，凹凸图是一个不错的选择。

当然，凹凸图是一种折中方案。通常它不显示原始值，但如果有异常值，则会很有帮助。通过等级排名，我们可以从海量数据的巨大差异中提取关键信息。

下面的两张凹凸图显示了2015年健康医疗支出占GDP比例最高的10个国家的变化。国家位于横轴的最右侧。这两张图表的不同之处在于，左边的图表显示的是每年这10个国家的排名和变化模式。在某些年份，有些国家出现了断层，因为这张图表只显示那些在2015年进入前十名的国家。相比之下，右边的图表包含每一年、每个国家的数据，这需要更多的标签，以便读者能理解为什么有新的国家（不同的颜色）突然出现在图表中。我们可以通过改变线条或数据标记的颜色，甚至调整线条的粗细来强调某些国家。

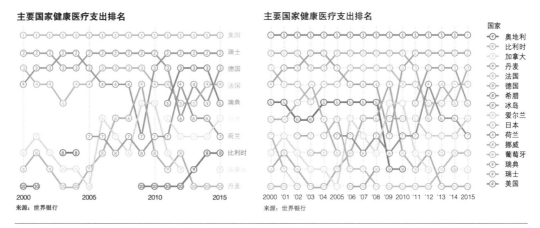

凹凸图显示排名随时间的变化

　　将凹凸图与下面的折线图进行比较，折线图以灰色显示所有经合组织国家，并以彩色突出显示美国和德国。在这个案例中，美国的折线远高于其他国家的线条，而这些国家的线条看起来以螺旋状聚集在一起。在通常情况下，你需要在凹凸图和折线图之间做出取舍：在标准折线图中，可以看到系列之间的相对差异，但它们是堆叠在一起的，很难分清；而在凹凸图中，我们看不到相对差异，但可以看到相对排名。

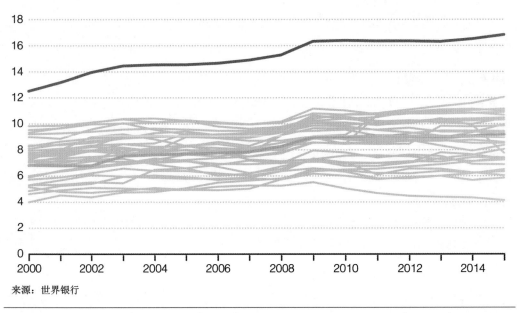

2000年至2015年美国和德国用于健康医疗的支出有所增长
（占GDP的百分比）

来源：世界银行

使用颜色、数据标记或线条的粗细高亮显示特定的数据系列

　　凹凸图也可以呈现为带状效果。除排名之外，还可以根据实际数据值设置色带的宽度。与我们稍后将看到的流图一样，这种效果有着更流畅的外观。这张来自《柏林晨报》（*Berliner Morgenpost*）的图表显示了德国民众对政治问题的不同看法的排名、数量和变化。

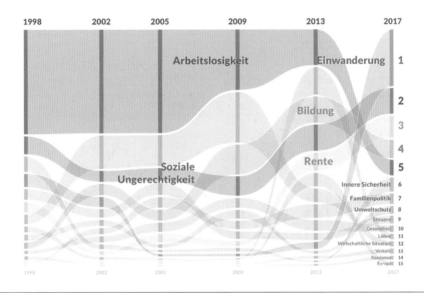

Das sind die 15 wichtigsten politischen Probleme in Deutschland

Die Grafik zeigt, welche Themen die Deutschen bei dieser Bundestagswahl am meisten bewegen, und welche Bedeutung sie bei vergangenen Wahlen hatten.

带状效果是标准凹凸图的变体。这张来自《柏林晨报》的图表的标题意思是"德国最重要的15个政治问题"。Arbeitslosigkeit—失业，Einwanderung—移民，Bildung—教育，等等。它显示了这些不同观点的排名（和数量）变化

周期图

　　周期图（cycle chart）通常用来比较数年跨度内的时间单位，如周或月。它们最常用于显示强烈的季节性趋势。下图显示的是美国从2007年到2017年每月的出生人数，其中黄线表示每月的平均值（周期图一般会有均值线，但不是必需的）。我们可以看到过去10年中每个月同比出生率呈下降趋势，以及夏季的7、8、9月出生率呈上升趋势。我在每条折线的末尾都加了一个点来表示最近一年。

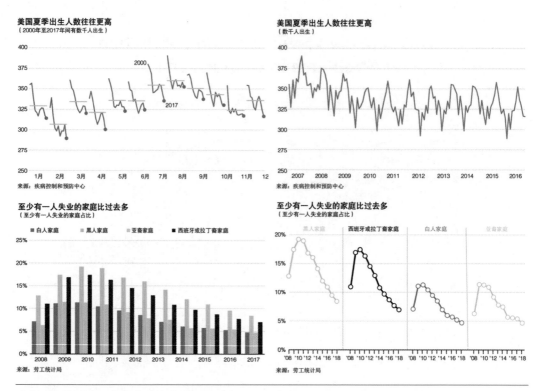

周期图可以用来比较数年跨度内的时间单位，如周或月

　　相比之下，标准折线图就不那么清晰了。我们可以看到每年都有一个峰值，但如果没有更多的标签，就不清楚峰值发生在哪个月。虽然在周期图中信息比较多，比如，黄色的平均值和末尾的点，但其仍然比标准折线图更容易阅读。

　　周期图也可以被分割成密集的条形图或折线图，给每个系列更大的空间，就像一套小型序列图。以美国4个种族的失业率为例，如果使用左下角的簇状柱状图，那么读者将很难在某些年份内或不同年份之间进行比较；而右下角的周期图则为每个种族划分出自己的空间，按年份排序。你可能会说，这不就是小型序列折线图吗？不过，从设置和设计上来说，它更像周期图。

面积图

　　面积图（area chart）是将折线图的折线下面的面积填充上，这样在视觉上更有冲击力。下面左边的面积图和右边的折线图都显示了2000年至2016年间，美国因处方类阿片药物过量而导致的死亡人数。你可以将面积图看成条形图，条形的宽度无限细，因此，正如在第4章所提到的，纵轴应该始终从0开始。

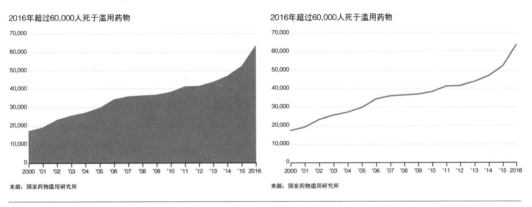

面积图是将折线图的折线下面的面积填充上，在视觉上更有冲击力

　　在面积图中放置两个或更多的系列会很困难，因为一个系列会遮挡另一个系列，在接下来的章节中将看到更多的效果。比如下面的面积图，左图显示了过量的可卡因和海洛因导致的死亡数，但可卡因的数据系列被海洛因的挡住了。即使改变数据系列的顺序，将可卡因的数据系列排在前面，海洛因的数据系列也会被挡住。更为复杂的是，一些读者可能会把两者误认为是总和，而不是单独的数据系列。在这里，重要的是使用标题和注释，以明确有两个不同的系列。

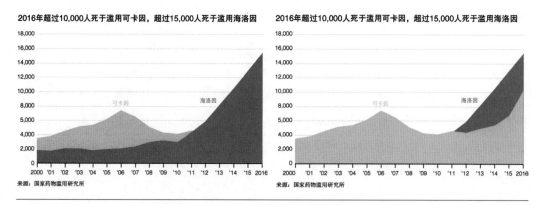

在面积图中放置两个或更多的系列可能会带来麻烦，因为一个系列可能会遮挡另一个系列

解决重叠的一种策略是，为一个（或两个）系列的颜色设置透明度。不过要小心：只给一个系列设置透明度，会弱化它的重要性。另一种选择是使用折线图，如下面的右图所示。

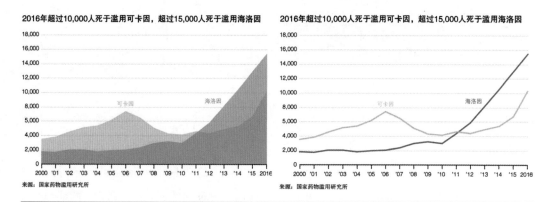

解决面积图的重叠问题有两种策略：一是为一个（或两个）系列的颜色设置透明度；二是直接使用折线图

堆积面积图

　　堆积面积图（stacked area chart）是建立在典型面积图的基础上的，可同时显示多个数据系列。堆积面积图中各数据系列的和为总数或百分比，而不像在普通面积图中那样彼此独立。

　　下面左边的堆积面积图显示了2000年至2016年间滥用药物而死亡的人数；右边的版本使用了相同的数据，但是以百分比表示的，总和为100%。

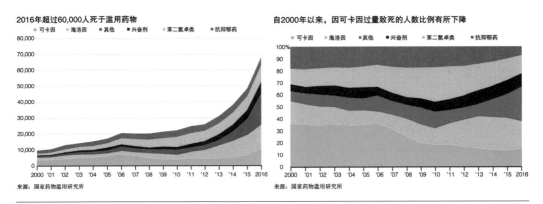

堆积面积图是建立在典型面积图的基础上的，可同时显示多个数据系列，各数据系列的和是一个总数，通常为100%

　　读者在这两种表示方式中会得出不同的结论。在左图中，我们看到的是这一时期死亡人数大幅增加。在右图中，我们看到的是死亡原因的分布情况——可卡因导致的死亡人数减少了，但海洛因、苯二氮卓类（通常是用于治疗焦虑、失眠和癫痫症的药物）和其他药物导致的死亡人数增加了。

左边的堆积面积图有三个缺点。首先，和前面一样，存在线宽错觉——我们感知到的陡峭的变化比实际更大。其次，只有底部系列位于横轴上，因此很难准确地比较其他系列随时间的变化（这类图表排在感知图谱的第二行）。第三，数据系列的顺序会影响我们对其占比的感知，并将我们的注意力从一个系列转移到另一个系列。

举个例子，看下面两张堆积面积图，左边的版本和以前一样，右边的版本改变了顺序。在新版本中，比较过量使用苯二氮卓类药物（黄色系列）引起的死亡人数的变化更容易，因为该系列位于同一条横轴上。

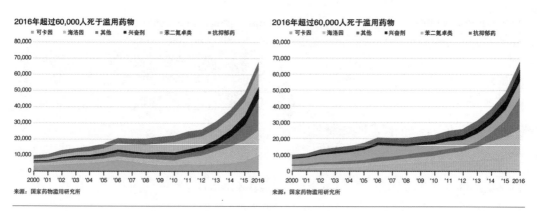

回忆一下感知图谱，当数据系列位于同一条坐标轴上时，更容易对比。这就是底部系列的值更容易比较的原因

这并不是说在面积图中叠加数据有什么"正确"的方法，或者最重要的数据系列应该位于横轴上。比如，若要表现过量使用可卡因导致的死亡比例在下降，则可以使用下面的面积图。但通过使用"从灰色开始"的策略，为可卡因系列标上颜色，效果可能会更好。即使存在线宽错觉，你也仍然可以看到死亡比例在下降。如果比例的确切变化很重要，那么就把这个系列放在横轴上。如果将其放在图表中间，那么就无法将值与水平基线进行比较，从而不能准确地感知对应的值。请注意，我选择直接标记这些系列，而没有用图例，这是为了方便读者快速、轻松地识别不同系列。

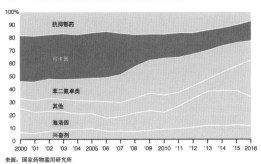

自2000年以来，因可卡因过量致死的人数比例有所下降

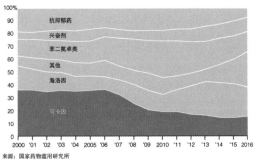

自2000年以来，因可卡因过量致死的人数比例有所下降

在堆积面积图中堆叠系列没有什么绝对正确的方法，但如何排列它们将影响读者对数据的感知

使用小型序列图（这里是6张不同的图表）能更清楚地展示每个系列的变化模式，但无法展示各系列的相对比例。在这里你可能需要进行权衡。一方面，堆积面积图比小型序列图更紧凑，你可以看到其中比例的变化；另一方面，小型序列图可以更准确地体现单个系列，因为每个系列都位于横轴上，但其相互比较会很困难。

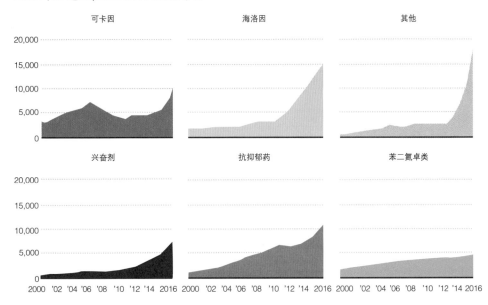

2016年超过60,000人死于滥用药物

小型序列图更清楚地展示了每个系列的确切模式，但很难体现它们之间的相对值

最后，堆积面积图还可以展示数据系列的分布变化。例如，下面这张堆积面积图展示了美国2017年0～100岁的人不同死亡方式。这张图表的横轴不是年或月，而是每年不同年龄的死亡人数，这是一个不同的时间衡量维度。从图表中可以看出，25岁左右的人大多死于"外部因素"（绿色系列），如坠落或溺水，而60岁左右的人则死于癌症（蓝色系列）。当然，我们也可以通过修改颜色或排序来强调某些模式或趋势。

2017年美国按年龄划分的死亡原因

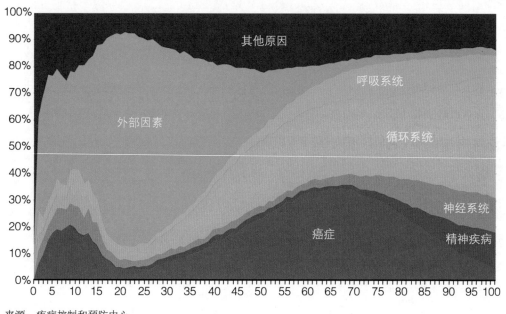

来源：疾病控制和预防中心

堆积面积图还可以展示数据系列的分布变化

流图

与堆积面积图一样，流图（streamgraph）也会叠加数据系列，但中心横轴不一定表示零值。相反，数据在轴的两侧可以都是正的。总之，流图以流动的、有机的形状说明了数据随时间的波动。因此，当系列本身具有高波动性时，用流图来呈现数据随时间的变化是最好的选择。

流图非常适合显示有波峰和波谷的数据模式。下面左边的堆积面积图和右边的流图都显示了总死亡人数，而不是死亡原因占比。流图为我们提供了一个稍微不同的数据视图，它让我们更容易看到整体增长情况，而不是特定系列的变化。流图背后的意图是最小化与基线比较的数据失真，而这种失真在堆积面积图中比较明显。

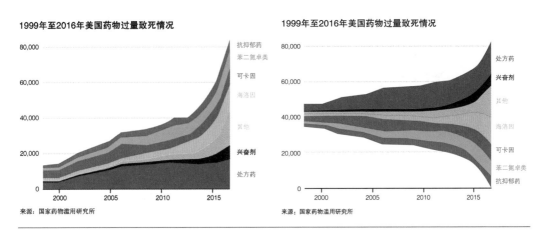

流图是面积图的变体，非常适合显示有波峰和波谷的数据模式

研究人员已经意识到流图的不同寻常，以及对读者理解造成的困惑。在2008年《纽约时报》（*New York Times*）发表的一篇关于流图的评论中，研究人员指出，他们"怀疑一些审美上令人愉悦的，或者至少是引人入胜的特质可能与易读性相冲突。《纽约时报》的图表看起来不像标准的统计图表，这也可能是它有吸引力的原因"。虽然这种图表或任何特殊外观的图表一开始可能会让读者感到困惑，但最终他们会发现形状、颜色和其他属性更有趣，也更吸引人。

在下图中，可以看到一个较新的流图示例。这张图表被发表在2016年的《印度斯坦时报》（*Hindustan Times*）上，展示了印度政府授予的最高平民奖的数量和类型。在最初的新闻报道中还有附加的流图，用来显示按邦、民族、性别等分类后的情况。

德尔希特人获得的奖项最多，其次是马哈拉施特拉邦人

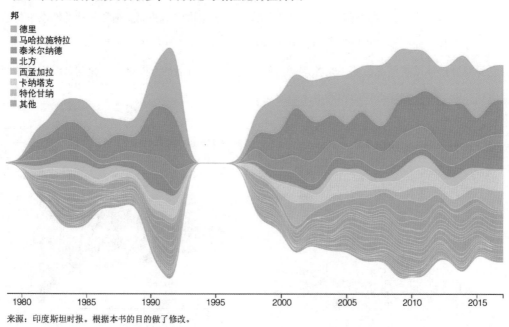

邦
- 德里
- 马哈拉施特拉
- 泰米尔纳德
- 北方
- 西孟加拉
- 卡纳塔克
- 特伦甘纳
- 其他

来源：印度斯坦时报。根据本书的目的做了修改。

这张来自《印度斯坦时报》的流图显示了印度政府授予的最高平民奖的数量和类型

地平线图

　　地平线图（horizon chart）是将面积图按相同的间隔水平切片，并压缩成带状，这使得图表更加紧凑，类似于热力图。地平线图被分成若干条数据带，将正值下移到横轴基线，将负值翻转至横轴的上方。多张地平线图可以将密集的数据集合成一张可视化图表。地平线图在用来显示数值比较接近的时间系列数据时，非常有用。如果使用折线图，那么数据标记将相互重叠。比起传统的面积图，这种图表的排列方式可以将数据显示在一个更紧凑的空间里。

　　颜色是地平线图中最重要的属性。较深的颜色代表较大的值，较浅的颜色代表较小的值。就像迷你图和某些热力图一样，地平线图的目的不是让读者能够找出具体的值，而是快速地发现一般趋势和极值。

下面的地平线图使用了之前健康医疗支出在GDP中的占比数据。它为每个国家都创建了一张面积图，拆分和压缩后排列成行。注意有多少数据被压缩到这张可视化图表中（10个国家和15年）。回想一下前注意加工的重要作用，看看你的眼睛是如何被更亮和更暗的颜色所吸引的。

健康医疗支出占GDP的百分比变化

-2.0% -1.0% -0.5% 0% 0.5% 1.0% 2.0% 2.5%

比利时	
加拿大	
丹麦	
法国	
德国	
日本	
荷兰	
瑞典	
瑞士	
美国	

2001   2003   2005   2007   2009   2011   2013   2015

来源：世界银行

地平线图是将面积图分割成相同的间隔，并压缩成带状的图表

这里以瑞典系列为例，来说明地平线图是如何创建的。下图以面积图的形式显示了瑞典公共医疗支出的变化（上面的地平线图，从底部算起的第三个国家），并统一按0.5个百分点划分增量区间。较大的值颜色较深，正负值使用不同的颜色。将负值翻转到横轴的上方，然后所有的值都以增量区间为单位，下移至横轴基线。

瑞典的地平线图

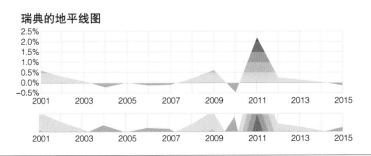

这两张瑞典的图表显示了面积图是如何被分割和压缩的，以创建地平线图

　　颜色是关键，如果使用折线图，那么就没有这种视觉冲击力了。我们用眼睛扫描整张折线图，寻找重要的趋势，但没有一个特定的区域能吸引我们的注意力。虽然可以通过给不同的折线添加颜色来突显极值，但是地平线图这种颜色填充方式能更好地引导我们的视线。

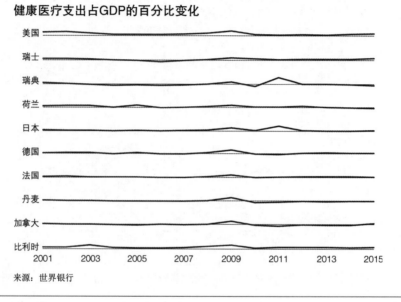

一张折线图似乎就够了，但是地平线图中对颜色的使用，能更好地吸引并引导读者的注意力

甘特图

　　另一种展示变量随时间变化的方法是用水平线或横条来呈现不同值或行为的持续时间。甘特图（Gantt chart）通常被用于跟踪进度，例如，了解项目或预算的不同阶段。该图表是在20世纪初由工程师亨利·劳伦斯·甘特（Henry Laurence Gantt）发明的，最早被生产领班和主管用来跟踪生产计划。

　　这张甘特图显示了咖啡店员工一天的轮班情况，白色表示休息时间，灰色表示午餐时间，条纹表示离店时间。

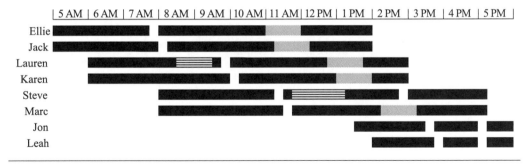

甘特图通常用来表示流程或时间安排

甘特图可以通过调整横条的宽度来增加一个变量。例如，在上面这张甘特图的基础上，我们用宽度来表示员工的薪酬。

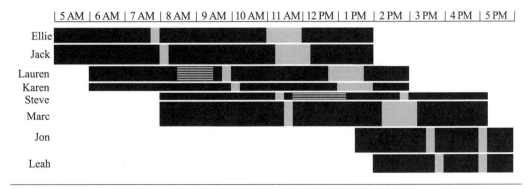

甘特图可以通过调整横条的宽度，增加一个数据系列

18世纪的哲学家、化学家和教育家约瑟夫·普里斯特利（Joseph Priestley）在1765年发布了一张传记图表（A Chart of Biography），显示了大约两千名政治家、诗人、艺术家和其他生活在公元前1200年至公元1800年的名人的寿命。普里斯特利的图表通常被称为时间线，由于使用了水平线和具体的开始（出生）和结束（死亡）时间，所以看起来更像甘特图。

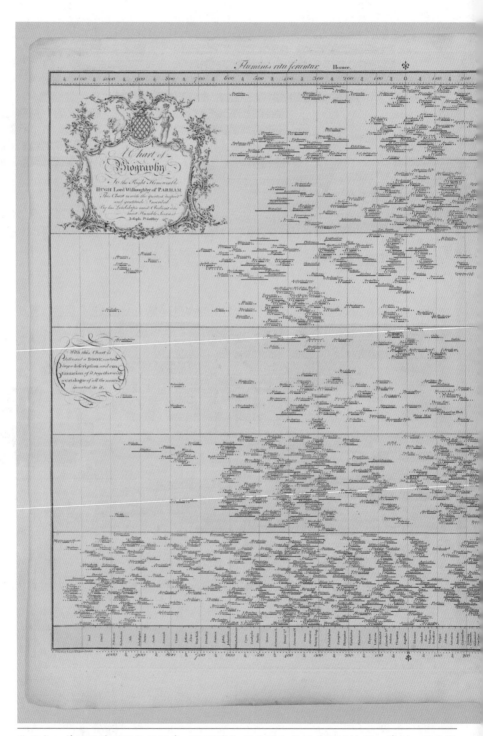

约瑟夫·普里斯特利的传记图表（1765年）显示了大约两千名政治家、诗人、艺术家和其他名人的寿命。它涵盖了很长一段时间，从公元前1200年到公元1800年。每个人

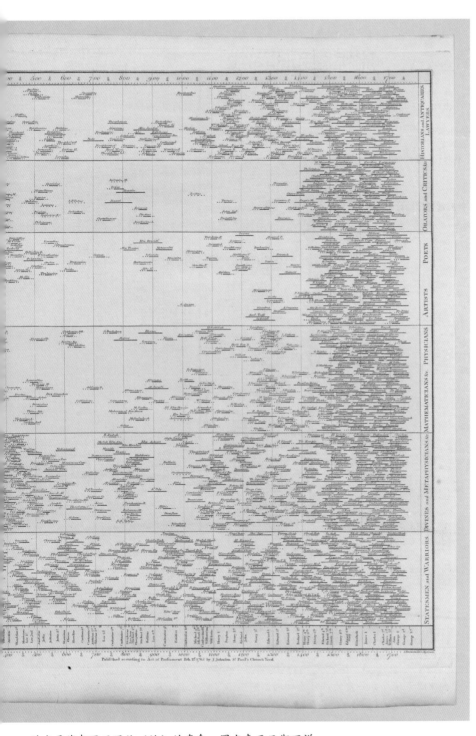

的水平线都显示了他（她）的寿命。圆点表示日期不详

来源：费城图书馆公司（Library Company of Philadelphia）

流程图和时间线

流程图（flow chart）和时间线（timeline）可以用来显示数据随时间的变化，或者呈现不同类型的过程、顺序或层次结构。这类图表可以明确地与数据关联，也可以只是定性的说明。例如，在PowerPoint中，你可以通过"SmartArt"菜单查看各种布局。

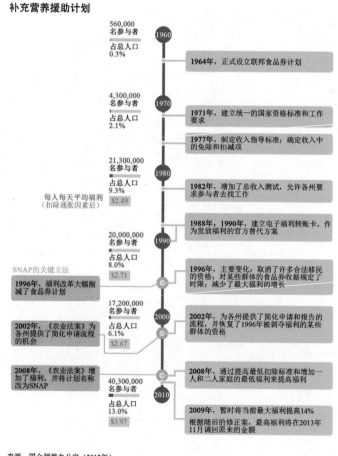

补充营养援助计划

560,000 名参与者
占总人口 0.3%

1960

1964年，正式设立联邦食品券计划

4,300,000 名参与者
占总人口 2.1%

1970

1971年，建立统一的国家资格标准和工作要求

1977年，制定收入指导标准：确定收入中的免除和扣减项

21,300,000 名参与者
占总人口 9.3%

每人每天平均福利（扣除通胀因素后） $2.49

1980

1982年，增加了总收入测试，允许各州要求参与者去找工作

1988年，1990年，建立电子福利转账卡，作为发放福利的官方替代方案

20,000,000 名参与者
占总人口 8.0%
$2.71

1990

SNAP的关键立法
1996年，福利改革大幅削减了食品券计划

1996年，主要变化：取消了许多合法移民的资格；对某些群体的食品券收据规定了时限；减少了最大福利的增长

17,200,000 名参与者
占总人口 6.1%
$2.67

2002年，《农业法案》为各州提供了简化申请流程的机会

2000

2002年，为各州提供了简化申请和报告的流程，并恢复了1996年被剥夺福利的某些群体的资格

2008年，《农业法案》增加了福利，并将计划名称改为SNAP

40,300,000 名参与者
占总人口 13.0%
$3.97

2010

2008年，通过提高最低扣除标准和增加一人和二人家庭的最低福利来提高福利

2009年，暂时将当前最大福利提高14%
根据随后的修正案，最高福利将在2013年11月调回原来的金额

来源：国会预算办公室（2012年）

这张时间线，是基于我在国会预算办公室的工作绘制的，它显示了补充营养援助计划的主要里程碑和数据

时间线显示特定事件发生的时间。它可以用基本的线条、图标或标记来标注事件，也可以用复杂的注释、图像甚至图表。水平时间线很常见，但也可以纵向排布，甚至可以是各种不同的形状。上面这张时间线，是基于我在国会预算办公室的工作绘制的，它显示了补充营养援助计划（SNAP，原名为食品券）的主要里程碑和数据。右边的灰色框以文本的形式给出了具体立法或项目变更的详细信息，左边的信息则显示了支出、项目参与人数及其在总人口中的占比变化。

流程图和时间线有些不同，它不一定与具体的年、月、日相关联。它描绘的是一个过程，这个过程往往有具体的步骤。比起大段文字和晦涩的表格，流程图让读者更容易理解整个过程。下面的流程图显示了美国社会保障残疾保险计划（DI）的申请和领取过程。申请者在"残疾鉴定服务"阶段开始申请，如果申请被批准，他们就被"允许"进入这个计划；如果没通过，则可以上诉，或者直接退出。该计划的设计是这样的，一旦申请者被拒绝，他们就可以申请上诉。

流程图中的不同形状可以表达不同的含义，因此我们可以有策略地利用这一点。例如，在带有矩形的流程图中，用圆角矩形表示流程的开始或结束，用其他形状表示停滞点或决策点。添加不同的颜色，也可以帮助读者理解和区分不同部分。

例如，如果想要强调DI系统的不同部分，我们可以使用不同的颜色和形状，就像中间的版本那样。流程图的标签可以被放在线条的旁边和方框里，但是它们应该足够大，并且颜色对比度要高一些，这样方便阅读。还可以更进一步，根据数据值对流程图中的某些环节进行缩放。例如，右边的版本，有些分支根据各阶段的比例进行了缩放，类似于桑基图。

我把流程图放在"时间"这一章，是因为这些过程常常随着时间的推移依次发生。当然，也有例外。例如，组织结构图是一种显示组织的层次结构或管理结构，以及工作是如何自上而下流动的流程图。我们会在第8章中探讨组织结构图。

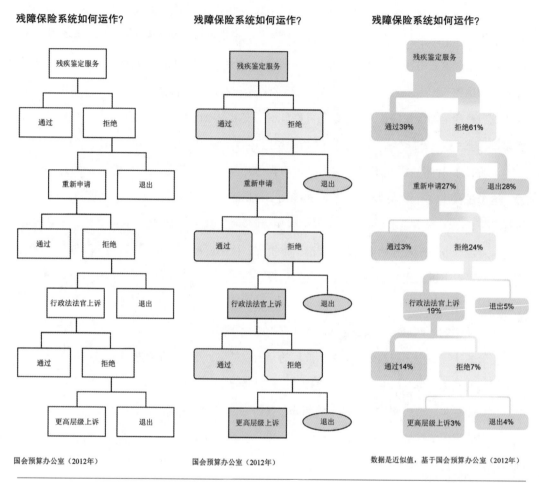

残障保险系统如何运作？　　残障保险系统如何运作？　　残障保险系统如何运作？

国会预算办公室（2012年）　　国会预算办公室（2012年）　　数据是近似值，基于国会预算办公室（2012年）

形状、颜色和其他元素可以帮助读者理解流程图或时间线的路径。此图表是基于国会预算办公室的工作绘制的

正如多线条的折线图一样，放置多少内容量不重要，重要的是如何满足读者的需求。例如，下面这张流程图是2010年由联合经济委员会的共和党人针对奥巴马总统的平价医疗法提案编制的。这张图表的目的是显示美国的提案（以及一般的健康医疗）有多复杂。从这个意义上说，这是一张不错的图表！

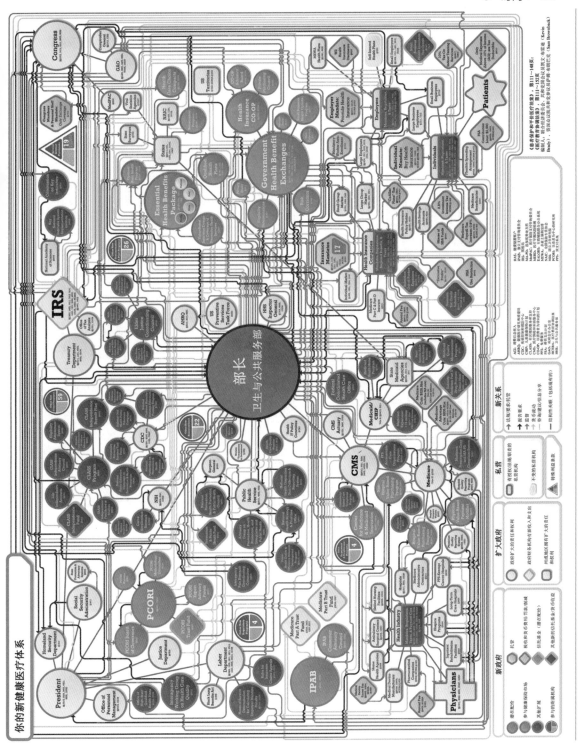

你的新健康医疗体系

美国国会联合经济委员会（2010年）的这张流程图，其目的是发展示范平价医疗法提案的复杂性

在这类图表中，注释、文本、图标和其他视觉元素的数量应该一如既往地满足读者的需求。那么，每一个数据点都需要详细标明吗？一幅图像能在读者的脑海中产生锚定效果吗？读者需要什么，我们就尽量提供什么。

总计与人均

总计可以体现很多关于一个群体的信息，但也会误导人。以本书中经常提到的国内生产总值（GDP）为例。2017 年，印度和英国的 GDP 总量大致相同，约 2.6 万亿美元。但是它们的人口，以及由此产生的人均国内生产总值却大相径庭。

同年，印度人口有 13 亿，英国只有 6,600 万，印度人口是英国的 20 多倍。因此，英国人均 GDP 为 39,720 美元，而在印度，则是 1940 美元。如果你把 GDP 当作一盒现金，给每个人同等的份额，那么英国每人将比印度每人多得到大约 38,000 美元。

这种数据上的调整，被称为"常规化"或"标准化"。这种方式在开车时经常使用，比如每小时 60 英里，汽油的价格是每加仑 2.75 美元。我们也可以在其他领域和指标中看到这种调整，比如死亡率（每 10 万人口的死亡率）和时薪（每小时美元）。

当你在处理数据中的总量时，想一想，人均量或其他计算方法能不能更好地提供相关信息。与人均指标相比，只是知道印度和英国的 GDP 总量，并不能反映出它们的经济状况和相对财富哪个更好。

连接散点图

想象一下，两张折线图并排显示，你可能会去看两者之间的关系。它们会联动吗？它们会分开还是合拢？它们是如何关联的？

在不使用双轴图表的情况下，将两个时间序列联合起来的图表是连接散点图（connected scatterplot）。连接散点图同时显示两个时间系列，其中一个对应横轴，另一个对应纵轴，并通过一条线连接，以显示随时间变化的点的关系。

我们来看一个例子，左边的折线图显示了南非1996年至2016年这20年间人的预期寿命。预期寿命总体呈U形变化，先从63岁左右下降到53岁，然后，在接下来的10年里上升，2016年达到61岁左右。右边的折线图显示的是同期人均GDP变化，在最初的几年持平，然后一直增长到2008年左右，接着略有下降，然后缓慢增长。

通过比较这两张图表，我们可以看到，即使预期寿命下降了，经济也依然保持增长。当预期寿命开始增加时，经济增长趋于平稳。

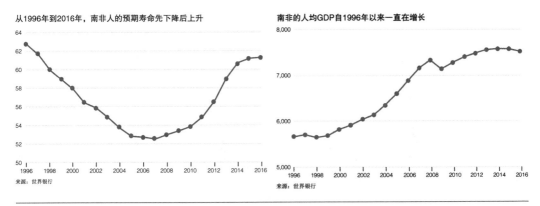

从1996年到2016年，南非人的预期寿命先下降后上升

南非的人均GDP自1996年以来一直在增长

难点在于，如何清晰地呈现两个时间系列之间的关联

接下来，我们把两条线绘制在一张图表中。其中，预期寿命沿横轴显示，人均GDP沿纵轴显示。

我们现在不需要在两张图表之间来回切换，就能看到在前半段时间，预期寿命下降（沿横轴向左移动），经济增长（沿纵轴向上移动）。从2006年开始，随着经济增长，预期寿命开始增加（现在沿横轴向右移动），但增速变缓（后期斜率更平坦）。因为是非标准图表，所以需要花些时间来学习怎么读懂它。可以考虑添加注释来帮助理解：比如在第一年的数据点和最后一年的数据点上添加轴标签、箭头和标记。一旦学会阅读这种图表，它就会成为图表工具箱的一部分。

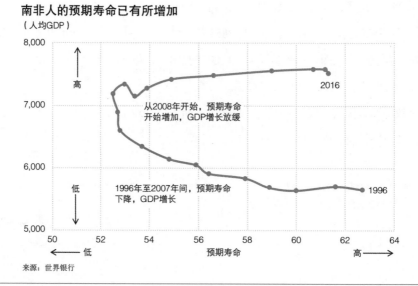

连接散点图能显示两个时间系列如何相互关联，其中一个系列对应横轴，另一个系列对应纵轴

　　连接散点图还可以显示更多的数据系列。下面的左图显示了10个不同国家的经济增长水平和预期寿命。从图中可以看出，美国的人均GDP很高，而其他国家比较难辨识。右图显示了自1996年以来这两个变量的增长百分比。从这个角度来看，美国几乎看不见，而中国和埃塞俄比亚有着显著的增长。

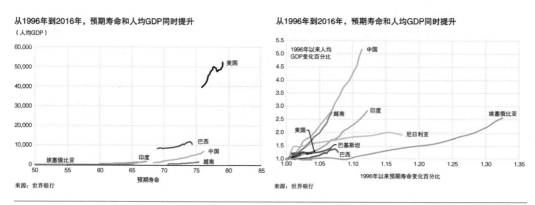

尽管有些读者不太熟悉，但是连接散点图在显示两个变量的更多数据系列上还是有优势的

哪种图表更好呢？正如我们反复强调的，这取决于你的读者、你想要表达的观点，以及你想让读者注意什么。

小结

本章讨论的图表显示了数据随时间的变化，有简单而熟悉的折线图、面积图和堆积面积图，也有更复杂的、不太熟悉的，但同样有用的图表类型。

折线图算是表达时间变化的最基本的图表类型。它对线条的数量没有限制，但是如果有很多线条，则可以用颜色和线条的粗细来强调相关信息，也可以用数据标记来表现细微的差异或要点。很多图表都可以通过视觉化的方式来表示数据的缺失，折线图算是比较典型的图表。

当单张图表中的数据太多时，可以尝试使用迷你图、小型序列图、周期图或地平线图。使用这些图表的目的，主要是为了帮助读者识别数据模式，而不是精确值。

其他图表类型，如流程图和时间线，其布局和风格可以有无数的变化。水平布局对于某些人、内容和平台会更适合；纵向布局更适合上下滚动的在线平台；紧凑布局最适合移动终端。

无论使用哪种图表，你都要考虑读者的需求，以及如何突显你的观点。在这些图表类型中，很多都是大家比较熟悉的，我们的挑战是在不牺牲准确性的前提下，使它们更吸引人，也更有趣。

6

分布

本章将介绍关于呈现数据分布和统计不确定性的图表。这对于大多数人来说，可能会有些难，因为他们对统计术语或图表本身不太熟悉，毕竟，这类图表和平时看到的标准图表还是很不一样的。

扇形图和箱线图等图表显示了置信区间与百分位等统计指标。小提琴图对大家来说会很陌生，它显示了整体分布，需要多些解释和说明。但这并不意味着这类图表不利于数据可视化，只要进行合理的设计和恰当的标记，甚至可以使深奥的箱线图变得有趣。不过，要很好地理解这些图表，需要一定的统计学知识。

本章中的图表遵循2005年《达拉斯晨报》（*Dallas Morning News*）发布的样式指南。其中说明了字体和颜色的使用，以及如何设计不同的图表、表格、地图和图标，还有关于新闻工作流程的摘要。该指南使用Gotham和Miller Deck两种字体。我使用的是类似于Gotham的Montserrat字体。

直方图

直方图（histogram）是呈现分布的最基本的图表。它是一种特殊的条形图，将整个样本划分为若干个区间（bin），各区间的高度表示其中的数值出现的次数，而这些次数的和等于样本总数。直方图可以显示数据的集中度、极值在哪里，以及是否存在差距或异常值。

我们可以将直方图放在一起比较不同分布之间的差异。下图是2016年美国男性和女性的收入分布。

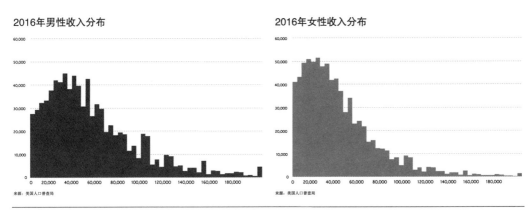

直方图将整个样本划分为若干个区间，各区间的高度表示其中的数值出现的次数

我们可以在两者之间做一些简单的比较，不过，如果采用下图的做法，将两张图表叠放在一起，比较起来会更容易。

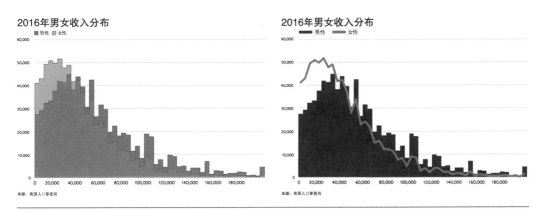

通过使用不同的颜色（左图）或不同的图表样式（右图），可以将直方图叠放在一起

其中，左图用的是两张柱状图，并设置了透明色，这样两者都能被看见。右图用的则是柱状图和折线图，其优点是不用设置透明色，但是由于使用了不同的图表，在比较数据时没有那么直观。你可能还注意到，折线是在柱状图中间相交的，而不是横跨整个区间——虽然这是一个微小的区别，但最好还是记住这一点。

绘制直方图的关键是设置合理的区间宽度，即设置组距。如果区间过宽，则可能会掩盖分布模式；而如果区间过窄，则又会让分布模式不清晰。虽然设置区间数并没有标准答案，但是有很多统计学方法（比如使用平方根、对数或立方根）可以帮助合理地设置。下图是将区间数设置为5、30、50和120的4张直方图，其数据分布看起来有很大的不同。

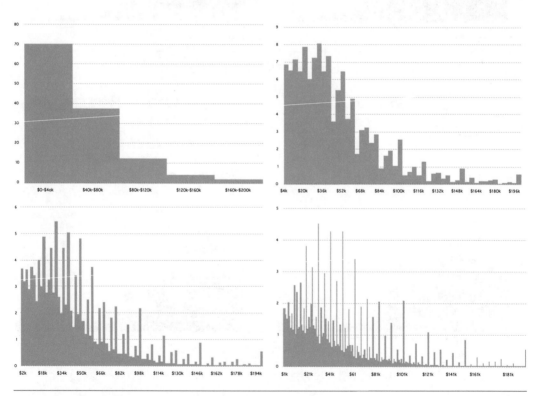

数据分布会因区间设置不同而差异巨大，这4张直方图分别显示了区间数为5、30、50和120的效果

　　直方图有不同的形式，左侧数据更多的分布被称为右偏分布；右侧数据更多的分布被称为左偏分布；具有两个峰值的分布被称为双峰分布；有多个峰值的分布被称为多峰分布；中心值两侧的数值大致相等的分布被称为对称分布；而所有值在每个区间大致相等的分布被称为均匀分布。

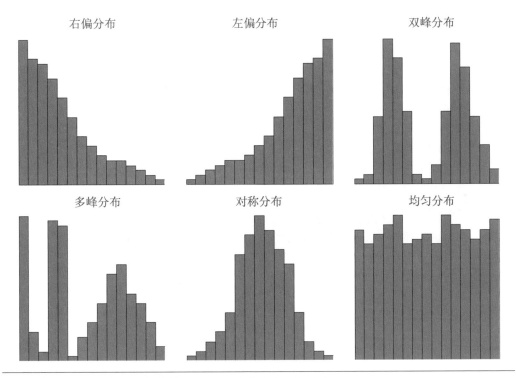

　　直方图有助于我们了解数据分布情况，这是6种常见的分布形式

　　当我们了解了数据的分布特点时，就可以更精确地进行统计检验。平均值和中位数相同的两组数据，它们的分布可能完全不同。如果不了解数据的分布情况，那么就无法完整地描绘数据情况。因此，以这种形式可视化数据是非常有价值的。

　　直方图的一种变体是帕累托图（Pareto chart），它是以意大利工程师和经济学家维尔弗雷多·帕累托（Vilfredo Pareto）的名字命名的。帕累托图由表示单独数据点的柱状图和表示累加值的折线图组成。帕累托图是"不要使用双轴图表"的特例，图表中的两个指标其实是同一个指标，只不过一个是边际分布（每个类别的独立值），另一个是累积分布（累加后等于总值）。

下面这张帕累托图显示了美国13个主要行业的收益分布，其中柱状图显示了每个行业的收益，折线图显示了各行业收益的合计。

各行业总收入

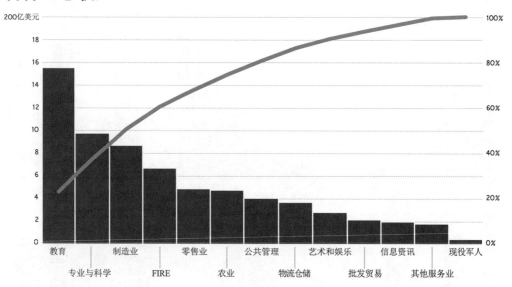

来源：美国人口普查局
说明：FIRE是指金融、保险和房地产

帕累托图一般用柱状图显示每个类别的值，而用折线图显示累加值

了解百分位

想象一下，你坐在一个大礼堂的观众席上，有100个人站在舞台上，他们按收入从左到右排列，收入最低的在最左侧，收入最高的在最右侧，他们一起展示了收入的分布情况。

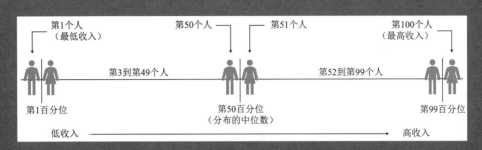

　　排在第1位的人收入最低，在其左手边，99%的人收入比他高。这个位置就是第1百分位。同样，在舞台的另一边，排在第100位的人收入最高，在其右手边，99%的人收入比他低，紧邻其右手边的这个位置，就是第99百分位。在舞台中间有一个点，将所有人分成两个相等的组，两边各占50%。这个点（或者更准确地说，这个点上的收入）代表了第50百分位或中位数。

　　将舞台上的人数从100增加到200，到1000，甚至到1.5亿，不会改变数据分布情况，位于最中间的数据还是中位数，在10%位置的依然是第10百分位。百分位并不是只能与人相关，它适用于在任何群体如国家或行业之间进行比较。

　　百分位可以帮助确定分布中的具体位置。还有一些可以反映分布情况的指标，比如平均值，它等于所有值加总后除以数量。由于是将所有值加总，因此过大的值会掩盖真实的分布情况。在上面的例子中，如果把最高收入改成1亿，那么平均值会发生巨大的变化。但是请注意，中位数不会改变，因为这个人仍然站在舞台的最右边，其他人依然站在原来的位置。

　　方差是反映分布情况的另一个指标，它度量观测值与平均值之间的偏离程度。较大的方差表明，观测值与平均值相差甚远；较小的方差表明的情况则相反。方差的解析和相关公式不在本书讨论范围内，但是如果你从事数据处理工作，并需要制作数据可视化图表，那么还是值得花些时间去学习和研究的，从而更好地运用它们。

金字塔图

金字塔图（pyramid chart）通常用于呈现与人口有关的指标变化，如出生率、死亡率、年龄或人口总体水平，它将两组数据分列在中心纵轴的两边。金字塔图是旋风图（diverging bar）的一个子类，但它通常用来比较分布情况。和旋风图一样，其布局可能会引起一些混乱，读者可能会认为纵轴的左边是负值，而右边是正值。

金字塔图的两组数据位于同一条垂直基线上，这有利于看出整体分布情况。虽然大多数金字塔图会用两种颜色来区分这两组数据，但这不是必需的。

下面的金字塔图显示了2016年美国和日本的男女年龄分布情况。在这两张图表中，纵轴的左边分支表示女性，右边分支表示男性。每一行代表不同的年龄段：0～4岁、5～9岁，依此类推。从图表中可以看出，在日本老年人占比更大，而在美国年轻人占比更大。

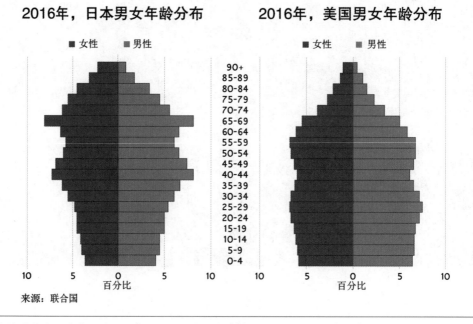

金字塔图是旋风图的一种，通常用于显示与人口有关的指标变化，如出生率、死亡率、年龄或人口总体水平

我们很难用金字塔图来比较男女的总占比，如果你想让读者比较两种性别的占比，则可以选择堆积条形图或点状图。毕竟，金字塔图是让读者看整体分布的极佳选择。

我们也可以用点状图或棒棒糖图来替代金字塔图。不同颜色的点代表不同的性别，用直线连接。如下图所示，我们可以简单地使用棒棒糖图，用线和点代替条形。不管使用哪种图表，我们都可以用不同的颜色区分不同的系列。当然，在整张图表中也可以使用一种颜色。

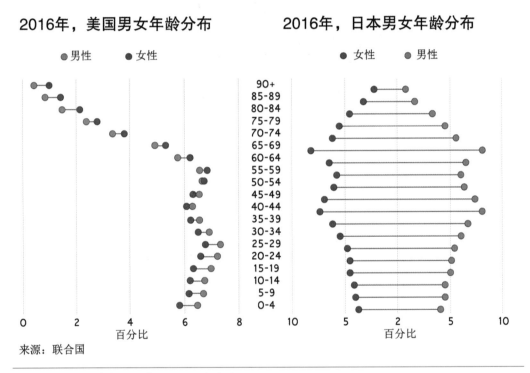

可以用点状图或棒棒糖图替代传统的金字塔图

金字塔图的难点在于准确比较两个国家的年龄分布。从总体模式上，我们可以推断出日本的平均年龄要高于美国。但如果要做更详细的对比，就很困难了。不过，我们可以将两张图表叠放在一起，这样就容易比较了。需要注意的是，在使用这种方法时，两个国家的数据是以不同的图表样式呈现的，这可能会让读者误以为你在强调某些数据。

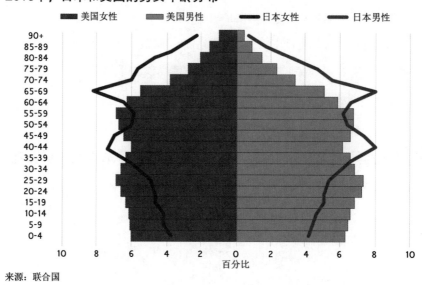

可以通过调整图表样式和颜色的方式，将两张分布图叠放在一起

通过图表显示统计的不确定性

在数据和统计中有很多不确定性。即使你不是统计学家或数学家，也有必要了解不确定性的含义，因为这会影响最终的统计结果和视觉化效果。在图表中考虑到不确定性和测量偏差，可以建立读者对你的信任。

来源：史考特·亚当斯（Scott Adams）

我们可以从两方面来看不确定性。一是因随机带来的不确定性，它适用于统计模型和结果中的统计置信度。例如，政治调查数据中的标准误差范围："候选人史密斯有54%的赞成率，其误差为正负4个百分点"。二是因未知带来的不确定性，比如数据不准确、不可信、不精确，甚至未知。例如，有一个数据集，它用月而不是周来表示婴儿的年龄。使用统计和概率模型会面临第一种不确定性，它可以通过可视化呈现出来；第二种不确定性涉及未知因素，即便追加更多的数据，也未必能解决。

如何处理因随机带来的不确定性（误差范围、置信区间等）不在本书讨论范围之内。但因未知带来的不确定性是读者比较容易理解的，例如之前的数据：不同州、不同行业的收入。数据来自2016年美国人口普查，每年约350万人的相关信息。而在本章中，我们只引用了100多万人的收入数据。

不过，有各种各样的原因导致人口普查局收集的数据可能是错误的。人们可能撒谎，也可能四舍五入——报一个整百或整千的金额，还可能没有报兼职收入。在被问及配偶或父母的收入时，可能就估了一个金额报上去。有研究表明，最近几年，一些规模最大、最值得信赖的政府调查报告中的错误（特别是政府参与的项目）一直在增加。

同时，这种调查只统计了部分美国人的收入（因此，还面临着随机性的影响）。这些"样本"可能不具有代表性。也许有些人不想参与这种调查，也许他们搬家了，没拿到表格，或者换了电话号码，没接到电话。

每当我们处理数据时，都应该考虑到这些不确定性会导致最终结果的"错误"。这对于仔细处理数据、可视化和解释结果至关重要。折线图和条形图的边界清晰，似乎暗示了一种确定性，但真正的确定性是很少见的。

阿尔贝托·开罗（Alberto Cairo）在他的《图表是怎样撒谎的》（*How Charts Lie*）一书中指出，"不确定性使许多人困惑，因为他们认为，通过科学和统计能发掘准确的事实，然而，受变化和更新的影响，他们只能得到不完美的估算。"我们不应该期待完美的数据，而应该向读者解释这些缺陷。

▶ ▶ ▶ ▶ ▶

接下来我们将探讨如何呈现数据估算或统计结果的不确定性。信息可视化研究者杰西卡·赫尔曼（Jessica Hullman）在对90位数据可视化作者和开发人员进行调研后发现，他们在图表中不展示不确定性的原因主要有4点。第一，他们不想让读者感到困惑，或者觉得信息过载。第二，他们无法获得有关数据不确定性的信息。第三，他们不知道如何计算不确定性。第四，他们不想让数据显得可疑。赫尔曼认为，将不确定性可视化非常重要，因为"关键问题是，作者经常忽略或淡化一些信息，这导致解释的数据反而比实际更可信"。更有效地呈现这种不确定性，尤其是在提出统计结论时，可以建立可信度。

本节将介绍一些呈现不确定性的可视化图表：误差条形图、置信区间图、渐变图和扇形图。

误差条形图

呈现不确定性最简单和最常见的方法是使用误差线：表示误差幅度或置信区间的小标记。误差线是对其他图表（通常是条形图或折线图）的补充。误差线的末端可以对应任何值：百分位数、标准误差、95%置信区间，甚至是一个固定值。由于误差线可以表示多重统计指标，这可能会引起读者的困惑，甚至对数据做出错误的推断，因此，我们必须在图表注释中或者最好在图表本身标注清楚。

下面的误差条形图（error bar chart）显示了2016年美国13个行业的平均收入。误差线的两端分别表示第25百分位和第75百分位。

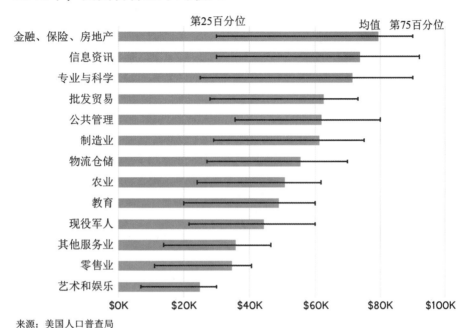

2016年，美国各行业平均收入

来源：美国人口普查局

呈现不确定性最简单和最常见的方法是使用误差线：表示误差幅度或置信区间的小标记

将误差线用于条形图中会带来一个潜在的问题：有研究表明，我们倾向于根据落在条形图内的点对数据进行识别（"条形内"偏差）。以上一张图表为例，这意味着读者更可能认为金融、保险和房地产行业的工资低于8万美元，而不是高于8万美元。我们还可以用小提琴图、条纹图或渐变图来更好地呈现不确定性和分布。

使用误差线这种方法大家比较熟悉，而且不用追加太多额外的数据，但现有研究表明，我们并不擅长通过这种方法来识别不确定性。

置信区间图

置信区间图（confidence interval chart）通常使用线条或阴影区域来描述不确定性的范围或数量，通常随时间变化。典型的置信区间图其实就是带有三条线的折线图：一条用于表示中间的估计值，另一条用于表示上置信区间值，还有一条用于表示下置信区间值（这些上下线可以是置信区间、标准误差或固定值）。这些线可以是实线、虚线或彩色线。如果希望读者关注中间的估计值，则可以通过加粗或加深颜色的方式强调。

　　下图显示了1967年至2017年美国的收入中位数。左图中的两条细线和右图中的阴影区域分别表示估计值的标准误差。

可以用围绕中心线的折线或阴影区域显示不确定性的范围

渐变图

　　渐变图（gradient chart，有时被称为条纹图）可以用来显示分布或预测数据范围。使用渐变图有很多方法，最基本的方法是标出重要的数据点，并在其一侧或两侧添加颜色渐变，直观地显示出围绕该数据点的波动区间。该图表不是根据形状，而是根据颜色渐变来命名的。

　　渐变图可以显示数据随时间变化的情况，或者如下图所示，显示单个观测值周围的分布情况。这张图表使用的数据与之前的误差条形图完全相同，图表中以深色水平线表示平均收入，并且用渐变色显示分布的第25至第75百分位。颜色渐变可以用来说明偏差的程度，距离中心值越远，确定性就越低。

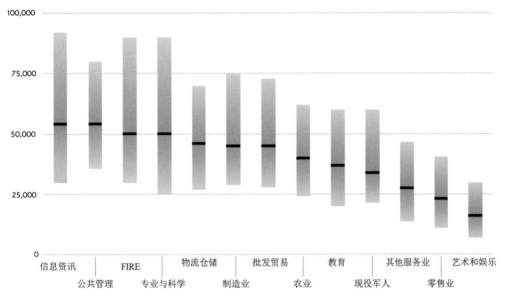

2016年，美国各行业平均收入

来源：美国人口普查局
说明：FIRE是指金融、保险和房地产

渐变图是用颜色渐变的方式，在中心值的一侧或两侧显示分布或数据范围

条纹图也是显示数据随时间变化的有效方法。雷丁大学的气候学家艾德·霍金斯（Ed Hawkins）博士绘制了一系列条纹图，显示1850年至2018年的温度变化。每一个条纹都表示不同的温度水平，从较冷的蓝色到更热的红色。读者通过在线工具，可以很容易看到全球及其特定地区的气温显著升高。这些条纹图被许多网站、电视台展示，甚至成为《经济学人》（*Economist*）杂志的封面。

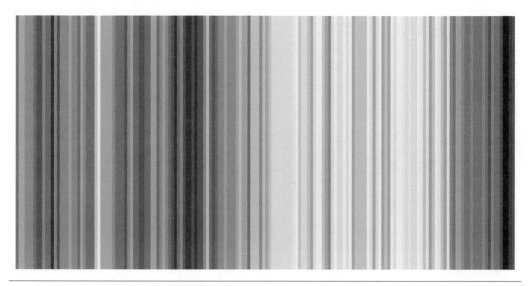

这张条纹图显示了1850年至2018年的全球气温。简单的彩条直观且易懂

在2019年《数据故事》（*Data Stories*）的一次采访中，霍金斯说，他"正在寻找一种与受众交流的方式。那些我们习以为常的图表，对读者来说太复杂或太数学化了，这会让他们对其望而却步"。《科学美国人》（*Scientific American*）的高级图形编辑詹妮弗·克里斯蒂安森（Jennifer Christiansen）后来在同一个节目上接受采访时说："每个地区的温度条纹都从蓝色变为红色，而不需要添加标签和标题。用颜色代表每年的温度，这让我们立刻就能知道全球正在变暖。而且它可以清晰地呈现在社交媒体、胸针、领带、杂志封面、马克杯和银屏等各种东西上。"

扇形图

如果用颜色或饱和度表示置信区间值的变化，则通常称这种图表为扇形图（fan chart）。扇形图就像折线图的渐变图，常用来呈现随时间变化的数据范围。在扇形图中，最靠近中心值的颜色最深，越往外，颜色越浅，表示置信度从高到低的变化。这意味着，与中心值的距离越远，该估计值出现的可能性就越低。

下面这张扇形图显示了过去50年家庭收入中位数的变化。色带显示了8个标准误差，当然，也可以用百分位或其他指标。与渐变图类似，颜色深浅的变化可以显示标准误差的倍数，并且距离中心值（图表中的黑色折线）越远，不确定性就越高。

1967年至2017年，美国收入的中位数

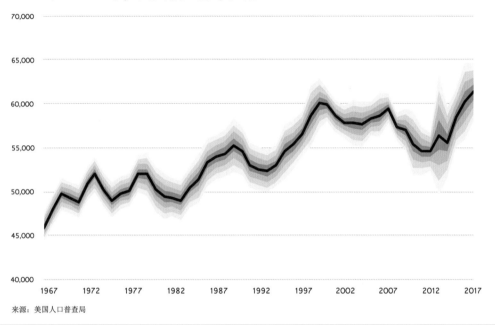

来源：美国人口普查局

与渐变图一样，扇形图显示了围绕中心值的分布范围（本例为标准误差）

手绘效果

呈现不确定性的最后一个策略本身不是可视化技术，而是设计技术。手绘的"素描"、"粘连"或"涂抹"可用于添加不均匀或模糊的边缘，从而产生一种不确定性。研究表明，手绘的图表能让人有更强的参与感，我们可以"将手绘图与不确定性或显著值联系起来"。

下面两个例子展示了手绘技术的实际应用，其中第一个来自《卫报》（*Guardian*）的记者莫娜·查拉比（Mona Chalabi），第二个来自伦敦大学的乔·伍德（Jo Wood）。

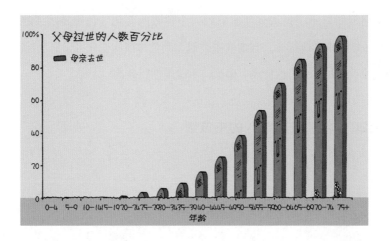

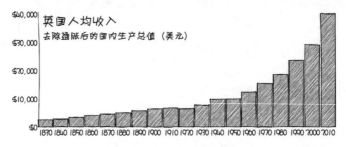

来源：版权所有，莫娜·查拉比（上图）和乔·伍德，giCentre，伦敦大学（下图）

手绘中的"素描"或"粘连"的效果，用不均匀的边缘呈现不确定性或模糊感

箱线图

箱线图（box-and-whisker plot，或叫盒须图）既可以显示整体分布情况，也可以显示特定数据点。箱线图最初是由约翰 W. 塔基（John W. Tukey）发明的，它使用方框和线条标记特定百分位值。你也可以添加标记以显示异常值或其他特定值。它能简洁地显示数据分布的大致情况，不过，在细节上不如直方图或小提琴图。

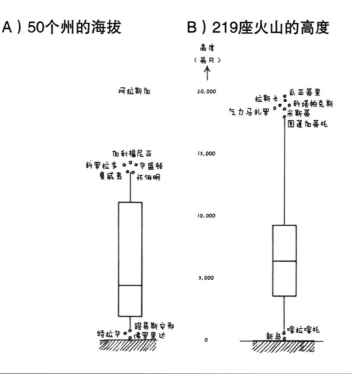

A）50个州的海拔　　B）219座火山的高度

塔基1977年绘制的原始箱线图

基本的箱线图由一个矩形（盒）、上下延伸线（须）以及显示异常值或其他特定值的点组成。大多数箱线图主要由以下5个部分构成：

1. 中位数，矩形内的一条水平线。

2. 两个分位值，即矩形的上下边，通常是第一四分位（第25百分位）和第三四分位（第75百分位）。这两个点之间的差异被称为四分位距（IQR）。

3. 极大值和极小值（有时为最大值和最小值）位于IQR 1.5倍的位置。

4. 两条线（须）连接分位数和特定观测值。

5. 离散值是距离中位数比线（须）边缘更远的单个数据点。

每个构成部分都会因需要而调整。有人用固定的分位数（如最小值和最大值，或第1百分位数和第99百分位数）来表示异常值；有人用半四分位距$(Q_3-Q_1)/2$，这样可以呈现不对称的线（须）；也有人添加其他描述性统计数据，如平均值或标准误差。我们还可以改变颜色、线条的粗细以及图表的标记方式。

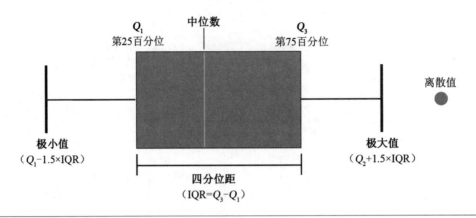

基本的箱线图构成

下面的箱线图显示了13个行业的收入分布情况。每个矩形中间的水平线代表中位数，矩形的上下边分别代表第25百分位和第75百分位，线（须）的末端分别表示第10百分位和第90百分位。

左边的图表按各行业的英文字母顺序进行排序，而右边的图表则按中位数进行排序。一般按数值排序比按字母排序要好些。在有些情况下，按字母排序会更方便。例如，如果展示的是美国50个州的收入情况，那么按字母排序会方便读者快速找到各个州；如果想通过图表讨论某个州收入的高低，那么按数值排序更有利于比较数据。

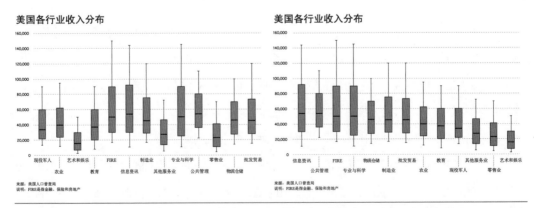

这两张图表显示了13个行业的收入分布情况，左图按字母顺序排序，右图按中位数排序。矩形的上下边分别代表第25百分位和第75百分位，线（须）分别表示第10百分位和第90百分位

是否显示百分位或数据波动范围，取决于目标受众的经验、兴趣和专业度。例如，在科研领域，呈现数据波动范围对于证明某一发现是否具有统计学意义至关重要。但是，如果每个观测值只有一个估计值，比如美国人均GDP的单一估计值，那么就无法使用分布图显示。

使用箱线图不显示整体分布情况，只是显示几个特定的百分位点。这不是什么大问题，尤其是其他百分位点不是特别重要，或者数据有明显的标准分布时。但我们必须始终充分挖掘数据，确信没有隐藏重要的数据模式！

蜡烛图

蜡烛图（candlestick chart）或股票图（stock chart）看起来和箱线图有点像，但它们呈现的内容不同。箱线图显示数据可能的范围或分布情况，而蜡烛图主要用来显示股票、债券、证券和大宗商品的价格随时间的变化。蜡烛图沿着水平的时间轴绘制，其中条形框显示当天的开盘价和收盘价，而线条显示的是价格的最高点和最低点。

蜡烛图有两个构成元素：中间的条形框被称为"实体"，显示开盘价和收盘价之间的差距；从实体上、下延伸的线条被称为"灯芯"，显示一天的最高价和最低价。与箱线图一样，蜡烛图只包含特定的点，并不显示一天中的所有活动，比如无法显示价格波动。

我们可以通过改变颜色来区分价格上涨或下跌（即收盘价大于或小于开盘价），也可以用图标或其他符号来标示价格的高低。由于和箱线图的关系，所以把蜡烛图放在这一章来讲。其实，也可以把蜡烛图放在"时间"或"比较"章节中。

下面的蜡烛图显示了Alphabet公司（谷歌的母公司）2019年1月的股票交易情况。其中，下方的条形图是交易量。在这两张图表中，蓝色表示当天价格上涨，黄色表示下跌。请留意这两张图表是如何摆放的，这里并没有使用令人困惑的双轴图表。

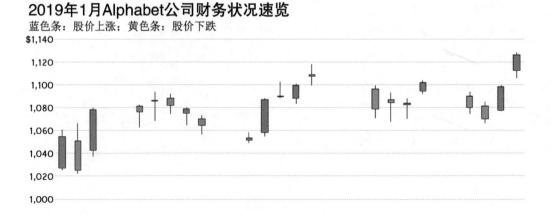

蜡烛图和箱线图有点像，但它通常用来显示股票、债券、证券和大宗商品的价格随时间的变化

小提琴图

　　小提琴图（violin chart）显示的是数据整体分布情况，而不是像箱线图那样，显示特定百分位点，或像直方图那样，按区间分组。

　　下面的小提琴图显示的是2016年13个行业的平均收入分布情况。越厚的区域表示这部分观测值越多，而越薄的区域说明观测值越少。中间的点表示每个行业的平均收入。再次感受一下，按字母顺序（左图）排序和按平均收入（右图）排序有什么差异。

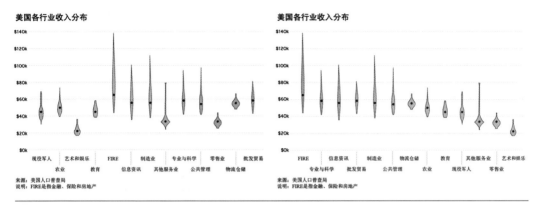

小提琴图不显示分布中的个别点（如百分位数），而是用核密度显示整个分布情况

核密度

绘制这类图表需要估计每个分布的核密度（kernel density）。核密度是估计变量分布的一种方法——类似于直方图——但可以用不同的算法，让它看上去连续而平滑。对于小提琴图来说，这些密度估计值沿着一条不可见的中心线对称分布。

可以这么来理解：直方图是沿着单条轴绘制的分布概览，而小提琴图是直方图的平滑版本在该轴的两边呈镜像对称。以什么样的方式实现平滑，取决于核密度估计方式，它随着数据、函数等的变化而变化。

因此，小提琴图比箱线图的信息更丰富，但也更难绘制，读者理解起来也有一定的难度。在Excel中，箱线图是默认图表，而小提琴图则需要自己计算概率密度，然后寻找绘制方法。

山脊图

山脊图（ridgeline plot）是一系列直方图或密度图，沿同一条横轴排列，在纵轴方向上可能有轻微重叠。山脊图有点像直方图的小型序列图，或直方图以特定方式对齐的地平线图。

下面的山脊图显示了13个不同行业的收入分布情况。13个行业共用一条横轴，收入分布在纵轴方向上有时会有重叠。不过，之前也说过，使用某些图表（例如，迷你图和地平线图）的目的是为了显示整体模式，而不是寻找特定值。虽然数据有一定的重叠，但读者可以快速、轻松地看到不同行业的分布情况。

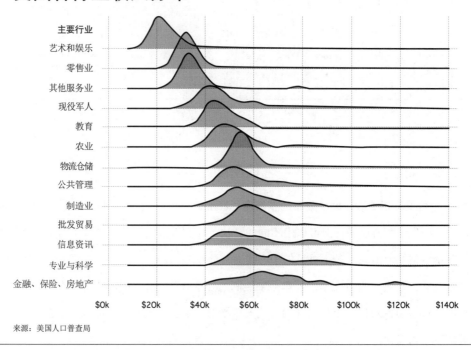

山脊图是一系列直方图，共用一条横轴，沿纵轴分项排列，纵轴数据有时有重叠

最著名的山脊图（你都不会认为那是山脊图）当属1979年英国后朋克乐队Joy Division发行的首张专辑《未知快乐》（*Unknown Pleasures*）的封面。该封面黑色背景，白色线条，既没有乐队名称，也没有专辑标题，更没有其他符号。

2015年，《科学美国人》的高级图形编辑詹妮弗·克里斯蒂安森（Jennifer Christiansen）将封面图像追溯到了康奈尔大学的射电天文学家哈罗德·D·小克拉夫特（Harold D. Craft Jr）1970年的博士论文那里。原始图表描绘的是脉冲星（中子星的一种）发出的脉冲波形分布。专辑封面设计师彼得·萨维尔（Peter Saville）称之为"唱片封面上一个神秘莫测的符号"。

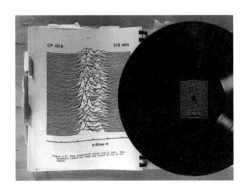

来源：詹妮弗·克里斯蒂安森拍摄的照片（摘自哈罗德·D·小克拉夫特的"对12颗脉冲星的脉冲波形及色散的射电观测"，1970年9月）

当各系列（行）的分布有一定的差异时，可以使用山脊图来表现，以便读者可以看到各类别的形态变化。你也可以利用颜色、字体和布局的变化来吸引读者的注意力。下面这张山脊图由《卫报》发表于2018年，显示了英国一万多家公司和公共机构中男女薪资差距的分布情况。在垂直的0%线的两侧使用了不同的颜色，并将薪酬差距按从高到低的顺序排列，将差距最大的行业（如建筑）放在最上面，将差距最小的行业（如住宿和餐饮）放在最下面。

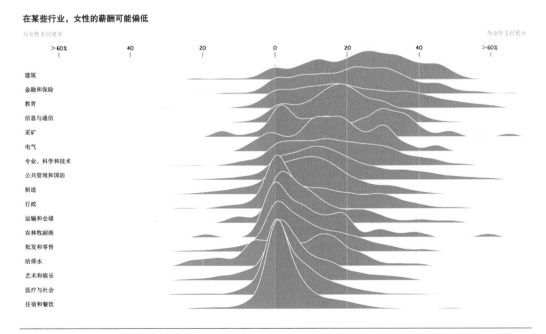

《卫报》的这张山脊图显示了不同行业中男性和女性的收入分布

通过展示数据呈现不确定性

到目前为止，本章中的图表都是用线、点、条形和颜色来呈现数据分布情况的，比如直方图、小提琴图和山脊图。有时，我们也可以通过单纯展示数据的方式，对数据分布情况进行可视化。

带状散点图

单纯展示数据最简单的方式就是使用带状散点图（strip plot），其数据点沿单条纵轴或横轴分布。

下图显示了美国各州13个行业的平均收入情况（平均值用垂直的黑线表示）。我们之前在箱线图和小提琴图中使用了类似的数据，但在这张图表中可以看到个别数据点。需要注意的是，这里显示的是50个州的平均收入，而不是个人的收入。如果为每个人（约130万人）都绘制收入图，那么最后看起来就像一条黑线，因为数据太多了。

美国各行业收入分布

 每个点代表一个州

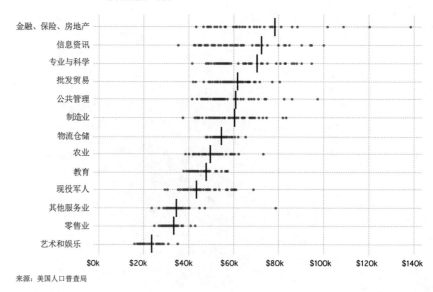

来源：美国人口普查局

在带状散点图中，数据点沿单条横轴或纵轴绘制。此图表用圆点表示数据点，不过，有时也会用短线表示

　　虽然有些数据点看不清，但是收入集中分布在哪个区域会更清晰，特别是重叠的数据点会让颜色更深。使用多少数据点合适并没有明确的规则要求，不过，在绘制图表时，你总能知道什么时候超限了。

　　这是来自NPR（National Public Radio，美国公共广播电台）的互动带状散点图的截图，它很好地说明了这种可视化方式，比标准条形图或直方图更丰富。在图表中，每个州的每个学区是一个点。较深的橙色点（在黑色水平线的下方）表示该地区每个学生的支出低于全国平均水平，较深的绿色点表示该地区每个学生的支出高于全国平均水平。一个有趣的设计是设置了圆点的透明度（带边框），这样可以看出哪些地区的数据接近以致重叠。另外，请注意，只有阿拉巴马州、佛罗里达州和阿拉斯加州有注释。在交互式版本中，将鼠标指针悬停在数据点上时，会显示相应的注释。

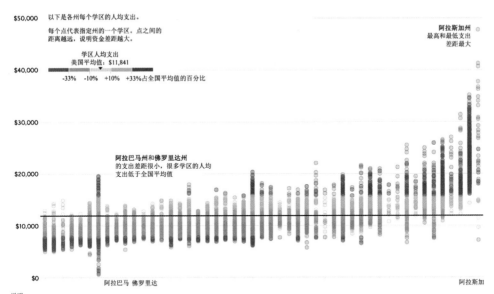

这张来自NPR的带状散点图显示了美国各地不同学区的支出分布

蜂群图

如果我们想呈现单独的数据点，而不是分布情况，则可以使用一种称为"波动"（Jittering）的技术，就是稍微改变个别值，使数据点不重叠。

比如，下面左边的带状散点图，所有数据沿同一条横轴展开。从图中可以看出分布情况，但看不清单个值。而在右边的版本中，数据沿纵轴和横轴波动，这样可以看到每个数据点。我们可以使用不同的方法让数据呈现出这种状态，最重要的是在调整相关参数时，既让数据点分散可见，又不改变整体分布。与小提琴图的核密度估计一样，对波动技术的选择（例如，是否同时调整x、y变量，如果是，那么是否依次调整）取决于数据特点及其原本的分布形态。

当然，波动并非在所有情况下都有效，这与数据点的多少有关，如果数据点太多，那么波动需要调整的地方就比较多，这会导致原来的分布形态被改变。例如，要绘制各行业中每个人的收入图，就会有大量的数据点要显示出来，且需要较大的波动调整，这会导致修改后的数据表现和真实情况相去甚远。但是，如果要显示50个州在13个行业中的平均收入，则会更轻松，也更有效。当然，如果你只是想展示数据量很大，并且能呈现出整体分布，那么绘制大量数据点可能有助于得出确切的结论。

为了创建蜂群图（beeswarm plot）（将数据点聚集在一起，像一群蜜蜂），需要调整参数，以便每个数据点都能被看见。我们可以根据不同的需求来排列这些数据点，例如，按递增顺序排列，或者将它们放置在正方形或六角形的网格中。下图与山脊图类似，各行业共用同一条横轴，这样我们就可以轻松地比较不同的行业。

美国各行业收入分布
（按州分列的主要行业）

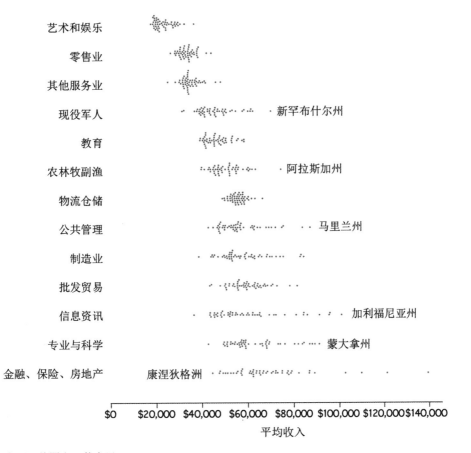

来源：美国人口普查局

蜂群图通过调整数据点，使它们不重叠，并让每个数据点都可见

在图表中，我添加了一些简单的注释，并标记了一些异常值。它们在图表中很抢眼，好奇的读者会想知道这些数据点是什么情况。它们是有错误吗？如果不是，那是什么状态，为什么相对于其他地区，收入会这么高？在图表中并没有标记每一个异常点，但只要标记了，读者就会知道我已经考虑了异常值。

　　蜂群图也可以呈现数据随时间变化的情况。Axios的这张蜂群图——实际上由8张蜂群图组成——显示了2016年选举前后特朗普团队的资产支出情况。颜色（支出来源）、大小（支出金额）和点密度（时间维度）的组合，很好地将选举日前后的模式进行了可视化。

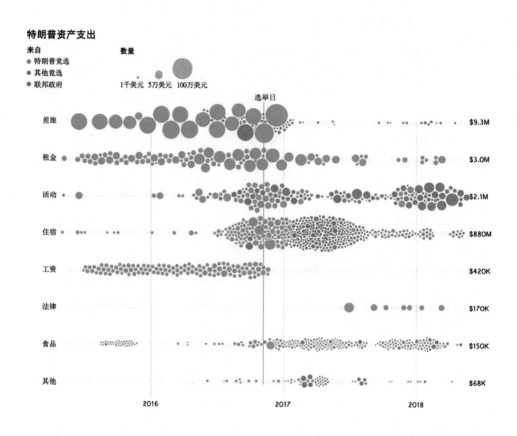

数据：ProPublica；说明：图表中不包括5个未标明日期的支出，以及3项负支出；图表：哈利·史蒂文斯（Harry Stevens）/Axios

Axios的这张蜂群图显示了2016年选举前后特朗普团队的资产支出情况

威尔金森点状图和麦穗图

由斯蒂芬·福（Stephen Few）开发和命名的麦穗图（wheat plot）是一种点状直方图，也叫威尔金森点状图（Wilkinson dot plot）。威尔金森点状图是以《图形语法》（*The Grammar of Graphics*）的作者利兰·威尔金森（Leland Wilkinson）的名字命名的，尽管威尔金森本人把这种图表称为直方点状图（histodot），但大家还是习惯称之为威尔金森点状图。

威尔金森点状图类似于标准直方图，但它不是用条形显示观测值的，而是将数据点堆叠在其相对的区间内，有点像直方图和单元图的结合。这种图表中的数据点不是实际值，因为它们是堆叠在单列中的。换句话说，每个点都代表各区间的一个观测值，而不是实际值。

收入分布

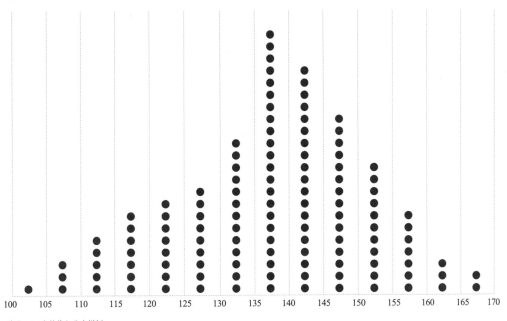

说明：200人的收入分布样例

点状直方图在各区间内放置数据点，当然，它只能放置有限的数据点如果各区间内显示的是实际值，那么威尔金森点状图就成为麦穗图。其中，实际值沿横轴绘制，仍然被分配到各区间内，并将数据点垂直叠加，以显示总数。斯蒂芬·福写道："数据点的曲线排列，以图形的方式显示了每个区间内数据的分布。虽然乍看起来有点奇怪，不过，理解和学会阅读该图表只需要1分钟。"与之前的分布图一样，如果数据太多，那么各数据点可能会重叠。

收入分布

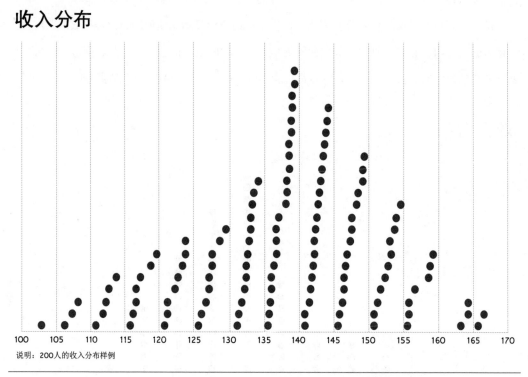

说明：200人的收入分布样例

斯蒂芬·福设计的麦穗图，对点状直方图做了调整，在每个区间内显示的是实际值

下面的麦穗图显示了某个行业约200名工人的收入分布情况。在右边的直方图中，可以方便地看出各区间的大致份额，但看不到实际数据。在使用时需要进行权衡，一方面，麦穗图提供了更多的细节，图表看起来也更有趣、更吸引人；而另一方面，直方图更容易理解。

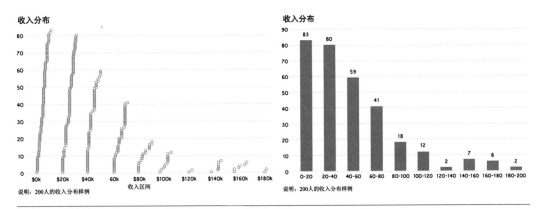

麦穗图和直方图的对比：麦穗图提供了更多的细节，但不太好理解

在《卫报》的这张图表中，我们可以看到麦穗图和山脊图的区别。该图表中包含了数据集中所有的公司，它可能没有传统的麦穗图那么"清瘦"（因为数据点太多），但你能很好地了解总体分布情况，也能看到更多的公司位于图表的右侧。由于图表中包含所有的公司，因此，制图者可以用标签标出特定的公司，以突出显示，而这在标准直方图或山脊图中是无法做到的。然而，需要注意的是，各标记点是沿纵轴任意选择的，点的高低和薪资差距并不挂钩。

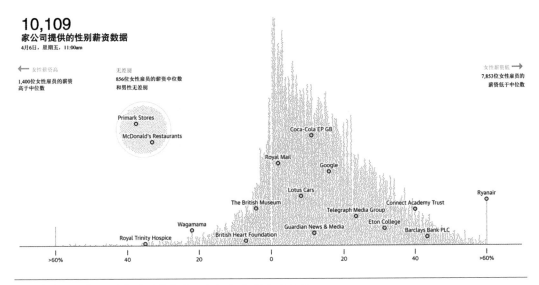

这张来自《卫报》的麦穗图中包含了数据集中所有的公司

云雨图

云雨图（raincloud plot）可以同时显示数据的分布密度和实际的数据点——上面是分布情况，下面是实际的数据点，整张图表的样子很像下雨的云朵，因此被称为云雨图。云雨图最初可能是由神经科学家米卡·艾伦（Micah Allan）命名的。

云雨图既展示了数据的整体分布情况，又呈现了所有单个数据点，因此，可以比较容易地发现异常值和整体模式。当然，这需要读者学习如何读懂这种图表。

下面的云雨图显示了50个州的收入分布情况，数据值在分布图的下方。

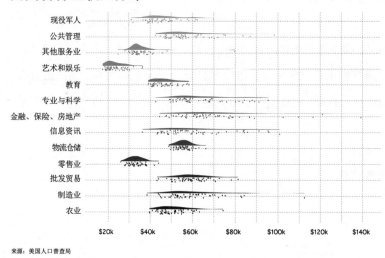

美国各行业收入分布

来源：美国人口普查局

云雨图显示了数据整体分布情况，并在分布图的下方呈现实际的数据点

虽然云雨图看起来有点深奥，但是在有些场景下，这种图表会是一个不错的选择。

房地美（Freddie Mac）首席经济学家莱恩·基弗（Len Kiefer）绘制的这张云雨图，显示了2010年至2019年每周抵押贷款利率的分布情况。该图表既为我们提供了一个全局的视角，也包含了处于分布图下方的具体的数据点。

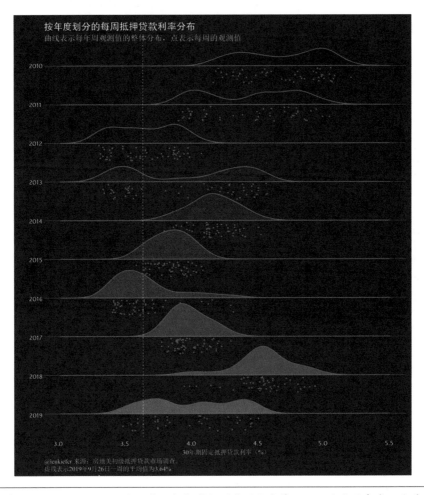

莱恩·基弗的云雨图显示了不同年份每周抵押贷款利率的分布情况。从这张图表中既能看到数据的整体分布，也能看到具体的数据点

茎叶图

茎叶图（stem-and-leaf plot）是一种特殊的数据列表，它把数值拆分成"茎"（数值的第一位或前几位）和"叶"（通常是数值的最后一位或后几位）。

■ 池袋線 所沢 ◇池袋方面 平日 2018.03.10改正

时	分
5	00 08 18 24 28 34 41 45 50 54 59
6	02 06 10 14 17 19 24 27 30 33 37 42 45 48 51 54 57 59
7	02 05 08 11 14 16 20 23 26 28 31 35 38 41 44 46 50 53 56 58
8	01 04 07 10 13 17 19 22 25 29 32 35 39 42 45 50 55 58
9	02 05 10 15 19 23 26 31 35 39 44 48 55
10	04 09 12 15 19 23 25 30 35 39 44 49 52 55
11	00 04 09 12 19 23 25 30 35 39 44 49 52 55
12	00 04 09 12 19 23 25 30 35 39 44 49 52 55
13	00 04 09 12 19 23 25 30 35 39 44 49 52 55
14	00 04 09 12 19 23 25 30 35 39 44 49 52 55
15	00 04 09 12 19 23 25 30 35 39 44 49 52 55
16	00 04 09 12 18 23 25 30 35 40 44 48 52 55
17	00 04 08 12 16 20 22 24 30 34 38 42 46 52 54
18	00 05 08 12 16 20 22 27 30 34 38 42 46 52 55
19	00 05 08 12 16 20 24 27 29 32 37 40 42 46 52 55 59
20	02 07 10 12 16 20 22 25 28 32 40 46 52 55
21	02 07 10 16 22 25 32 37 40 47 52 55
22	02 07 10 17 22 25 32 37 40 47 52 55
23	02 08 14 19 25 28 32 36 42 50 58

種別　むさ=特急むさし　ちち=特急ちちぶ　S=S-TRAIN　快急=快速急行　F快=快速急行:東京メトロ線内急行　快★=快速急行:東京メトロ線内通勤急行
　急行=急行　通急=通勤急行　快速=快速　快口=快速:東京メトロ線内普通　快☆=快速:東京メトロ線内通勤急行
　準口=準急:東京メトロ線内普通　準☆=準急:東京メトロ線内通勤急行　通準=通勤準急　各☆=各駅停車:東京メトロ線内通勤急行　無印=各駅停車
停車駅　特急=池袋　S-TRAIN=(保谷)、(石神井公園)、飯田橋、有楽町、豊洲　※（ ）は乗車駅　快急=ひばりヶ丘・石神井公園・池袋　快速急行(中)=ひばりヶ丘までの各駅・石神井公園・練馬・池袋　快速=ひばりヶ丘・石神井公園・池袋　通勤急行=東久留米・保谷・大泉学園・石神井公園・池袋　快速=ひばりヶ丘までの各駅・石神井公園・練馬・新桜台・小竹向原　急行=ひばりヶ丘・石神井公園・池袋　準急=石神井公園までの各駅・練馬・池袋　準急口☆=石神井公園までの各駅・練馬・新桜台・小竹向原　通勤準急=大泉学園までの各駅・練馬・池袋
行き先　武=武蔵小杉／横=横浜／中=中元町・中華街／竹=小竹向原／木=新木場／洲=豊洲／無印=池袋／下線=当駅始発
野球開催日は一部変更になります。

茎叶图将数值拆分成"茎"和"叶"两部分，以表格形式呈现。它们有时被用于交通时刻表中，比如这张来自日本埼玉县所泽站的列车时刻表

这里以一个只有7个数字的简单数据集为例：4、9、12、13、18、24和27。数据按升序向下排列，十位数在左侧，个位数在右侧。显然，如果数据过于细碎和复杂，茎叶图就不适用了[1]。

茎	叶		
0	4	9	
1	2	3	8
2	4	7	

茎叶图有时被用于交通时刻表中，或者在数据量不大的情况下，突显基本的分布情况和离散值。比如前面那张日本所泽站的列车时刻表，显示了当天列车到达的时间。小时显示在最左边的那列中，分钟显示在右边的表格中。第一班火车在早上5:00发车，下一班火车在早上5:08发车，然后是早上5:18，依此类推。

由于茎叶图是一个表格，它可能不像传统可视化图表那么有吸引力，不过，"叶"里的数据依然可以呈现基本的分布情况。

小结

本章中的图表主要用来展示数据分布或围绕特定值的波动范围（不确定性）。其中有些图表显示整体状况，有些图表显示特定值。我们可以将数据按特定区间分组，以直方图的形式呈现分布，我们也可以使用特定的百分位数生成箱线图，或者在蜡烛图中显示股票价格的变化。

随着计算机技术和可视化工具的飞速发展，我们可以创建更多形式的图表。蜂群图、麦穗图和云雨图包含特定的数据点，有助于向读者呈现完整的数据，但它们也有其局限性：当数据点太多时，数据点会重叠。

1　译者注：此图为译者添加，帮助大家更好地理解作者所举的例子。

如果不熟悉统计概念和离散程度等，本章中的图表对读者来说可能是一个挑战。还是那句话，在绘图前要先了解你的读者。假如你是一位经济学博士，在学校的研讨会上展示你的研究成果，你不需要解释中值、方差、95%的置信区间等概念。但如果是向普通观众展示你的研究成果，则需要解释这些术语。这并不是说不要展示相关统计结果，或者把事情简单化，而是说你需要花时间解释视觉化体系中的一些概念。

规划、测试和概念化你的可视化系统能带来长期回报，因为这可以让你更有效地与受众进行交流。

地缘

在地图上绘制地理数据有一个明显的优势——人们可以在数据中找到自己与主题的关联。这在其他可视化方法中是无法实现的。

绘制地理数据意味着为州或国家等地理区域添加颜色，或者在地图上添加圆形、正方形、直线或其他形状。

数据地图并不新鲜。1922年，E. P. 赫尔曼（E. P. Hermann）的"地图和销售可视化"向读者展示了在地图上显示数据的36种方式。作者写道：

> 地图的使用与空间视觉有关。因此，在利用地图进行数据可视化的工作中，都
> 会从一个轮廓开始……地球是一个球体，这使得地图可视化颇为困难，必须想尽办法
> 让球形表面平面化。

本章从可视化地理数据的基本挑战开始，然后介绍一些传统地图可视化的替代方案（可以被看作1922年可视化的现代版本）。

本章中的地图用的是《华盛顿邮报》（Washington Post）经常使用的色调。美国政治制度地图则与众多新闻媒体一样，使用红蓝色调。

数据化地图的挑战

　　艾伦·科布林（Aaron Koblin）的飞行轨迹图可以作为数据化地图的入门。科布林绘制了24小时内美国上空所有飞机的飞行轨迹。地图的静态版本（在交互式版本中，可以放大任何地区）显示了整个国家、主要机场和飞行轨迹。这种可视化看不出机场规模的排序，也不能帮你避免飞机延误，不过，它能快速显示美国航班的整体运行模式。

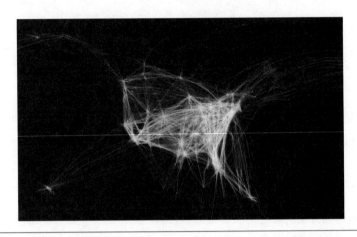

艾伦·科布林的飞行轨迹图由静态地图和动态地图构成，显示了24小时内美国上空所有飞机的飞行轨迹

　　绘制数据地图最大的挑战是，地理区域的大小可能与数据值的重要程度不符。俄罗斯的面积超过660万平方英里，几乎是加拿大的两倍，因此它在地图上占据了很大的空间。得克萨斯州的面积是27万平方英里，大致相当于加利福尼亚州和科罗拉多州的总和，但还不到阿拉斯加州（66.5万平方英里）的一半，美国有很多地图很随意地将它绘制在加利福尼亚州南部的海面上。关键是，俄罗斯、得克萨斯州和阿拉斯加州的数据值与它们的重要性可能并不相符，而地图会影响我们对数据值重要性的看法。

　　在创建数据地图时，我们应该持有批判性思维。地图真的是展示地理数据的最佳方式吗？还是说你只是在展示人们的居住地？它体现了我们想要探索的关系了吗？还是说我们仅仅依赖于地理标识符？

本章将探讨对数据地图的读取和理解，以及为什么说地图可能不是视觉化的最佳选择。这并不是说不要用地图，有时，我们需要绘制地图来解释一些数据。不过，我们在绘制之前还是要停下来想一想，这是否是一个正确的选择。

有很多方法可以显示地理数据，也有很多对象、形状和颜色能被添加到地图中。使用哪种地图来可视化数据取决于两个问题：①地理模式有多重要？②读者阅读熟悉的地图有多重要？

分级统计图

也许大家最熟悉的数据地图就是分级统计图（choropleth map）了。分级统计图在地图上用颜色、阴影或图案来呈现不同区域的比例关系。

比如在一张世界地图上，用颜色标示各国人均GDP，通常用浅色代表较小的数值，用深色代表较大的数值（有时称为"颜色渐变"）。不过，在创建这类地图时，有不少人在配色的选择上是错误的。我们将在第12章中更详细地讨论颜色使用问题。

在阅读这类图表时，如果国家的面积太小，或者是你不知道的国家，那么你就很难找到它。比如卢森堡2017年人均GDP最高，超过104,000美元，而美国当年人均GDP为59,500美元。但是，我们很难在一张书本大小的世界地图上找到这个面积只有1000平方英里的国家。

这样就会导致信息失真——地理区域的大小与数据值的重要性不符。然而，即使存在这种失真，地图也是向读者展示地理数据的一种简单而熟悉的方式。

我们可以用其他地图类型来修正这种失真。例如，变形地图（cartogram）根据区域的数据值来调整其大小，平铺网格图（tile grid map）使用大小相等的正方形，以及可以用来绘制地理数据的其他图表，如热力图。当然，使用这些修正方案就意味着图表中展示的地图不再是我们熟悉的样子。不过，正如《制图学》（*Cartography*）一书的作者肯尼斯·菲尔德（Kenneth Field）所指出的那样，"这些地图无所谓正确与错误，它们只是真相的不同描述"。

球体投影的选择

使用数据地图的一个挑战是，选择什么样的投影地图。地球是一个球体，而地图是一个平面。绘制者必须使用投影地图，才能将球体转换为平面。所有的地图都存在一定程度的失真，至于哪一种投影是描述地球最好的方式，存在很大的争议。

比较常见的是墨卡托投影（Mercator projection），这是谷歌地图早期版本中使用的地图，也是许多数据可视化工具（如Tableau和Power BI）的默认地图。它是1569年由佛兰芒（Flemish）地理学家和制图师赫拉尔杜斯·墨卡托（Gerardus Mercator）开发的，当时作为航海用的标准地图。水手可以在两点之间画一条直线，并测量该直线（称为等角航线）与经线（连接南北两极的等长弧线）之间的角度，以确定所处的方位。虽然墨卡托投影可能对航海有用，但随着纬度从赤道到南北极的增加，面积大小会失真。因此，靠近两极的国家，比如格陵兰岛和南极洲，看起来比实际要大得多。在墨卡托地图上，格陵兰岛看起来和南美洲的面积差不多，但实际上它只有南美洲的八分之一。

地图投影通常分为三大类：圆锥投影、圆柱投影、平面或方位角投影。

圆锥投影

▶ 圆锥地图就像一个圆锥体被放置在地球上并展开。圆锥投影最适合绘制东-西向比较长的地理区域，如美国和俄罗斯。阿尔伯斯等面积圆锥曲线（Albers Equal Area Conic）和兰伯特等角圆锥曲线（Lambert Conformal Conic）是两种比较著名的圆锥投影。

圆柱投影

▶ 圆柱投影的原理与圆锥投影类似，但使用的是圆柱体而不是圆锥体。与墨卡托投影一样，柱面地图将地理区域拉伸到离中心更远的位置。

平面或方位角投影

▶ 通过这种方法，球体被投影到一个平面上。所有点与中心点（如北极）的距离都是相同的，因此，离该中心点越远，失真越大。

地图投影无所谓对错，尽管有些制图人员会持否定意见！使用任何方式，都是利弊权衡的结果。在数据可视化领域里，有不少人会避免使用墨卡托投影，因为它的缺点比较明显。

选择区间

在绘制分级统计图时，首先要考虑的是着色的区间（或组距）。将离散数据进行分类，本质上是一个加总问题（aggregation problem）。将几个州或国家的数据合并到一个区间，并不能看出各单元之间的区别。

划分区间主要有4种方法：不分组、等距分组、分布分组、任意分组。

不分组

这本质上是一个连续的颜色渐变，每个数据值对应一种颜色。有利的一面是，这很容易操作，因为在创建图表时不需要考虑太多，颜色由浅至深渐变，对应的数值由低到高。不利的一面是，相近的渐变色区分度不高。

等距分组

离散数据分组的典型做法就是等距分组。例如，地图中的数据范围是1~100，可以分成4个区间相等的组（1~25、26~50、51~75和76~100）。

这种方法和不分组相比，能更清楚地区分地缘单位（如州），但由于把不同数据放在同一区间，这势必会掩盖一些州之间的显著变化。如果数据分布的偏斜度比较高，那么这种方法可能会使数据不均匀地分布在各区间。

分布分组

我们也可以按数据分布来划分区间。例如，在每个区间放置相同数量的数据，而不是划分相同的区间，如四分位数（4组）、五分位数（5组）或十分位数（10组）。或者用方差或标准差分组。

这种方法清楚地显示了地区之间的差异，但设置的分组值可能没有数学意义。

任意分组

我们还可以根据取整、自然划分或其他任意标准进行分组。这种方法可以避免一些不必要的数据中断。

其他方案

使用哪种方法划分没有对错之分，但在分级统计图中进行有效分组是非常重要的。为了做出最佳的分组决策，可以借鉴马克·蒙莫尼耶（Mark Monmonier）2018年的著作《如何利用地图撒谎》（*How to Lie with Maps*）中提到的，不要随意使用大小相同的区间，也不要使用软件工具自动生成的区间，而是要考虑并呈现实际的分布情况。如果将柱状图添加到分级统计图中，那么各区间之间的差异会很明显。虽然添加图表会占用更大的空间，但它会让读者对数据有一个更清晰的了解。

在图表中标出区间的观测值，也可以向读者呈现分布情况。

标注区间

在创建数据地图时，还需要考虑如何标注区间。在地图的图例中，可以通过多种形式呈现区间。

1. 用实际收入取整，而不用整百、整千来划分区间。在这种情况下，读者可能搞不清$86,000是属于第四组还是第五组。我们可以像下图这样，用方框配上注释（在注释中标明每个区间包含或剔除的上、下限）的形式来明确数据范围。

<$50k $53k–$63k $63k–$77k $77k–$86k   >$86k

说明：如果数据区间重叠，则每个区间都不包括其下限，但包括其上限。

$50k $63k $77k $86k

2. 直接用实际的数据值划分区间。这样做的好处是可以清楚地显示数据值。例如，我们可以在前两个区间中看到$49,973和$50,573之间的差距。它的缺点是图例过于复杂。作为读者，你可能想知道为什么要这么精确，并且根据内容的不同，你可能还想知道一个区间中最大值和最小值之间的差距意味着什么。

$42,781–$49,973 $50,573–$62,629 $63,938–$74,176 $77,067–$81,346 $86,223–$86,345

说明：如果数据区间重叠，则每个区间都不包括其下限，但包括其上限。

3. 或者，我们可以创建一个图例，包含这些区间的"差距"：

$42,781– $49,974– $50,573– $62,630– $63,938– $74,177– $77,066– $81,347– $86,223–
$49,973 $50,572 $62,629 $63,937 $74,176 $77,065 $81,346 $86,222 $86,345

尽管该图例准确且全面，但由于添加了4组无数据的区间，使整个图例看起来很累赘，而且导致5个有数据的区间被弱化了。

解决分组问题的方案不能一刀切，要综合考虑合适的精度（即小数位数）、总区间数和数据平滑性（如果数据不连续，则可以按整百、整千的整数来分组）。

一定要用地图吗

在探讨其他类型的地图之前，我们需要思考地图是不是最好的选择。很多人使用地图，只是因为他们手上有地图数据，而不是因为地图是达到目的的最佳选择。

举一个简单的例子，2016年《华盛顿邮报》的一篇报道分析了美国自杀率和持枪率之间的关系。

2006 年的一项研究发现，从 20 世纪 80 年代到 21 世纪初，持枪率每下降 10%，自杀率就会下降 2.5%。还有许多其他研究显示了类似的结果。

当按州查看数据时，这个规律更明显。持枪率较高的州，自杀率也较高。根据2007 年的一项研究，即使剔除了精神疾病和其他因素的影响，在高持枪率的州，其自杀率也是低持枪率的州的两倍。

这篇报道里配的两张分级统计图，能帮助你看出持枪率和自杀率之间的关系吗？你能找出自杀率和持枪率最高的州吗？反正我不能，我还得在两张图表之间来回切换，试图识别各个州。

假如我们将相同的数据放在气泡图中会怎样？纵轴表示自杀率，横轴表示持枪率，圆形大小表示人口数，同时，用颜色来区分各个地区。这样就可以更清楚地看出，图表中右上区域的州，往往是西部和南部的州，那里的持枪率较高，枪支管制法律也较弱。

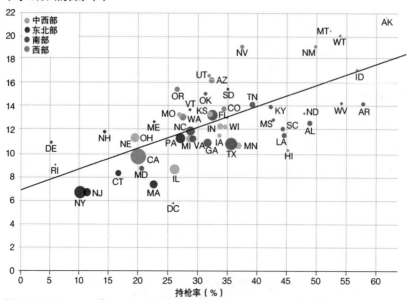

持枪率和自杀率正相关
（每10万人的自杀率）

来源：Kim Soffen, Miller等人，2007 年；美国人口普查局
说明：圆形的大小表示州人口数

气泡图可以用来替代成对的地图

读者可能对气泡图不太熟悉，但有了清晰的标题和注释，这张图表可以更好地展示持有枪支和自杀之间的关系。当你准备使用地图展示数据时，问问自己，"地图是呈现观点的最佳可视化工具吗？"

变形地图

我们可以通过使用变形地图（cartogram）的方式来调整地图失真的问题，它会根据数据值来调整区域大小。这里也需要做一些权衡：一方面，变形地图能更准确地可视化数据，因为区域大小和实际数据有关联；另一方面，这些图表和我们平时看到的地图不一样，不够直观。

肯尼斯·菲尔德（Kenneth Field）在其著作《制图学》（*Cartography*）中总结了变形地图的作用：

> 大多数专题地图是为了提供一张可供比较的地图，不过，通常地图区域总是不合适，这让我们无法很好地识别地图中的信息。解决这些问题的方法有很多，比如保持数据值，但调整地图形状来创建变形地图。

变形地图主要有4种：连续型变形地图、非连续型变形地图、几何型变形地图和网格型变形地图。

以美国选举为例，在美国的选举制度中，为每个州分配的选票数是与其人口相对应的，而不是其地理面积。比如，爱达荷州、蒙大拿州和怀俄明州等虽然面积很大（总共325,412平方英里），但人口相对较少，只有10张选票。相比之下，马萨诸塞州的面积为7,838平方英里，不到那3个州的面积的2.5%，却有11张选票。

连续型变形地图

连续型变形地图根据数据调整每个地区的大小。在下图中，左图使用正方形缩放每个州，同时保留原来各州的位置和边界。右图根据选票比例缩放各州，这样地图中有不少地方呈紫色，这反映了两个政党之间的分歧。由于根据数据调整各个区域，因此整张地图会变形。读者在阅读这类图表时，可能会感到陌生，这就需要我们在数据可视化的准确性和地图熟悉度之间进行权衡。

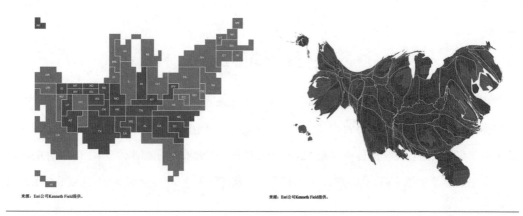

这是克服标准分级统计图数据失真的两种变形地图，与标准地图相比，这两种地图看上去很陌生

非连续型变形地图

在看过连续型变形地图后，你应该能猜到非连续型变形地图是什么样子的。各区域同样是根据数据值大小（例如，人口）来缩放的，但它们是分开的，这样每个区域的原始形状得以保留。非连续型变形地图的优点是，有更大的空间添加标签和注释。

下面左边的地图根据选票数对各州进行缩放，用不同的颜色表示哪位候选人赢得了该州的选票。如果地理形状不重要，那么也可以像右图这样，使用正方形集合来体现选票数的多寡。从图中可以看到，爱达荷州、蒙大拿州和怀俄明州看起来很小，而纽约则大得多。

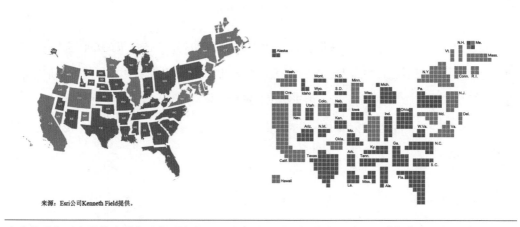

非连续型变形地图将地图上的各区域分开，这有助于添加标签和注释，但看起来会比较陌生

非连续型变形地图是20世纪70年代中期，由波士顿大学的地理学家朱迪·奥尔森（Judy Olson）发明的。她在1976年的论文中写道："非连续型变形地图最有趣的地方是各区域之间的空白是有意义的。如果用最密集的区域作为基准来缩放其他区域，则空白部分反映了最密集区域的数据密度与其他区域之间的差异程度。"

几何型变形地图

所谓几何型变形地图，就是不用各区域的原始形状，而是用与数据值大小相对应的其他几何图形。最著名的几何型变形地图也许是道林（Dorling）地图，它是以利兹大学的地理学家丹尼·道林（Danny Dorling）的名字命名的。道林地图用圆形来表示区域和数据值的大小。

如果使用的是正方形而不是圆形，则称其为德默斯变形地图（DeMers cartogram）（或瓷砖地图）。德默斯地图的优点是各区域之间更紧凑，不足之处是看不出原来的地图形状。

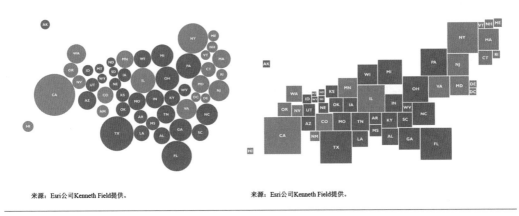

来源：Esri公司Kenneth Field提供。　　来源：Esri公司Kenneth Field提供。

左边的道林地图和右边的德默斯地图都是用几何图形代替原始形状的

网格型变形地图

网格型变形地图也是使用几何图形（通常用正方形或六边形）来替代各区域的，但在排列时保持整张地图的大致形状不变。

与其他形状相比，六边形的灵活性更高，在排列时更容易呈现出原来地图的形状。在下面的左图中，每个州都用一个六边形表示，颜色的深浅表示家庭收入中位数的高低；在右图中，每个州都使用多个六边形表示，六边形的颜色和数量与数据值相对应。

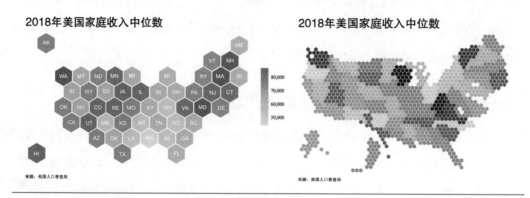

六边形网格地图，由六边形构成网格状地图，每个区域要么用一个六边形表示，要么根据数据值用
多个六边形拼接起来表示

另一种常见的网格型变形地图使用的是正方形，通常被称为瓷砖网格地图（tile grid
map）。在下面的地图中，家庭收入中位数被分为4组。

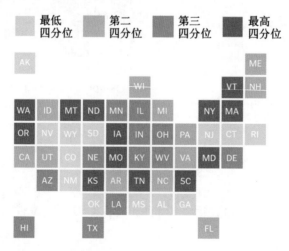

瓷砖网格地图的每个区域都用一个正方形表示

　　瓷砖网格地图的优点是每个州的大小相同，缺点是每个州的位置和实际可能不相符。上图中，南卡罗来纳州位于北卡罗来纳州东部，加利福尼亚州与亚利桑那州接壤，威斯康星州位于明尼苏达州北部，所有这些都不是实际的地理相对位置。当然，可以重新排列各州，但不管怎么排，都不是真实的地理位置。即便如此，该地图也比分级统计图或变形地图更容易绘制（可以在Excel中利用单元格完成）。

　　瓷砖网格地图还有一个优点，就是它使我们能够在正方形中添加更多的数据。比如下图中，在每个州的正方形中都用一张小折线图（或迷你图）显示2008年至2018年家庭收入中位数的变化。

由于瓷砖网格地图每个区域的大小一样，因此我们可以在其中添加小折线图、条形图等

　　此外，我们还可以为不同的区域添加其他图形。下面两张图都使用了表情符号对数据进行分组。虽然表情符号有趣且直观，但是与正常的地图相比，很难看出各州的数据值和整体模式，不过，我们可以通过添加边线或填充颜色（右图）来优化此类图表。

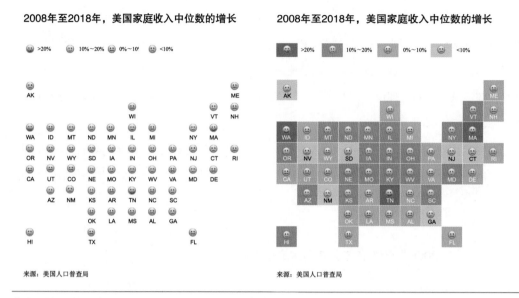

在瓷砖网格地图中，还可以添加其他图形，如表情符号

不考虑区域的变形地图

还有一类变形地图，不显示数据和区域的形状，而是通过相对时间和距离来呈现地理信息。例如，华盛顿特区的地铁线路图，站与站之间的距离相对固定，而实际上距离可能相差很大。比如左边橙色线和银色线并线的部分，橙色线地铁East Falls Church、Ballston-MU和Virginia Square-GMU这三站之间的距离在地图上是一样的，但实际上，第一段距离有2.7英里，而第二段只有0.5英里。这里实际的距离并不重要，因为地铁线路图的目的是提供整体线路情况，以方便乘客规划行程。

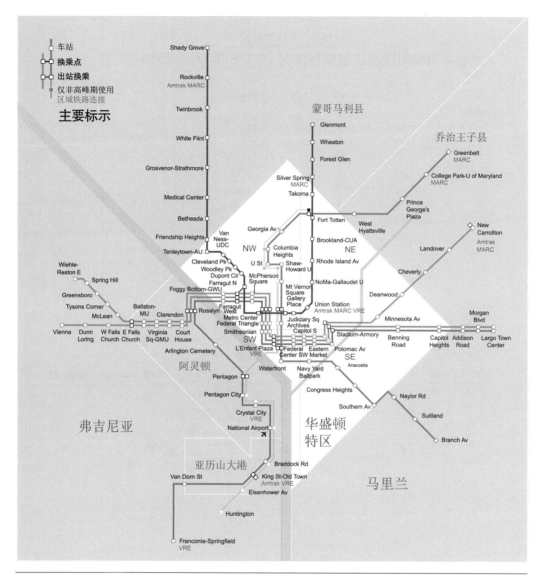

设计师雅各布·伯曼（Jacob Berman）绘制的华盛顿特区地铁线路图，各站点之间的距离相对固定，并不反映实际的距离情况

　　我们也可以在这类地图上添加数据。例如，下面这张地图显示了早高峰时段进出各地铁站的乘客人数。每个地铁站都用饼图表示，蓝色表示进站的人数比例，橙色表示出站的人数比例。即使对地铁系统不熟悉，你也可以看出早高峰时段，人们从该地区的外围往市中心移动。

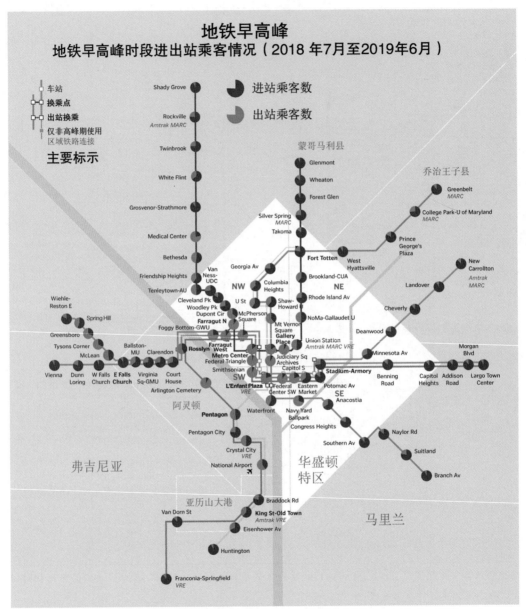

来源：地图来自雅各布·伯曼（Jacob Berman）；数据来自华盛顿特区交通管理局；基于马特·约翰逊（Matt Johnson），2012年

我们在地图中添加饼图，以表示早高峰时段进出每个地铁站的人数。即使不熟悉华盛顿地铁系统，你也可以看出人们从该地区的外围（饼图中蓝色占比较大）涌向市中心（饼图中橙色占比较大）

这些地图对经常乘坐华盛顿地铁的人来说会比较有价值，但如果受众是亚特兰大、达拉斯或柏林的城市规划师，那么这些地图就没那么有价值了，因为他们可能不熟悉华盛顿地铁的布局。

比例符号图和点密度图

颜色和大小不是在地图上可视化数据的唯一方法。不同的形状和对象，比如线条、箭头、点、圆形、图标，甚至小型条形图和饼图都可以被放在地图上。因为符号的大小与数据成比例，所以将其称为比例符号图（proportional symbol map）。注意，不要把地图弄得乱七八糟，否则读者很难识别关键信息。

点密度图（dot density map）或点分布图是一种比较特殊的比例符号图，其通过点或其他符号来显示数据值。符号可以表示单个值（一对一）或多个值（一对多）。这类地图既可以反映数据密度，也可以说明空间模式，还可以显示用分级统计图和变形地图很难可视化的数据。

点密度图通过符号聚集，能快速、轻松地显示各区域的数据密度。然而，主要的挑战在于，它们需要精确的地理位置信息（如地址或经纬度），而这些信息通常不可用，因此地图中的符号往往是在特定区域内随机放置的。

下面的点密度图使用的是2010年美国人口普查数据，全国3.08亿人，每个数据点代表一个人，位于其各自的区域里。颜色代表不同的族裔：蓝色代表白人；绿色代表黑人；红色代表亚洲人；橙色代表拉丁美洲人；美洲土著、多种族或其他种族用棕色表示。该地图中除了数据点，没有任何内容（如国家边界、城市标记或其他数据）。不过，我们仍然可以看出地图的形状，因为分布在城市、边境和海岸的数据点（人口）能呈现出地图的样貌。

来源：2013年，韦尔登库柏公共服务中心，弗吉尼亚大学（作者，达斯汀·A·科博）

点密度图由单个（或多个）数据值的点或符号构成，格式塔中的"相似性"原则帮助我们识别出全美人口分布情况

流向图

流向图（flow map）显示了不同位置之间的流动情况，箭头和线条表示移动的方向，线条的宽度可以反映数据值的大小。流向图也可以表示定性数据，这时线条的宽度与数据值无关。

流向图有不同的类别。放射状流向图（也被称为起点—终点图）显示从单点到多个目的地的流向。分布式流向图与之类似，不同的是它有多个中心点。

小结

在本章中，我们概述了可视化地图数据的优势和风险。有时，不同大小的地图区域可能会使数据失真，而有时，根据数据调整地图的形状或位置，可能会使原本熟悉的地图看起来很陌生。

在处理地缘数据时，你会本能地创建地图。不过，在动手前请思考一下：地图是展示数据的最佳方式吗？读者是否需要查看数据值之间的确切差异？如果是这样的，那么使用地图可能不是一个好的选择。数据中是否有清晰的地缘模式？如果没有，那么使用地图的作用不大。

如果适合使用数据地图，那么需要仔细考虑使用哪种地图投影——标准的分级统计图是不是最佳选择，或许使用变形地图（虽然有缺陷）更合适。

你还可以进行可视化组合，根据最终出版物的类型使用多种可视化效果，比如带有条形图或表格的地图。这种方法既为读者提供一种熟悉的可视化类型，使他们能够识别相关区域，同时也有助于其获得实际数据。

关系

本章中的图表用来显示两个或多个变量之间的相关性。最常见的图表类型是散点图，其数据点由纵轴和横轴共同确定。除此之外，还可使用直线的平行坐标图，以及使用圆弧的和弦图。这些图表可以呈现数据的相互关系，甚至因果关系。

在本章图表中使用的色系和字体，来源于瑞典学者汉斯·罗斯林（Hans Rosling）和他在Gapminder（一个致力于统计信息可视化的基金会）的同事创建的著名的气泡图，以及Gapminder网站上的其他可视化样式。

散点图

散点图（scatterplot）可以说是展示两个变量之间的相关性（或缺乏相关性）最常见的可视化方法，其中一个变量沿横轴绘制，另一个变量沿纵轴绘制。与条形图不同，散点图的坐标轴不一定要从0开始，特别是当数据系列的值不为0时。

来源：XKCD

最著名的图表之一是罗斯林和他在Gapminder的同事创建的散点图。作为一名医生，罗斯林花了约20年的时间研究非洲农村地区的公共卫生情况，他在数据可视化，以及利用数据探索国际发展方面颇有知名度。罗斯林在2014年的TED演讲中，展示了一张生动的散点图，描绘了1962年至2003年世界各国的生育率（每位妇女的生育数量）与预期寿命之间的关系。

散点图和之前的一些标准图表不太一样，有些读者可能不熟悉。但这并不意味着你不能使用它们来可视化，而是说你应该考虑如何让读者能更容易地理解它们。

有些读者可能比较熟悉散点图（或其他非标准图表），虽然他们并不清楚如何读取图表中的数据。例如，《纽约杂志》的每周"认同矩阵"是一个"简化版的指南，让我们定位自己的品味处于哪个层次"。它用"高雅—低俗"的纵轴和"负面—正面"的横轴，将新闻划分为4个类别，用一种轻松的方式列出流行新闻的摘要。本质上，它就是一张散点图。

接下来的两张散点图显示了沿横轴绘制的净移民率（入境移民数除以出入境移民总数）和沿纵轴绘制的人均GDP。左边的散点图使用单一颜色，设置了透明度，因此读者可以看到重叠部分。右边的散点图也设置了透明效果，但用不同的颜色表示不同的区域。

《纽约杂志》的"认同矩阵"虽然不是真正的数据图表，但它仍然是一张散点图

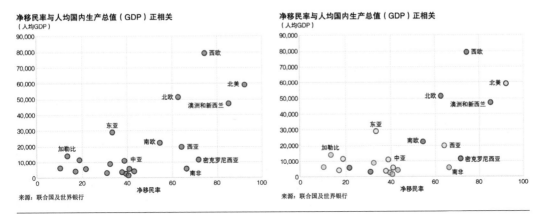

两张散点图都显示了净移民率与人均GDP之间的关联，左图用的是单一透明色，右图用的是多种颜色

散点图可以帮助读者了解两个变量是否相关。如果这两个变量的变化方向相同，则称为正相关。换句话说，当两个变量同时变大或变小时，它们是正相关的。如果它们的变化方向相反，则称为负相关。如果没有明显的关系，那么它们是不相关的。在上面的两张散点图中，你可以直观地感觉到这两个指标正相关，即人均GDP较高的地区，净移民率也较高，特别是西欧和北欧、澳大利亚、新西兰和北美。

在散点图中添加最佳的拟合线，可以让读者更清楚地了解这两个变量在哪个方向（和大小）相关。拟合线也叫"回归线"或"趋势线"。

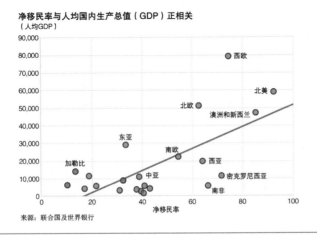

添加拟合线能更清晰地显示变量之间的相关性

虽然散点图正在成为一种更常见的图表类型，但读者可能仍然难以阅读和理解散点图。皮尤研究中心（Pew Research Center）2016年的一项调查显示，有大约60%的人能够正确识别他们在散点图中看到的东西。

相关性

你可能听过这句话，"相关性并不意味着因果关系"。人们经常认为变量之间存在一种因果关系，而实际上这种因果关系只是巧合。例如，当外面很热时，人们会吃更多的冰淇淋，但这并不意味着吃更多的冰淇淋会导致温度升高。当你进行数据可视化时，请仔细思考，什么时候具有相关性，什么时候存在因果关系。一般数据越少，我们观察到的相关性就越多，而不是因果关系。

相关性是衡量两个变量之间线性关联强度的指标。最常用的指标是皮尔森（Pearson）相关系数，通常用希腊字母 rho(ρ) 表示。

相关系数的符号和值体现了变量之间相关的方向和大小。相关系数的值介于 -1 和 +1 之间。-1 表示完全负相关，+1 表示完全正相关，0 表示非线性相关。正相关系数表示正相关，这意味着一个变量增大，另一个变量也增大；负相关则表示，一个变量增大，另一个变量减小。

"线性关系"是一个统计术语，描述一个变量和另一个变量之间的直线关系。例如，我们可以通过时间和速度来计算距离。如果汽车以每小时 60 英里的速度行驶了两个小时，那么将行驶 120 英里。行驶速度不会随时间变化，因此"时间"和"距离"的关系是线性的。

非线性关系指的是数据的整体模式是非直线的或有断层。例如，一个公司推出一款新产品，当它首次上市时，几乎没有竞争对手，销售额在增长。随着销售额的持续增长，公众意识也在增强，利润开始滚滚而来。随后，竞争对手的产品开始出现，价格和利润随之下降。接下来，公司开发了新版本，新的周期又开始了。

如下图所示，当两个数据值完全正相关或负相关时，它们位于一条斜线上。当这两个值同时增大时是正相关，如果一个值增大，另一个值减小，则是负相关。右下角图表中的数据显示了异常值对这种相关性的影响——将一个点移动到图表的左上部分，会将相关性从 +1.0 降低到 +0.8。

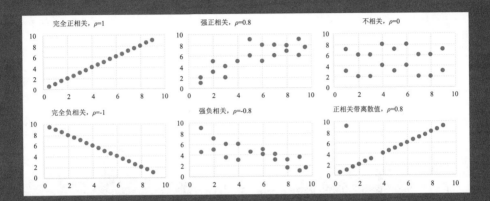

这些视觉效果强化了我们在进行分析时查看数据的重要性。数据可视化不仅可以向读者展示数据，而且可以让我们探索数据。它们能揭示数据间的模式和关系。重要的是，不要把这些事情留到工作快结束时才来做。

2016 年，迈阿密大学新闻学教授阿尔贝托·开罗（Alberto Cairo）在散点图中用点画了一个恐龙，并把它称为"数据龙"（Datasaurus）。他的目的是展示在探索阶段，数据可视化的重要性。假如你在教一门数据可视化的课程，并要求学生绘制一张包含 142 个点的散点图，x 的平均值为 54.26，y 的平均值为 47.83，附带标准偏差，皮尔逊相关系数为 -0.06。你认为有人会画一个恐龙吗？

在 2017 年的一篇论文中，研究人员贾斯汀·马特伊卡（Justin Matejka）和乔治·米茨法利斯（George Mitzfaurice）进一步研究了"数据龙"，并生成了 12 种保持相同汇总统计数据（平均值、标准偏差和相关性）的备选方案。开罗的"数据龙"、马特伊卡和米茨法利斯的论文，以及第 1 章中的安斯库姆四重奏，它们所传达的信息是，我们不能仅仅依赖统计数据，还要依靠数据可视化。

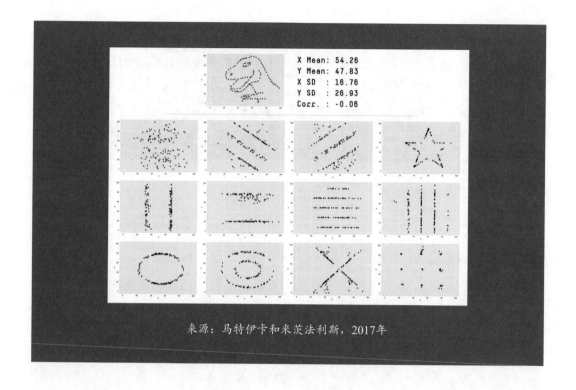

来源：马特伊卡和米茨法利斯，2017年

气泡图

通过第三个变量改变圆形的大小，可以将散点图转换为气泡图（bubble plot）（或气泡散点图）。数据点不一定要用圆形表示，它们可以是任何其他形状，只要不影响我们对数据的感知就行。正如第4章中"气泡图和嵌套气泡图"部分所述，圆形的大小是按面积而不是按半径来确定的。我们可以利用颜色进行分组，或者突出某些数据点，抑或将读者的注意力引导到图表的不同部分。

下面这张气泡图中的圆形根据每个区域的人口进行缩放。正相关性仍然很明显，同时，还能看到每个区域的相对大小。

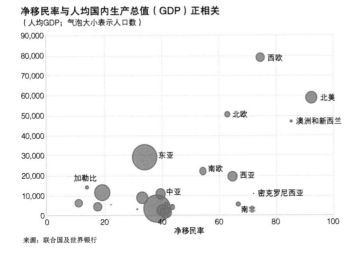

净移民率与人均国内生产总值（GDP）正相关
（人均GDP；气泡大小表示人口数）
来源：联合国及世界银行

气泡图将第三个变量添加到散点图中。在这里，圆形的大小表示每个区域的人口数

　　因为这种图表更不常见，所以需要使用标签和注释来引导读者阅读图表内容。一种策略是标记每条坐标轴，以及沿该轴的变化方向。在下面的气泡图的横轴上，写着"净移民率"，左边标注"净移民率低"，右边标注"净移民率高"。

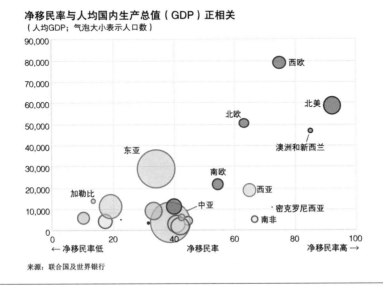

净移民率与人均国内生产总值（GDP）正相关
（人均GDP；气泡大小表示人口数）
来源：联合国及世界银行

可以添加更多的颜色来表示另一个变量，例如世界各个区域

为了进一步引导读者的视线，我们可以添加一条45°线。我们也可以用颜色或轮廓来凸显特定的数据点，或者添加注释来解释一个或一组数据的含义。即使知道如何阅读散点图，但是当数据点太多时，也需要一些标记来帮助读者理解数据。

使用文本、颜色或封闭形状标记某些点或点组可以帮助读者浏览图表并吸引他们的注意力。上面的图表用颜色来表示世界各个区域。下面的两张图表也采用了相同的策略，其中包括全球200多个国家的数据，颜色可以帮助读者识别某些区域。如果想凸显某个特定区域，则可以用单一颜色将该区域标出，而其他区域用灰色。

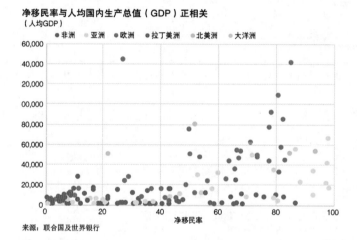

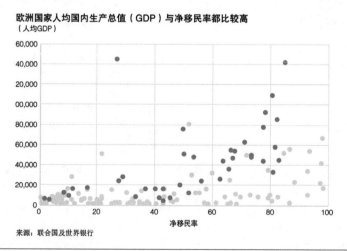

颜色可以用于凸显不同的数据组（如上图中的世界各个区域），或凸显单个数据组或数据点（如下图）

关于散点图的最后两点说明如下。

首先，有很多散点图，它们在每个数据点上都添加标签。就像下面这张图表，看上去极度混乱，标签重叠，无法读取相关数据。幸运的是，标签不是传达信息的唯一方式。如果有读者想知道某些点的确切位置，那么你可以发布在线数据文件，或者使用Tableau或Power BI等工具创建交互式版本。很多学者在他们的大学网站上都有作者页面，许多学术期刊也是如此。这些是发布图表数据源的好地方。

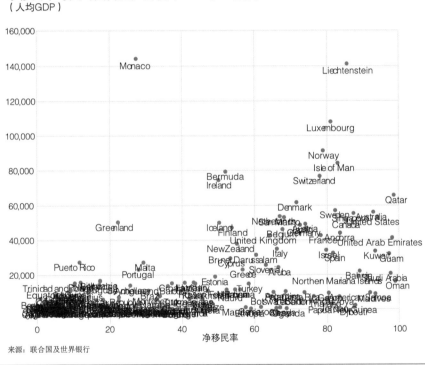

净移民率与人均国内生产总值（GDP）正相关
（人均GDP）

来源：联合国及世界银行

一般不会将所有数据点都标出来，否则看上去会很混乱，无法更好地查看数据

其次，有时对数据进行标准化、计算百分比变化或对数运算可能会提高图表的清晰度，尤其是在视觉上数据太密集时。简单地说，对数是指数的不同表达形式。根据指数的数学定律，对数变换显示的是相对值，而不是绝对值。利用对数进行数据可视化，可以让原本极度失真的数据图表看上去失真得不那么严重。

在对数刻度中，101减100的结果和2减1的结果是相同的事实并不重要，重要的是从100到101增长1%，而从1到2则增长100%。因此，在对数刻度上，从100到101的距离大约是从1到2的1%。

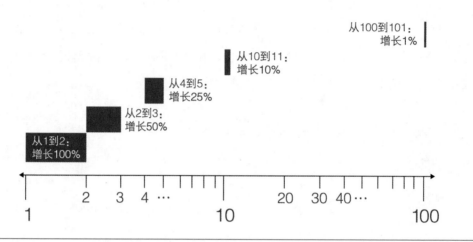

在对数刻度上，从100到101的距离大约是从1到2的1%
基于丽莎·夏洛特·罗斯特（Lisa Charlotte Rost），2018年

绘制一些样本数据，也可以帮助我们理解绝对值和相对值之间的差异。下面的右图显示了数字的简单倍增——2、4、8、16、32等。在这张图表中，我们看到了所谓的"指数"曲线，因为每个序列值之间的差值越来越大。相比之下，在对数图（左图）中，每条网格线都表示比前一条网格线增长了10倍：1、10、100和1000。在这种表示法中，相同的数据显示为直线，而不是曲线，尽管增长率相同。

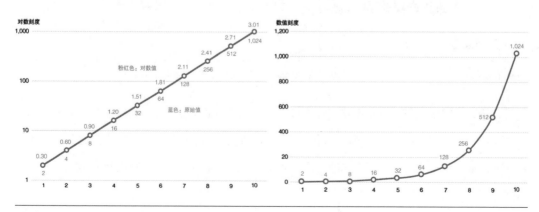

对数值用于显示相对值，而不是绝对值

在"GDP—移民"散点图中，有许多数据点聚集在原点附近，说明人均GDP和净移民率都很低。通过对这两个变量取对数，数据在图表中分布会更宽松。需要做出取舍的是，对数（或其他转换）并不直观。比如，卢森堡的人均GDP是107,865美元，这个数字我们都能理解，但如果把它写成对数，人均GDP为11.59美元，我们可能无法理解。

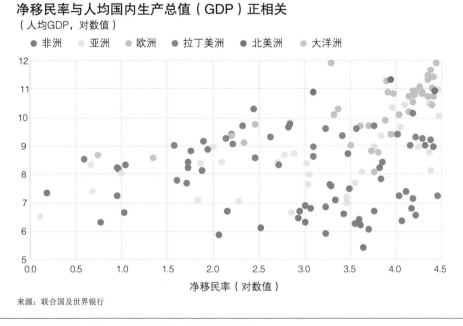

净移民率与人均国内生产总值（GDP）正相关
（人均GDP，对数值）

● 非洲　○ 亚洲　● 欧洲　● 拉丁美洲　● 北美洲　● 大洋洲

来源：联合国及世界银行

通过对这两个变量取对数，图表中的数据分布会更宽松

下面是如何使用对数的另一个例子。这个例子使用的是时间序列数据，体现了数据随时间的相对变化。在线数据可视化工具Datawrapper的设计师兼博主丽莎·夏洛特·罗斯特（Lisa Charlotte Rost）用新西兰旅游数据演示了对数转换的工作原理，以及它如何影响我们对数据的看法和理解。在左边的折线图中，显示的是1921年至2018年每月的游客数量。可以看出，从开始到1970年左右，游客数量平稳上升。右图使用的是对数值，显示了游客的相对数量。在这张图表中，我们可以看到20世纪40年代初第二次世界大战期间，游客数量明显下降。而在左边的图表中，绝对人数没有明显下降（游客数量从1939年初的2000人左右，下降到1942年的不足100人），但相对人数却急剧下降。

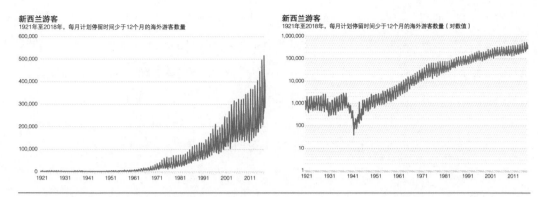

从左图中看不出第二次世界大战期间新西兰游客数量的下降，但当使用对数表示时，变化就非常明显
基于丽莎·夏洛特·罗斯特（Lisa Charlotte Rost），2018年

是否需要转换数据，取决于你想回答的问题。你追求的是相对值还是绝对值？是百分比变化还是实际值？这个问题没有标准答案，需要根据实际情况来决定。

平行坐标图

散点图能表示两个变量的数据。不过，有时我们需要可视化更多的变量。这时，我们可以使用平行坐标图（parallel coordinates plot）。

平行坐标图的数据值沿多条纵轴绘制，并用直线连接。与散点图一样，坐标轴可以使用不同的测量单位，也可以标准化，例如，使用百分比，以保持比例一致。平行坐标图不显示两个变量之间的单一相关性，而是在单个视图中体现多重相关性。

例如，下面的平行坐标图显示了全世界32个国家与移民有关的6个不同变量之间的相关性。每条纵轴代表不同的变量，如教育程度、就业率、预期寿命等，每条线代表不同的国家。

但这张图表真的太难读了！有太多的线条和颜色，而且交叉在不同的点。不过，在试图解决平行坐标图的挑战之前，让我们先简化一下问题。

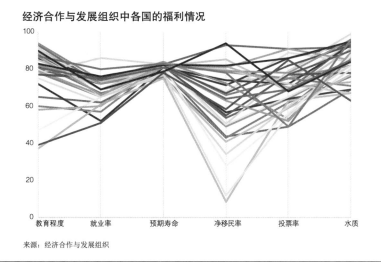

经济合作与发展组织中各国的福利情况

（纵轴：教育程度、就业率、预期寿命、净移民率、投票率、水质）

来源：经济合作与发展组织

平行坐标图显示多条纵轴上两个或多个变量之间的相关性

　　如果把上图的前段放大，就会看到最简单的平行坐标图，类似于斜率图（我将其与第5章中的斜率图区分开来，因为斜率图显示了数据随时间的变化，而平行坐标图用于比较不同的变量）。在下面的图表中，我绘制了教育程度和就业率之间的关系。由于左轴（教育程度）顶部的线（国家）也接近右轴（就业率）顶部，这两个变量正相关（不是看直线向下倾斜，而是看每条轴上数据点的相对位置）。这在右边的散点图中也表现得很清楚。

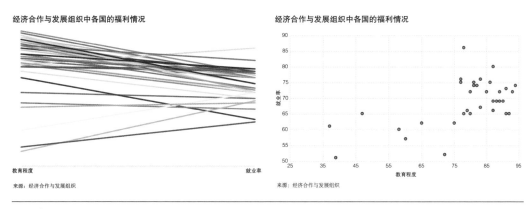

经济合作与发展组织中各国的福利情况　　　　　　　经济合作与发展组织中各国的福利情况

（左图纵轴：教育程度、就业率）　　　　　　　　　（右图：横轴 教育程度，纵轴 就业率）

来源：经济合作与发展组织　　　　　　　　　　　来源：经济合作与发展组织

在只有两条轴的平行坐标图中（类似于斜率图），更容易看到两个变量之间的关系。另一种视觉化的方法是使用散点图

与斜率图一样，你可以使用不同的颜色、线条加粗或其他视觉元素来突出显示某些区域或值。例如，你可以强调北美国家（左图），也可以突出显示向上倾斜的线条（右图）。

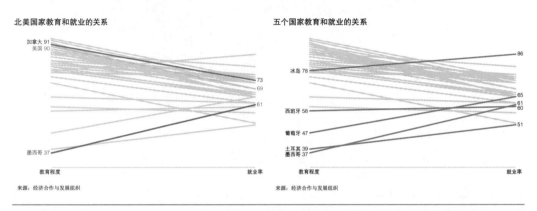

与斜率图一样，你可以使用不同的颜色、线条加粗或其他视觉元素来突出显示某些区域或值

现在你已经知道怎么阅读这种图表了，你可以看到前两条轴上教育程度和就业率之间的正相关关系。你还可以看到就业率（第二条纵轴）和预期寿命（第三条纵轴）之间的正相关关系。对数据及其相关性的看法，决定了我们如何规划纵轴。右边的图表改变了纵轴的顺序，因此现在可以看到前两条纵轴的投票率和预期寿命之间的正相关关系，这在原来的图表中是看不到的。

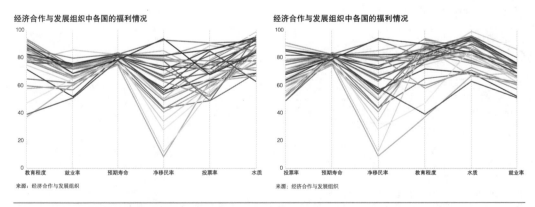

数据值过多的平行坐标图会让整张图表看上去杂乱无章

将所有6个指标放在同一纵轴范围内，可以控制一些指标的波动范围（或方差）。例如，

预期寿命的变化很小，从74.6岁到83.9岁，而净移民率的变化很大，从8.6%到93.9%。如果要沿着轴的范围上下波动（见下图），则需要沿着每条轴添加更多的标记，这样可以更好地观测数据。上面两张图表的优点是不需要标记每一条线，缺点是抑制了每个变量的变化。但是，如果每条轴的范围不同，那么这样的平行坐标图看起来不太稳定。

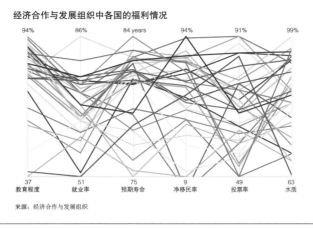

平行坐标图中的轴可以根据指标的最小值和最大值而有所不同

总之，许多平行坐标图面临的挑战是它们会显得杂乱无章。由于有大量的数据值（线）和多条轴，读者很难看出相关性并找出具体的值。我们可以运用"从灰色开始"的策略来缓解这一问题：为想要突出显示的数据设置颜色，将其余的设置成灰色。

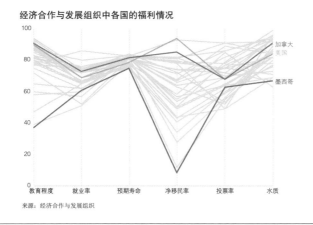

简化这样的密集图的一种方法是运用"从灰色开始"的策略，仅为想要突出显示的数据设置颜色

雷达图

雷达图（radar chart，也被称为蜘蛛图或星图）类似于平行坐标图，只不过其数据线是环绕成一个圆，而不是平行排列的。雷达图是在相对紧凑的空间内进行多重比较的好方法。它的数据值沿着从中心向外辐射的独立轴绘制（轴可以显示，也可以不显示），并通过线或面积块连接，以显示不同变量之间的关系。

下面的雷达图使用了与之前的平行坐标图相同的数据，其中左图显示了美国的情况，右图显示了6个国家的情况，灰色区域是32个国家的平均值。这两张图表都很紧凑，容易突显异常值，你可以很快看到土耳其的形状（粉红色线）与其他国家明显不同。而当数据用柱状图呈现时，就很难看出来。

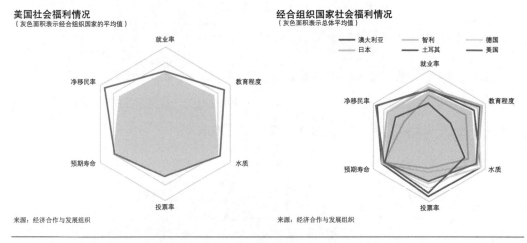

雷达图类似于平行坐标图，但数据线是环绕成一个圆，而不是平行排列的。灰色区域表示总体平均值

经合组织国家社会福利情况

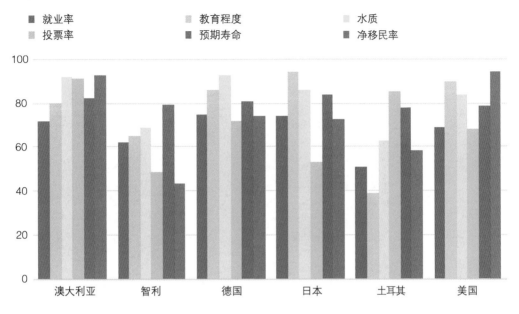

来源：经济合作与发展组织

像这样的图表中有太多的数据条，很难看出具体的结果或模式

　　雷达图随着线条的增加而变得更加复杂，特别是线条交错，会让图表更难阅读。与平行坐标图一样，添加不同的指标也会增加读图的难度，因为需要对数据值进行标准化或其他调整。

　　在上面的雷达图中，各国预期寿命的线条就纠缠在一起。我们可以用小型序列图的形式，为每个国家单独创建一张雷达图。这样，虽然国家间可能没法对比，而且会占用更多的版面，但能更容易地看到每个国家的数值和总体平均值的对比情况。

经合组织国家社会福利情况
（灰色面积表示总体平均值）

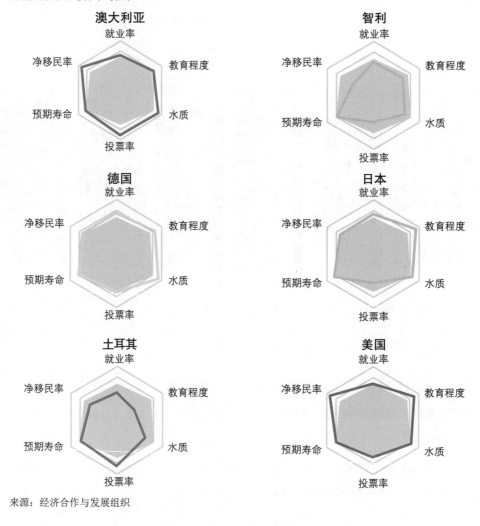

来源：经济合作与发展组织

小型序列图可以让我们看到每个国家的数值和总体平均值的对比情况

和弦图

　　和弦图（chord diagram）和雷达图一样，以圆形排列来显示数据之间的关联或关系。它用于显示各组之间所具有的某些共同点。在和弦图中，观测点（称为节点）位于圆周上，并通过圆内的圆弧连接。弧的粗细通过颜色或透明度来区分，表示不同组之间的连接强度。

下面这张和弦图显示了2017年世界主要地区之间的移民情况。每个地区都沿圆周放置，内部的弧线对应于进入或离开各地区的移民数量。这张图表有多达110个数据值，虽然你可以用表格来展示这些数据值，但和弦图更直观，空间效率也更高。

世界各地移民情况

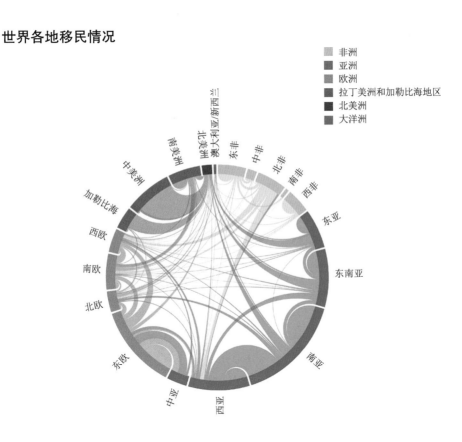

来源：经济合作与发展组织

数据说明：移民数量最低在200,000人

在和弦图中，观测点位于圆周上，内部的弧线表示连接关系

在上面的和弦图中，可以看到亚洲内部（红色区域）以及中美洲和北美洲之间（圆中12点方向附近蓝色部分的粗绿线）有大量移民流动。这种图表有一个风险，就是容易变得杂乱无章，读者很难看出相互之间的关系。同样，我们可以用颜色或线条突出显示特定的组。在下面这张和弦图中，亚洲区域是红色的，而其他区域是灰色的。和弦图的复杂性（及其相对紧凑性）使其在视觉上很吸引人，并能引导读者更深入地探索数据。

亚洲移民情况

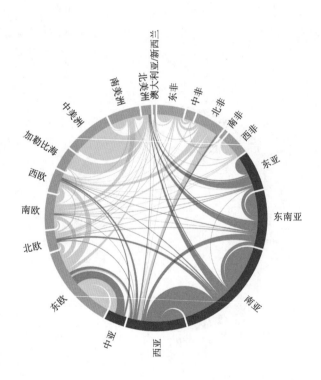

来源：经济合作与发展组织

数据说明：移民数量最低在200,000人

有策略性地使用颜色，尤其是灰色，可以引导读者关注特定的类别或数据

弧线图

沿着一条水平轴拉伸和弦图，就得到了一张弧线图（arc chart），其各节点沿着一条直线放置，并通过弧线连接。线条的高度、粗细和颜色可能会有所不同，以说明关系或相关性的强度。这张弧线图使用的数据和之前的和弦图一样。

世界各地移民情况

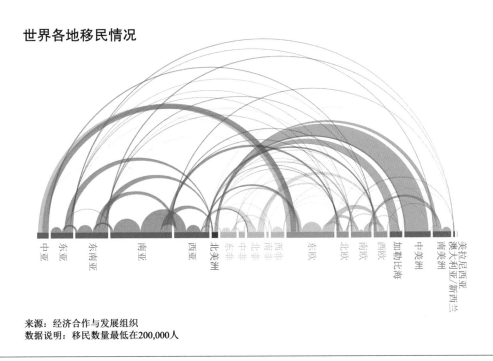

来源：经济合作与发展组织
数据说明：移民数量最低在200,000人

沿着一条水平轴拉伸和弦图，就得到了一张弧线图

弧线图中数据的排列顺序会影响我们对结果的看法。如果将北美洲放在图表的最右侧，与西半球的国家相邻，那么其视觉效果会发生重大变化。图表中呈现出来的，不再是一条高高的绿色弧线，而是一系列红色条纹横贯北美洲和亚洲的国家。其中一些显然与所用的颜色有关，但各区域的顺序也很重要。你需要花些时间来调试颜色和各区域的位置，以便更好地传递你的观点。

世界各地移民情况

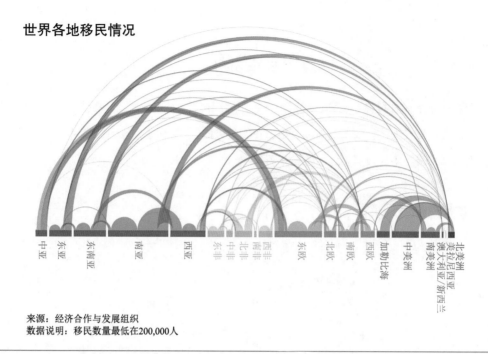

来源：经济合作与发展组织
数据说明：移民数量最低在200,000人

数据沿着水平轴排列的顺序会影响我们对图表的理解，与上一张弧线图对比——相同的数据，不同的形状

弧线图的变体是弧时间图或弧连接图，其中随时间变化的关系以相同的方式绘制。节点表示时间，而不是说明两个不同变量之间的相关性或关系。弧连接图也可以被认为是时间线或流程图的替代者。在下图中，亚当·麦卡恩（Adam McCann）的弧线图显示了自1804年以来，美国所有最高法院法官的任期。原点（最左边的点）显示了每位法官的上任时间，弧线延伸到他们的退休年龄。每条弧线的高度代表任命时的年龄（越高表示越年轻），颜色代表他们的政党和被任命的年份（较浅的颜色代表较早的年份）。条形图或热力图也可以用来显示相同的变化，但弧线图更吸引人。

使用弧线图还可以绘制距离。《卫报》的弧线图显示了纽约市将流浪者送往何处。这些城市是按照和纽约市的距离来排列的，其中里士满靠左边，旧金山靠右边。弧线的高度和粗细，以及圆形的大小显示了送往每个城市的人数。

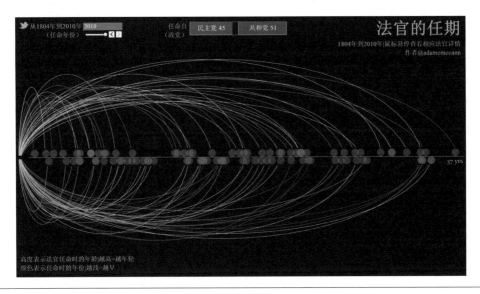

亚当·麦卡恩使用弧线图显示了自1804年以来，美国所有最高法院法官的任期

纽约市流浪者的重新安置

目的地集中在南部的两个城市：佛罗里达州的奥兰多和佐治亚州的亚特兰大。

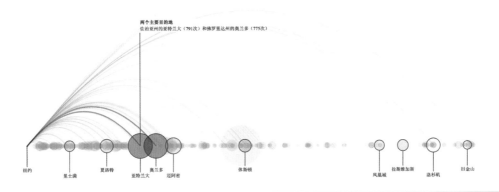

弧线图也可以用来显示距离，如《卫报》的这张图表，显示了纽约市将流浪者送往何处

相关矩阵

相关矩阵（correlation matrix）是沿着横轴和纵轴列出变量的表格。每个单元格中的数字表示关系的强度，通常是皮尔森相关系数。

相关矩阵图使用相同的布局，用形状（通常是圆形）而不是数字来显示相关性的强度，有时也会用颜色填充单元格。相关矩阵是热力图的近亲，也可以将其视为向表格中添加视觉元素的一种方式（我们将在第11章中讨论这个内容）。

下面两个矩阵显示了2017年全世界移入（进入某个地区的移民）和移出（离开某个地区的移民）之间的关系。第一个是标准的显示为表的相关矩阵，为我们提供了理解变量相关性的详细数据，但缺乏视觉引导，重要值也不突出。而第二个矩阵是一张热力图，它没有表格那么多细节，而是强调变量之间的正相关性，特别是在亚洲。我们也可以同时使用颜色和数字，但最终的图表看起来可能杂乱无章。

全球移民

		非洲					亚洲					欧洲				拉丁美洲和加勒比海				大洋洲			
---	---	---	---	---	---	---	---	---	---	---	---	---	---	---	---	---	---	---	北美洲	澳大利亚/新西兰	米拉尼西亚	密克罗尼西亚	波利尼西亚
		东部	中部	北部	南部	西部	中部	东部	东南	南部	西部	东部	北部	南部	西部	加勒比海	中美洲	南美洲					
非洲	东部	49.0	10.0	7.1	0.6	0.1		0.1	0.6		0.1	0.1	0.1		1.1	0.0	0.0	0.0	0.0	0.0	0.0	0.0	0.0
	中部	3.9	17.0	3.7	0.5	4.3			0.1		0.0	0.1			2.4	0.0	0.0	0.0	0.0	0.0	0.0	0.0	0.0
	北部	7.2	1.1	3.2	0.0	0.4			0.1	0.4	9.0	0.2	0.2	0.3	0.8	0.0			0.0	0.0	0.0	0.0	0.0
	南部	14.0	2.0	0.2	7.1	0.5		0.5	0.8	0.1		0.4	1.7	1.1	1.8	0.0	0.0	0.1	0.3	0.2	0.0	0.0	0.0
	西部	0.0	1.5	0.6	0.0	58.0			0.1			0.0	0.0		0.4	0.1	0.0	0.0	0.0	0.0	0.0	0.0	0.0
亚洲	中部	0.0	0.0	0.0	0.0	0.1	4.9	1.0	0.1		1.6	44.0	0.1	0.1	2.4	0.0	0.0	0.0	0.0	0.0	0.0	0.0	0.0
	东部	0.0	0.0	0.0	0.0	0.0	0.3	53.0	1.8		12.0	0.0	0.1	0.1	0.3	0.0	0.0	3.6	2.2	0.4	0.0	0.0	0.0
	东南	0.0	0.0	0.0	0.0	0.0		9.2	13.0	68.0	0.0	0.1	0.1	0.1	0.4	0.0	0.0	0.2	0.6	0.2	0.0	0.0	0.0
	南部	0.0	0.0	0.0	0.0	0.1		2.1	110.0	8.6	1.6	0.0	0.1	0.1	0.1	0.0	0.0	0.2	0.6	0.2	0.0	0.0	0.0
	西部	6.0	0.1	38.0	0.2	0.1	0.9	0.3	170.0	40.0	130.0	12.0	1.7	2.9	5.4	0.0	0.0	0.6	1.4	0.1	0.0	0.0	0.0
欧洲	东部	0.0	0.0	0.0	0.0	0.1	56.0	1.5	0.4		1.0	21.0	0.0	0.0	0.1	0.5	0.0	0.0	0.0	0.0	0.0	0.0	0.0
	北部	8.5	0.7	2.0	2.4	4.0	0.4	5.0	23.0	5.9	8.8	26.0	20.0	8.9	8.8	2.4	0.3	2.7	4.2	2.2	0.1	0.1	0.0
	南部	2.0	2.4	15.0	0.3	5.3	0.5	4.1	6.2	2.3	32.0	5.8	31.0	16.0		3.8	1.7	25.0	1.9	0.6	0.0	0.0	0.0
	西部	4.2	4.0	34.0	0.5	6.5	12.0	4.8	8.7	8.5	31.0	60.0	7.7	49.0	29.0	2.0	0.8	7.3	3.6	0.6	0.0	0.0	0.0
拉丁美洲和加勒比海	加勒比海	0.0	0.0	0.0	0.1	0.1		0.1	0.1		0.0	0.0	0.3	1.4		7.1	0.2	1.0	2.6	0.0	0.0	0.0	0.0
	中美洲	0.0	0.0	0.0				0.5	0.1		0.0	0.1	0.1	0.5		6.5	2.1		9.8	0.0	0.0	0.0	0.0
	南美洲	0.0	0.1	0.1	0.2	0.1		1.8	0.1		0.1	0.5	0.5	8.0	1.6	0.8	6.5	42.0	1.3	0.0	0.0	0.0	0.0
北美洲	北美洲	8.2	1.3	6.7	1.5	8.1	1.2	53.0	47.0	53.0	17.0	23.0	18.0	19.0	15.0	66.0	160.0	34.0	12.0	1.6	0.7	0.2	0.4
大洋洲	澳大利亚/新西兰	1.6	0.1	0.8	2.5	0.2	0.0	8.8	8.3	10.0	3.1	1.9	18.0	6.8	3.7	0.1	0.2	1.3	2.1	7.4	1.4	0.1	1.5
	米拉尼西亚	0.0	0.0	0.0	0.0	0.0					0.2	0.0	0.0	0.0				0.4	0.0	0.1	0.1	0.0	0.1
	密克罗尼西亚	0.0	0.0	0.0	0.0	0.0					0.2								0.1	0.0	0.0		
	波利尼西亚	0.0	0.0	0.0	0.0	0.0									0.2				0.1	0.1	0.0	0.0	0.2

来源：经济合作与发展组织

数据说明：移民数量最低在200,000人

相关矩阵是一张数字表格，显示了观测值之间关系的强度

全球移民

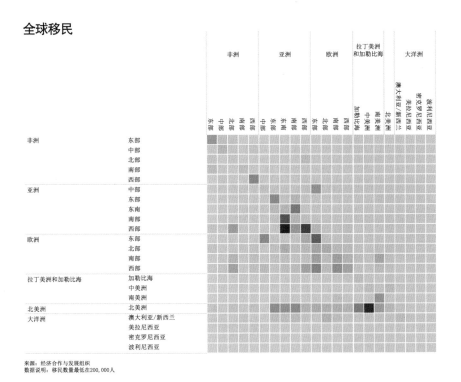

来源：经济合作与发展组织
数据说明：移民数量最低在200,000人

在矩阵中使用热力图也能清晰地体现相关模式，而不用显示数字

接下来是两张相关矩阵图。圆形表示关系的强度，颜色（在右边的版本中）表示各个区域。不过，颜色看上去可能有点多。由于我们不擅长评估圆形的大小，因此，有些数据差异可能看不出来。在这两张图表中，圆形的面积可以被调整为适合单元格的大小，但这并不是必需的。我们可以将圆形放大以填充整个空间，并在重叠时设置颜色透明度。

在使用相关矩阵或表格时需要注意，其对角线上的值等于1。也就是说，东非和东非之间的移民是相同的。这意味着它们经常被忽视，因为它们会支配视觉或扰乱视觉。

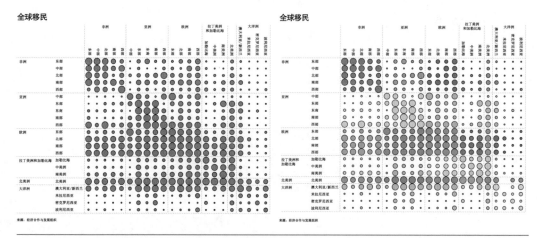

相关矩阵表也可以使用圆形或其他形状，并添加颜色以直观地呈现相关性

网络图

接下来的几类图，我使用术语"图"（diagram），而不是"图表"（graph、plot、chart），主要是因为这类图的布局和结构并不总是由数据决定的，而是怎么好看、怎么清晰，就怎么来做。这些图常用于显示层次结构和连接关系，线的粗细和点的大小可以根据数据值来调整，以表示关系的强度，箭头则表示移动方向。比如家庭树中，线显示父母、兄弟姐妹、配偶和孩子之间的联系，但是连接线和家庭成员的照片或名字没有根据数据值进行缩放。

我们从标准网络图开始，它显示了人、小组或其他群体之间的连接。一般来说，网络图中的点（称为节点或顶点）表示个人或观测点，用线（称为边）将它们连接在一起，并显示关系。节点的位置和连接线的长度（有时还有粗细）说明了关系的强度。虽然节点通常会用圆形表示，但也可以使用图标、符号或图片来表示。

网络图的最终外观和样式，取决于我们想要可视化的网络类型，以及排列节点和边线的方法。在创建网络图时，需要注意线的交叉以及节点的重叠。一般来说，我们会尽量让图形看起来对称，这样在视觉上会比较舒服。

有以下4种不同类型的网络图。

1. 无方向，无权重

在下面的左上图中，劳伦、阿拉和凯蒂是朋友。劳伦也是黛布和凯莉的朋友。

2. 无方向，有权重

在下面的右上图中，如果这些研究人员一起发表了一篇论文，那么他们之间是有联系的。边线的粗细表示他们一起发表论文的次数。

3. 有方向，无权重

在下面的左下图中，贾里德在Twitter上关注了莉亚、艾米莉和艾瑞尔，但只有莉亚关注了他。莉亚和艾瑞尔互相关注，艾瑞尔关注了艾米莉。这种连接不存在权重，要么已连接（在一个或多个方向上），要么未连接。

4. 有方向，有权重

在下面的右下图中，人们从一个国家移民到另一个国家。线的粗细体现了移民的人数，箭头表示目的地。

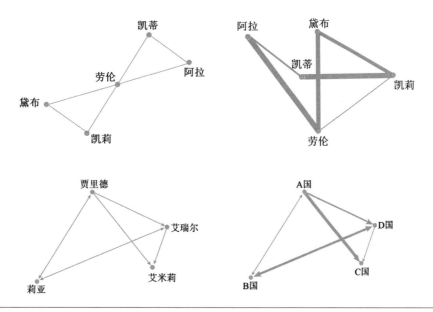

4种网络图，从左上角按顺时针方向：无方向，无权重；无方向，有权重；有方向，有权重；有方向，无权重

　　我们可以选择一些算法以在网络图中设置节点和边线。尽量减少边线相互交叉，并防止节点重叠。一般来说，网络图中边线的长度大致相同，并且节点分布均匀。以20个数据点为例，下面4张网络图展示了不同算法下的图形。

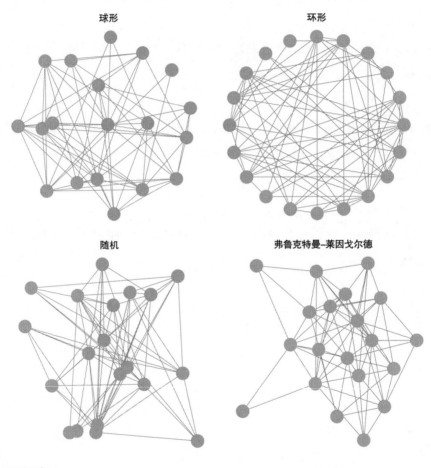

来源：基于R图形库

用4种算法创建的网络图

下面这张网络图显示了世界上人口最多的75个国家（人口超过100万的国家）在不同地理区域内的关系。我在这里展示它，并不是说这张网络图比地图更直观，而是让你感受一下，这种图是如何工作的。想象一下，在你的Twitter或Facebook网络中显示人们之间的链接，可以按家人、朋友和同事进行分组。

世界各地区和国家

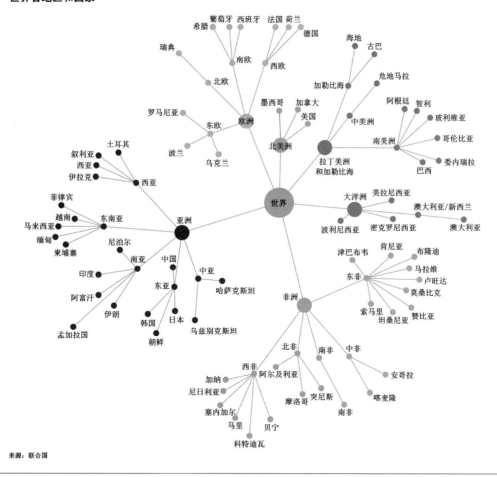

来源：联合国

一张简单的网络图，显示了人口超过100万的国家之间的联系

网络图非常适合显示系统中不同因素之间的结构和关系。在某些情况下，当特定的节点靠得比较近时，分组会很清晰。我们可以使用颜色或其他形状来突出显示特定的组。

与其他图表一样，如果网络图中的数据太多，就会让图看上去很混乱，从而难以读取相关信息。不过，有时网络图的目的就是显示不同的集群。克里奥·安德里斯（Clio Andris）及其合作者用32张网络图展示了美国国会投票行为的两极分化。数据跨度从1949年（左上角）到2011年（右下角），共和党人用红点代表，民主党人用蓝点代表。线条表示国会议员相互投票的频率。尽管每张网络图都非常密集，但这些小型序列图显示出，与过去相比，两党在2011年一起投票的可能性非常小。

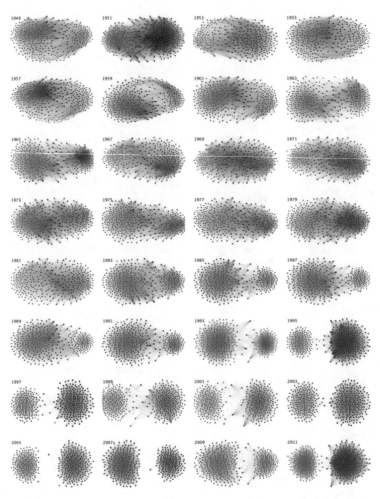

来源：安德里斯等，2015年

这组网络图显示了美国国会的投票行为

相比之下，下面的折线图以一种简单明了的方式显示了各方之间的分歧程度。尽管它能立即提供相关信息，但它并不像网络图那样在视觉上那么吸引人。

唱票表决不一致的平均次数

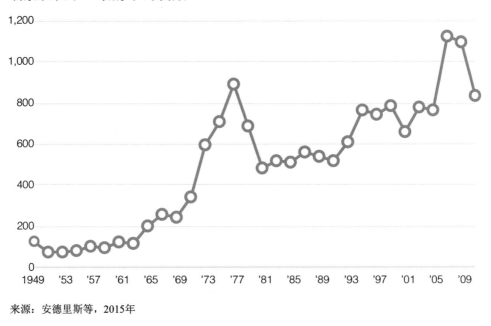

来源：安德里斯等，2015年

我们可以用安德里斯（2015年）的数据绘制一张折线图，但它不如小型序列网络图有视觉冲击力

由于网络图看起来像多边多点的毛球，很难读取信息，因此一些研究人员开发了其他可视化类型。例如，蜂巢图（hive plot），它是由从中心点向外发射的线性轴组成的空间。节点沿三条轴或多条轴放置（可能被划分为段），边线则是连接点之间的弧线。该图的发明者马丁·克尔兹温斯基（Martin Krzywinski）写道："蜂巢图本身是建立在布局算法上的。然而，它的输出是基于网络结构的，而不是美学。从这个意义上讲，这个布局是合理的，因为它源于你所关注的网络特征。"

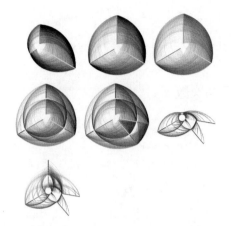

来源：加拿大迈克尔·史密斯基因组科学中心

马丁的蜂巢图是显示网络关系的另一种方式

　　还有一点就是，有时我们会用不同的形式呈现网络图。有些网络图体现的是流程或过程（类似于流程图或时间线），而不是各个值之间的关联。例如，下面这张网络图展示了计算机网络、员工名录，甚至是概率的逻辑模型。

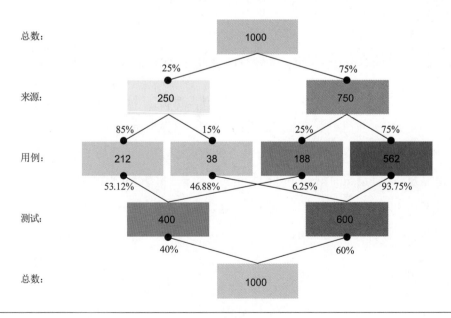

有时我们使用网络图将流程视觉化

树形图

和第5章介绍的流程图一样，树形图（tree diagram）用于显示系统或小组中层次结构的级别。树形图有点像分层组织结构图，从一个初始节点向外分支，通过连接线或分支线相连，整体上呈现一种总分结构。初始节点被称为根节点（root node），它是所有其他节点的父节点，其中一些子节点还有自己的子节点。不是父节点的节点被称为叶子节点（leaf node）。

从视觉效果上说，设计在这里尤其重要，因为没有太多数据（甚至完全没有数据）来确定图中的元素。以下面这两张虚构的组织结构图为例，左图仅包含名称，而右图则使用了图标，使用哪一种完全取决于你的目的。左边的可能适合公司董事会或正式演讲；右边的可能在市场营销活动或网站中效果更好。

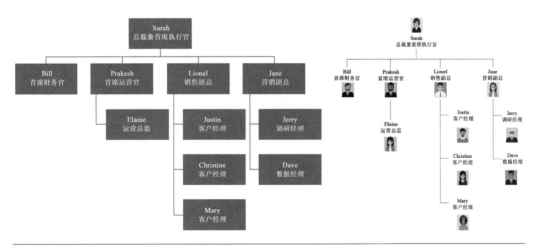

用树形图来描述层次结构。这两种形式的组织结构图可用于不同的目的，选择哪一种取决于读者对设计感的要求

基本的树形图通常从上往下延伸，比如从首席执行官或总裁开始，不过，使用其他显示方式也可以。例如，从下往上绘制的族谱，或者水平排列以显示不同种类的层次结构或分类。

　　另一种树形图是文字树（word tree），由马丁·沃登博格（Martin Wattenberg）和费尔南达·维加斯（Fernanda Viegas）于2007年开发。

　　文字树可用于图书、文章或其他段落中文本的可视化（请参见第10章中关于定性数据可视化的内容）。它通常是水平排列的，在左边或右边有一个单词，该单词的分支显示它出现的不同上下文。这些上下文以树形结构排列，因此读者可以看出主题和短语。单词位于哪个节点，往往根据其出现的频率来决定。

来源：杰森·戴维斯（Jason Davies）

这棵文字树呈现的是苏斯博士（Dr. Seuss）的书《戴帽子的猫》（*The Cat in the Hat*）

　　有许多不同类型的树形图可以用来可视化定量或定性的数据。它们既可以显示复杂的数据，比如人类基因组，也可以显示简单的数据，比如国家的区域划分。创建什么样的树形图，以及你想怎么设计内容，这都取决于你的目的和受众。例如，下面的树形图显示的数据与前面的网络图相同，其视觉效果可能不太好，但它比网络图更容易引导读者的视线。

世界各地区和国家

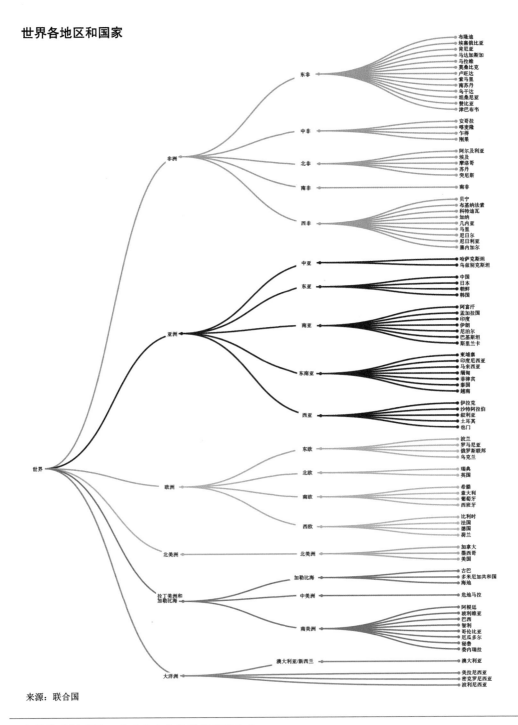

来源：联合国

一张简单的树形图，显示了从地区到国家的细分

小结

在本章中，我们探讨了体现变量之间的关系或相关性的图表。需要注意的是，两个变量具有相关性，并不意味着它们存在因果关系。在向受众展示数据之前，先厘清数据中各元素是如何关联的至关重要。

使用这类图表有不同的形式和策略，它们各有优缺点，我们需要在清晰度、顺序和紧凑度之间进行权衡。

散点图只有纵、横两个坐标的变量；气泡图添加了第三个变量；平行坐标图则有两个或多个纵坐标的变量；雷达图的轴是从中心往外辐射的；而和弦图则环绕圆周排列；将和弦图沿着一条水平轴拉伸，就形成了弧线图；相关矩阵则使用方形或矩形来设置格式；网络图和树形图可用于显示个人、群体或文本段落之间的关系。

与前几章介绍的图表一样，本章中的一些图表不太常用，读者理解起来也会有困难。这并不是说要刻意复杂化，或索性不使用，而是要促使自己思考，如何最好地呈现非标准图表的内容。比如，可以使用标签、注释、标题和提示来让图表更容易被理解。

构成

构成这类图表显示了某一份额与总额的关系。大家最熟悉的就是饼图，不过饼图阅读起来也会有些挑战。同样地，树图（treemap）和旭日图（sunburst diagram）也都有不同的读图问题，我们必须问问自己，是否必须显示所有的组成部分，以及它们是如何汇总的。本章中的图表还可用于层级的可视化，我们已经在树形图中看到了相关案例。

本章中的图表基于《得克萨斯论坛报》（*Texas Tribune*）的在线样式指南，它是得克萨斯州奥斯汀的第一份数字出版物。除了颜色和字体的基本样式，还包括网站在线元素的说明。

饼图

在可视化领域，大家对饼图（pie chart）颇有微词。最常被提及的原因是，我们很难识别饼图中各扇形的大小。在感知图谱中，饼图位于中偏下的位置。虽然饼图的名声不太好，但对于许多人来说，它是一种非常熟悉的图表类型，熟悉度本身就是有用的。研究还表明，人们更喜欢曲线，并且作者曼纽尔·利马（Manuel Lima）指出，人们对圆形的喜爱可以追溯到几千年前。

下面的饼图显示了进口（流入一个国家或地区的商品金额）在世界7个地区的分布情况。左图显示的是美元金额（以10亿美元为单位），而右图显示的是百分比。只要确保标题和标签正确，这两种方法都有效。

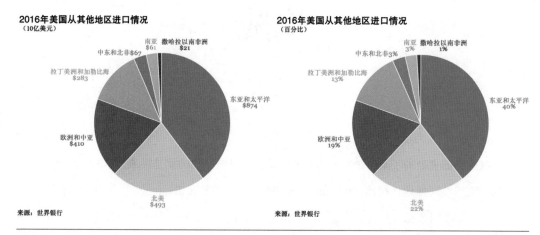

饼图显示部分和整体的关系。这两张饼图以美元金额和百分比显示了美国从其他地区进口商品的分布情况

饼图最重要的规则是各部分的总和是100%。你不能删减内容，或者加总后超过100%。在使用饼图时，一般从12点钟的位置开始，按顺时针方向从大到小排列。但有时无法这么排列，或者这么排列看上去很不自然。例如，如果是按年龄组来可视化占比份额的，那么在12点钟的位置，从最年轻的组开始，从小到大排列。在这种情况下，当数据按类别排序而不是按数值排序时，读者更容易理解这些数据。

在可能使用多张饼图的情况下，所有的图表都要按同样的方式排序——如果各张饼图的类别排序不一样，那么几乎无法相互比较。当然，除非万不得已，否则不建议使用多张饼图。

什么时候不适合使用饼图

饼图的问题在于，人们无法轻松地比较各扇形的大小。如果我们用相同的数据创建饼图和条形图以进行对比，就会发现，条形图更容易对数值进行排序，而饼图即便按大小排序，也很难辨别各个部分的差异。如果你的目标是让读者对数据做出清晰、准确的判断，那么饼图不是最佳选择。

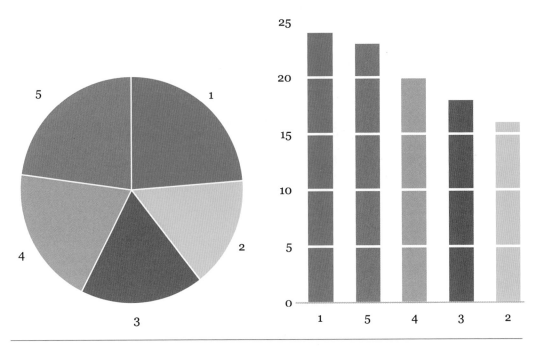

在条形图中比较数值比在饼图中更容易

同样值得注意的是，我们并不清楚通过什么来辨别饼图中的数量——中心的角度、扇形的面积、弧长？2016年的两篇研究论文表明，我们阅读饼图的主要方式并不是看中心的角度，而是看扇形的面积和弧长（周长的一部分）。

如果我们不是从中心的角度来判断饼图中的数值的，那么去掉中心后的圆环图也是可行的，甚至是更好的选择。

但如果我们是通过中心的角度来辨别饼图中的数值的，那么使用圆环图就是一个糟糕的选择，因为它连角度都没有了。无论哪种方式，目前都还没有被绝对证实。尽管如此，但圆环图还是有些优点的，比如可以在图表的中心添加数字或说明。

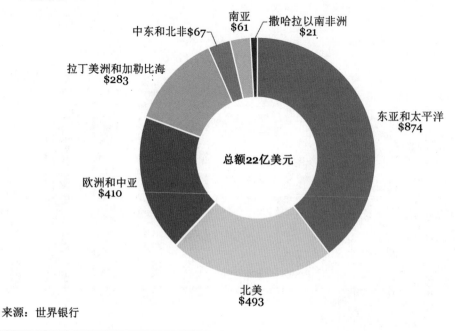

2016年美国从其他地区进口情况
（10亿美元）

圆环图在饼图的中间打了一个洞，这样可以给标题和文本留出更大的空间

避免使用成对的饼图，即使它们只显示很少的几个部分，因为读者必须在两张饼图之间来回查看和对比。如果需要对比，那么使用堆积条形图或斜率图会更有效，但是使用斜率图，我们关注的就不是部分和整体的关系，而是数据随时间的变化。

饼图内的类别尽量不要超过5个，越多越不好理解。也不要使用子母饼图——它把一个类别单独拉出来进一步分解，这种图表更难阅读。你可以使用条形图，甚至是桑基图来呈现这类数据。

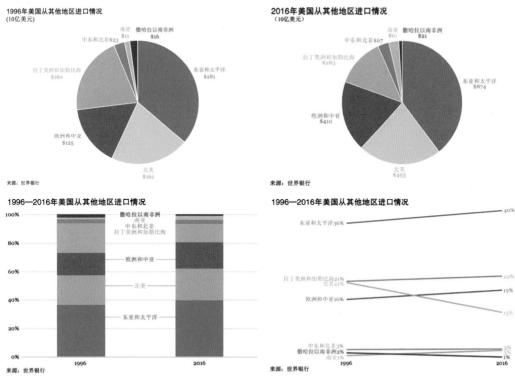

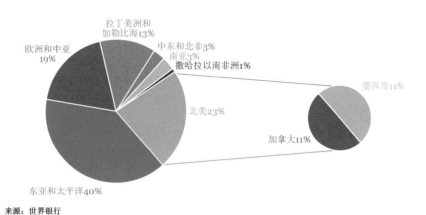

成对的饼图很少用于显示数据随时间的变化，使用其他可视化类型（如堆积条形图或斜率图），可以更快、更容易且更有效地完成任务

什么时候适合使用饼图

那使用饼图的理由是什么呢？我们先看下面两张饼图，它们使用的数据相同，但排序不同。在左图中，公司B（紫色部分）的值不是很清楚。通过重新排序，在右图中我们能看到一个熟悉的直角，现在公司B的值（25%）就很直观了。因此，当一个扇形的值或多个扇形的值之和是整数（25%、50%和75%）时，最好用饼图，因为我们比较熟悉这些数值对应的角度。在这种情况下，你可以轻松地将读者的注意力引导到3个或4个类别上。

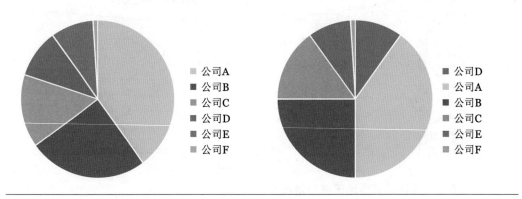

当图表以直角排列时，更容易推测出公司B（紫色）的值

我们来看一个有效使用饼图的例子。假设你要写一份报告，来说明你和你的同事为非营利组织筹款的事情。你已经收到了100份捐款，有一半多一点的金额来自少数几个百万美元以上级别的大型捐助。将捐款分为7个类别，并将百万美元以上的分为两组，一组是100万～200万美元，另一组是200万美元以上。如果参考感知图谱，它会建议你使用最准确的图表，如条形图或散点图。

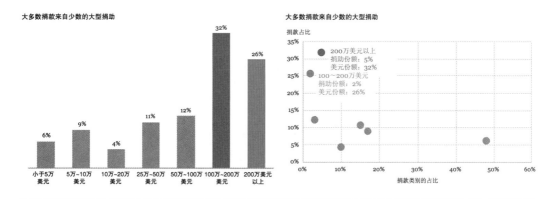

这两张图表显示，该非营利组织的大部分捐款来自少数群体的大额捐助。但如果重点是要表明略多于一半的善款来自这两个群体，那么使用饼图实际上是一个不错的选择

如果你希望受众关注的份额只在半数以上，那么使用饼图也许更合适。受众很容易在脑海中画出一条穿过饼图的垂直线，将其对半分。想象一下，向那些只想尽快获得基本信息的受众解释玛莉美歌图或散点图会是怎样的情形。

在下面的饼图中，只有想要突出显示的两个类别才是彩色的，它们加起来明显大于50%（你可能也注意到了，这里并没有从12点钟的位置开始，因为按类别排序更有意义），而其他类别则用灰色显示。对于演示文稿，我们甚至可以将这两个类别合并为一组，并删除一些标签，以减少屏幕上的信息量，从而让观众的注意力更集中。

当你把读者的注意力引导到单个类别上时，饼图会很有用，它可以非常直观地体现部分和整体的关系。在这种情况下，你需要思考是否真的需要一张图表。你需要一份视觉资料来支持美国贫困率为12.3%的说法吗？也许在社交媒体或演示幻灯片上需要，但是在报告或文章中，你直接写上数字就行。

如果你选择使用饼图，那么就要用得更有策略和更睿智一些。虽然识别具体的数值或对比各类别会比较困难，但如果你想让读者了解显著的差异或关注单个类别，那么使用饼图是一个不错的选择。

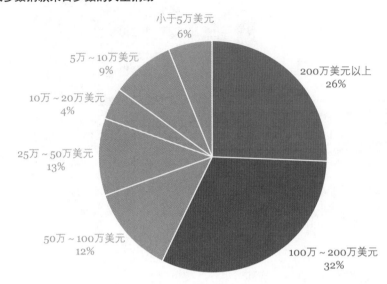

大多数捐款来自少数的大型捐助

来源：世界银行

这张饼图很好地突出了需要强调的两个类别，彩色部分的总和略大于50%，而其他部分是灰色的

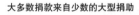

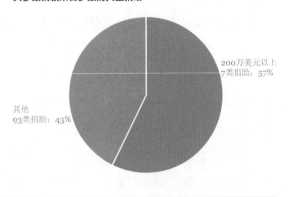

对这些饼图进行简化，可以将注意力集中在关键信息上

树图

树图（treemap）最初是由马里兰大学的本·施奈德曼（Ben Shneiderman）开发的，它将一个正方形或长方形分割成不同的部分来说明层级或部分和整体的关系。换句话说，树图是饼图的方形版本。

下面两张树图显示了2016年美国从其他地区进口总量的细分，它比饼图更容易阅读，因为矩形更容易比较大小。或者，因为它是一种不熟悉的图表类型，你可能觉得它很难阅读。

第二张树图将区域进一步细分为各个国家。并不是每个国家都在这张图表中，但你可以清楚地知道哪些国家向美国出口的货物最多。

而使用相同数据绘制的饼图，则几乎无法辨别相关数据。

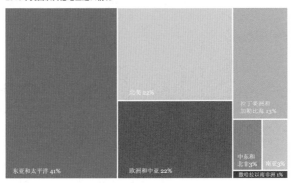

2016年美国从其他地区进口情况

来源：世界银行

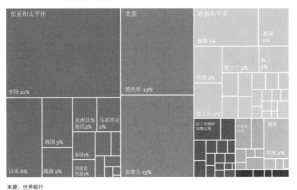

树图可以替代饼图呈现部分和整体或层级的关系。如果使用饼图来呈现，则几乎无法读取

施奈德曼最初开发树图，是为了简洁地查看其计算机上的文件目录。紧凑是树图最大的优点之一，树图可以包含许多不同的类别和变量。层次结构很容易在树图中体现出来，因为子节点可以被标记并嵌入父节点中。你还可以将其他信息添加到树图中。例如，下面这张树图呈现的是2016年美国进口数量的分布，蓝色表示增加，红色表示减少，图中显示的是1996年至2016年间进口增加和减少的份额。

2016年美国从其他地区进口情况
（蓝色表示1996年至2016年间进口增加；红色表示进口减少）

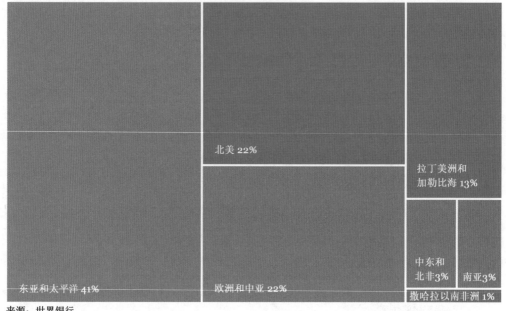

来源：世界银行

颜色可以作为树图的另一个维度。该图表显示了1996年至2016年间的进口变化

旭日图

如果想要在层次结构的多个级别上显示部分和整体的比例，那么可以使用旭日图（sunburst diagram）。例如，下面这张旭日图显示的数据与上面的树图相同，还有一个附加的环，将主要区域分解为更小的组成部分。

2016年美国从其他地区进口情况

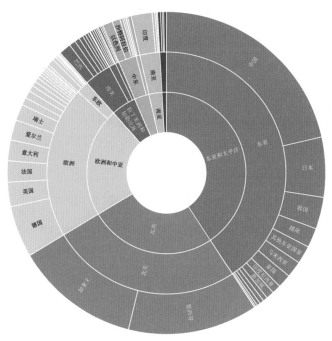

来源：世界银行

旭日图也能呈现部分和整体或层级的关系

旭日图中的每个环都对应于层次结构中的不同级别，每个环的切片有时被称为节点，表示不同的子类别。中心环是最高级别，有时被称为根节点，外环显示各类别的分解情况。你可以用颜色区分不同的环、类别或层次。上面的旭日图用颜色来区分7个主要地区。

与所有利用圆形可视化的效果一样，从旭日图中也很难快速看出数据的模式。如果数据太多，那么图表会显得很杂乱，即使读者仔细阅读，也无法识别数据的模式。而有策略性地使用颜色、标签和注释，可以引导读者关注最重要的部分。

南丁格尔图

这类图表有时被称为鸡冠图或玫瑰图，但大家更熟悉的称谓还是南丁格尔图（Nightingale chart）。其中最早也是最著名的，就是由佛罗伦萨·南丁格尔（Florence Nightingale）创造的，用以展示克里米亚战争（Crimean War）期间士兵伤亡情况的图表。

南丁格尔出生于19世纪初，富有的父母为她提供了全面的文、理教育。南丁格尔在19世纪50年代初成为一名护士，她很早就决定要把自己的一生奉献给健康医疗和帮助穷人。凭借组织医院物资的经验，她甚至在克里米亚战争期间，在土耳其斯库塔里兵营医院照顾英国伤员。两年间，她和她的护理团队帮助照顾伤员和病人，同时仔细进行病历记录。

南丁格尔认定，卫生状况糟糕是斯库塔里死亡率高的主要原因，她写了数百篇文章，以数十种可视化方式展示她的数据。最终，英国政府成立了卫生委员会来调查医院的糟糕状况，并很快实施了卫生、通风和清洁方面的改进措施。

其中最著名的图表就是以她的名字命名的南丁格尔图，它是围绕着一个圆来绘制的，数值被分成不同的时间段。每个部分代表克里米亚战争期间，从1854年4月（右图中的9点钟位置）到1856年3月（左图中的9点钟位置）每个月的死亡人数。死亡原因分为三类：战争中受伤死亡（粉色）、"其他原因"造成的死亡（黑色）和疾病导致的死亡（蓝色）。右图显示了战争前12个月的情况，左图显示了1856年3月卫生委员会实施改革后12个月的情况。

我们可以把南丁格尔图看成特殊的饼图，它的各个部分向不同的方向展开。每个部分的面积表示其相对于整体的值，各个部分按时间顺序排列。因此，南丁格尔图同时显示了数据随时间的变化以及部分和整体的关系。

南丁格尔的这张图表展示了两个要点。首先，战争中的死亡人数只占总死亡人数的一小部分，而霍乱、斑疹伤寒和痢疾等疾病致死率很高。其次，它说明了在战争中期，由于卫生委员会的介入，大幅减少了死亡人数。

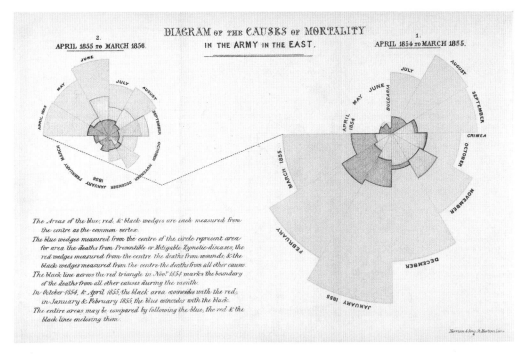

图片来源：Wellcome Collection

佛罗伦萨·南丁格尔创造了她的传奇图表，以显示霍乱、斑疹伤寒和痢疾等疾病造成的极高死亡比例

　　南丁格尔图的一些特点，我们之前就见到过。例如，环形柱状图的数据条围绕中心向外辐射排列，雷达图也是用圆形布局来显示沿半径对齐的变量之间的关系的。与许多圆形图表一样，南丁格尔图可能很难阅读，而且很难比较各个部分。南丁格尔图最主要的问题是，靠外部分必然较大，因此会被过度强调，数据失真也较严重。

　　下面的堆积柱状图使用了同样的克里米亚战争死亡数据。我在1855年3月和4月之间添加了一条垂直线，划分出卫生委员会介入前后的时间。虽然柱状图更清楚地显示了总数，但两年之间的差异没有南丁格尔图那么明显，也不吸引人。

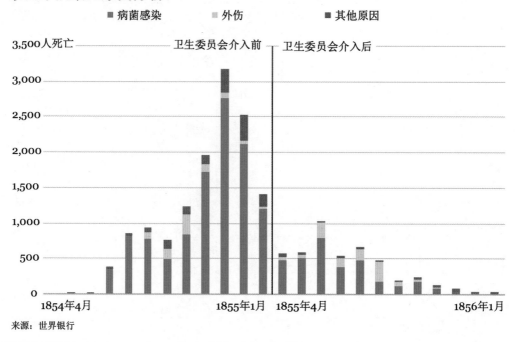

东区军队致死原因分析

■ 病菌感染   ■ 外伤   ■ 其他原因

来源：世界银行

这张堆积柱状图使用的数据和南丁格尔图的一样，但你能记住什么呢

当然，一个自然的问题是，既然有标准图表，比如这张堆积柱状图，那么为什么还要用更复杂的南丁格尔图呢？数据可视化专家R. J. 安德鲁（R. J. Andrews）是这么说的：

> 批评者认为，她的死亡率数据最好用更直观的条形图来显示。但事实并非如此：佛罗伦萨·南丁格尔也用了很多条形图，但没有人在乎！而她的这张像玫瑰一样的数据图吸引了 1858 位读者，甚至到今天，依然吸引着我们的注意。

同样地，我们需要在准确性和吸引性之间寻求一种平衡。或者，像作家阿尔贝托·开罗（Alberto Cairo）在谈到南丁格尔时所说的，"我相信，她的目标不仅仅是提供信息，还包括用一幅引人入胜、非同寻常、漂亮的图画来说服他人。虽然条形图可以有效地传达相同的信息，但对受众来说，没有吸引力。"

我们还是用美国的进口数据来制作一张南丁格尔图，该图表同样显示了从1996年到2016年，美国从全球7个地区进口的总量。每个地区相互叠加，年份从1996年开始，按顺时针方向排列。

1996年至2016年，美国从其他地区进口情况
（百分比）

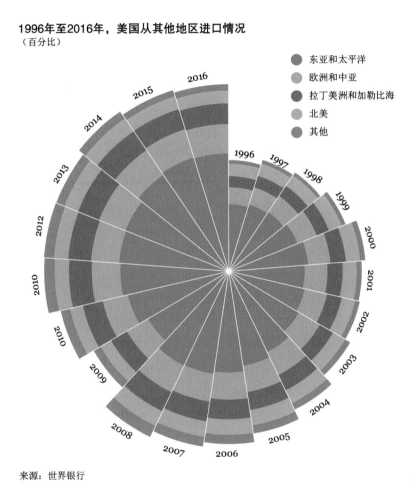

来源：世界银行

南丁格尔图可以可视化各种数据，尽管它们在辨识数据上有些难度

我们也可以使用堆积面积图或折线图来显示同样的数据。请注意，在南丁格尔图中，离圆心越远，区域变得越大，因此在视觉上较小的值比实际值显得大。不过，在有些情况下，南丁格尔图比这些标准图表更有用，因为它更紧凑，看起来与众不同。这本身可能就是你的目标。

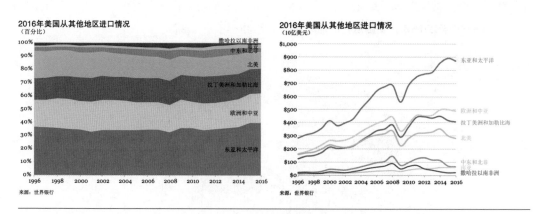

堆积面积图或折线图都是可以替代南丁格尔图的简单图表

维诺图

维诺图是以生活在20世纪之交的俄罗斯数学家乔治·维诺（Georgy Voronoi）的名字命名的。维诺图将一定数量的点空间（称为场地）划分为相应数量的形状（多边形），这些形状边界相邻但不重叠。如果我们在空间中放置一个新点，那么它将比空间中任何其他点都更靠近其所在区域的点。维诺图有时用于展示地理数据，但它们也可以显示部分和整体的关系。你可以在生物学文献（细胞结构）、生态学（森林生长研究）和化学（分子位置）中找到这些图表。

维诺图有趣的特性是，每个多边形的边界到最近两个点的距离都相等。换句话说，在定义每个多边形时，使多边形的边界到其位置的距离应尽可能短。当三个边界相交时，它们形成一个称为顶点的点，该点与最近的三个点等距。有多种算法可以确定各种多边形的形状和位置。

这种解释很复杂，所以让我们举一个简单的例子。假设你住在一个有9个消防大队的城市里，城市某个地方的一栋大楼发生了火灾。哪个消防大队应该响应？9个消防大队的位置是生成点，围绕每个消防大队的多边形显示了哪个消防大队应该响应火灾，原则是最近的消防大队应该响应（显然，我忽略了道路、桥梁和其他障碍物的问题，但更复杂的算法可能会考虑这些问题）。

来源：地图来自Andrei Kashcha的城市道路项目

为了说明维诺图是如何起作用的，我们假设一个城市里有9个消防大队

正如下面的维诺图，它将城市划分为不同区域，很好地可视化了部分和整体的关系。

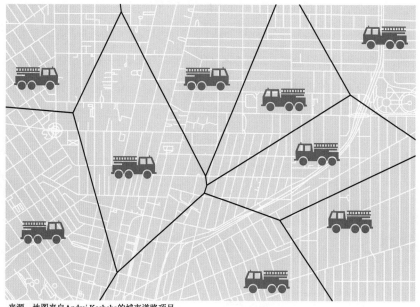

来源：地图来自Andrei Kashcha的城市道路项目

使用维诺图将城市划分为9个不同的区域

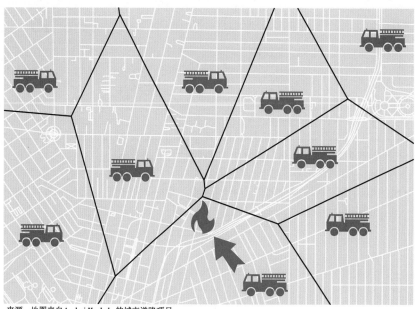

来源：地图来自Andrei Kashcha的城市道路项目

如果发生火灾，我们可以根据维诺图的规则确定哪个消防大队应该响应

平时，你可能会看到像这样的维诺图，它显示了按地区划分的世界各国人口。

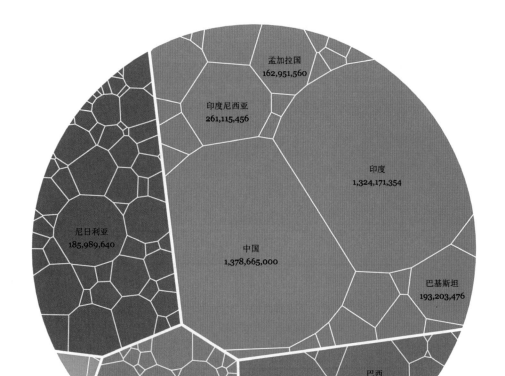

也许维诺图更常见的用途是显示部分和整体的关系，比如威尔·蔡斯（Will Chase）的这张图表，它显示了世界各国人口

很多人可能不知道，在数据可视化历史上最著名的地图之一也是维诺图。1854年中期，英国内科医生、现代流行病学创始人约翰·斯诺（John Snow）在伦敦的苏活区（Soho）地图上，用一个小破折号标出了霍乱造成的每一个死亡病例。在一个多月的时间里，有600多人在疫情暴发期间死亡。

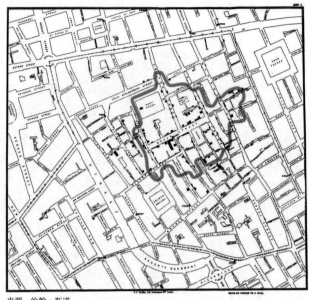

来源：约翰·斯诺

约翰·斯诺著名的霍乱地图实际上是一张维诺图。在Broad大街的水泵周围出现了死亡聚集区——地图中心最粗的黑色条块右边的小黑点。我把斯诺图中的虚线加粗，以显示与Broad大街水泵的距离

来源：约翰·斯诺

如果在地图中每个水泵处都放一个紫色的点，那么就可以根据斯诺的原始地图创建一张维诺图

斯诺的地图[1]显示，在Broad大街的每个水泵周围都会有死亡聚集区。你可以看到大量的破折号就在受污染的水泵的左边（图表中心有"泵"标签的点），以及分布在其他街区的死亡病例。在这个版本的地图中（发布时间比他的原始版本稍晚），在受影响区域的周围绘制了一条小虚线（我用紫色突出显示）。按斯诺自己的说法，虚线"显示了离Broad大街水泵和周围水泵最近道路的距离相等的各个点"。

我们还可以直接用维诺图法，将地图上的每个水泵都标记为一个点（第二张地图中的紫色点），并围绕每个点创建多边形（地图上的紫色线）。因此，"斯诺地图"实际上就是"斯诺–维诺图"。

小结

饼图是可视化部分和整体关系的最普遍的图表，因为它们广为人知、易于制作且易于阅读。但由于其数据辨识困难，所以在使用时需要谨慎。首先，要限制饼图中类别的数量；其次，大脑对直角比较熟悉，如果饼图中的扇形部分是以25%为基础的倍数增量，则比较容易辨识；第三，尽量不要使用成对的饼图，但是如果一定要用多张饼图，则至少应该保持各类别的顺序相同。

树图本质上是方形饼图，可以容纳更多的注释，并显示层次关系。旭日图也显示了层次关系，尽管其有时看起来复杂而混乱，但在有些场合中还是有帮助的。维诺图以不同的布局显示部分和整体的关系。它们还可用于可视化地理空间数据、单元结构或生态数据。

读者可能对其中的一些图表类型不太熟悉，但它们有助于读者更准确地理解数据。我们在前面章节中介绍的许多图表，如条形图、堆积条形图和斜率图，都可用于呈现部分和整体的关系，但它们通常需要更多的解释和说明。

1　译者注：约翰·斯诺的这张著名的霍乱图，是为了说明霍乱的流行和水被污染有关，因此地图中的数据显示的是霍乱死亡数和水泵位置的相关性。

定性

到目前为止，我们已经探讨了一些体现定量数据的图表。接下来，我们将探讨如何展示定性数据，比如通过观察、访谈、焦点小组、调查和其他方法收集的非数字信息。

我们可以利用定性数据来讲述故事，而这一点定量数据较难胜任。通过收集大量数据、进行回归分析和创建表格，能得出一些结论，但人们理解定量数据和体验故事是不一样的。通过描述定性数据有助于创建相关故事。

本章中的图表来自各种新闻和研究机构。与前几章不同，它们没有统一的样式指南，不过，这样在布局和设计上会更具多样性。本章中的一些图表显示了数据的总体情况，而另一些则强调相关细节。使用哪种方法，取决于你的目的，以及你想将图表用在哪里。

图标

数据可视化可以提供更多的内容并吸引读者的注意力。在前面的章节中我们看到，通过颜色、布局和形状的组合运用，可以吸引读者的注意力。同样地，图标、图像和照片也可以吸引读者，并便于读者对定性数据进行分类。

来自Noun Project的图标示例。新版的Microsoft Office有一个内置图标库，或者你可以在Noun Project和Flaticon等网站购买或下载免费图标。还有一些字体可以像图标一样使用，例如，StateFace字体中的每个字母都被设计成美国各州的单独的图标

特别是图像学（iconography），能帮助你有效地可视化定性数据。图标可以纯粹是装饰性的，也可以表示数据（如单元图或同型图），还可以引导读者的视线，从一个阶段进入下一个阶段。图标（包括表情符号）本身就是一种视觉语言，它们可以简化和传达难以表达的信息。它们还可以帮助有认知障碍的读者理解你的内容。大量研究表明，这种视觉形式的交流有助于促进语言的发展。

我们来看一个使用图标助力研究和分析的例子。以下是来自预算和政策优先权中心（Center on Budget and Policy Priorities，CBPP）的一张图表（见下页），它用图标来体现收入所得税抵免和儿童税收抵免有5种不同的方式帮助一个家庭。其内容本质上是定性的，使用图标搭配文本的方式可以提升阅读体验。

词云和特定词

词云（word cloud）可能是可视化定性数据最流行的方式，但它实际上是显示定量数据的一种方式：单词在文本中出现的频率。在词云中，单词的大小和其出现的频率有关。这种可视化更适合体现总体模式，或者突显单个值。在需要查找特定值的情况下，就不太合适了。

工作–家庭税收抵免在人生的各个阶段都能提供帮助

收入所得税抵免（EITC）和儿童税收抵免（CTC）不仅能鼓励有孩子的家庭参加工作和减轻中低收入家庭的负担，而且越来越多的研究表明，它们能在人生的各个阶段提供帮助。

 改善婴儿和产妇健康：研究人员发现，EITC的增加与出生体重和早产等婴儿健康指标的改善有关。研究还表明，接受和推广EITC可能会改善产妇健康。

 在学校表现更好：获得更多抵免的家庭（如EITC和CTC），他们的孩子在中小学的成绩往往更好。

 更高的大学入学率：研究发现，低收入家庭中受益于EITC的孩子更有可能上大学。研究人员将此归因于在中学及更早阶段，能一直保持较好的成绩，而这和较高的EITC有关。同时，增加退税也提高了大学入学率，因为高中毕业生的家庭能负担得起大学费用。

 增加下一代的工作和收入：研究人员发现，贫困工作家庭的孩子在6岁之前每年增加3000美元的收入，他们在25~37岁平均每年多工作135小时，其平均年收入增长17%。

 社会保障和退休福利：研究者建议，通过增加适龄女性的工作和收入，EITC能提高她们的社保和退休金，也会减少老年贫困（社保福利是以个人收入为基数的）。

注意：进一步细节，请参考Chuck Marr、Chye-Ching Huang和Arloc Sherman的"研究发现，收入所得税抵免能促进就业，鼓励孩子在学校取得好成绩。"CBPP

来源：预算和政策优先权中心

你可以用图标来助力研究和分析

词云在视觉上很吸引人，但它带来两个主要挑战。首先，我们并不知道文本中每个单词的具体频率。下面这个词云是对巴拉克·奥巴马（Barack Obama）在2016年国情咨文中单词的统计。你可以看到，他经常使用"America"（美国）、"world"（世界）和"people"（人民）这几个单词。但频率有多高，我们并不知道。如果需要了解单词出现的确切频率，那么这种视觉效果是不够的。

在这个词云里，"Americans（美国人民）"这个单词怎么样？它也经常被使用，但它是竖排的，这让人不容易看清。这是词云带来的第二个挑战：由于长度、方向、字体或颜色，一些单词可能比其他单词显得更大，这会让你觉得这个单词更重要。

来源：白宫

本词云显示了奥巴马在2016年国情咨文中所使用单词的频率

要创建词云，就必须计算每个单词的频率。在量化文本后，可以使用许多不同的视觉效果，甚至是条形图。在下面这张条形图中，比词云更容易看到最常用的单词。值得注意的是，词云通常不包括最常见的单词，如"the"和"at"这类停用词（stop-word）[1]。

1　译者注：停用词指计算机检索中的虚字、非检索用字。在搜索引擎优化中，为了节省存储空间和提高搜索效率，搜索引擎在索引页面或处理搜索请求时会自动忽略某些字或词，这些字或词就被称为停用词。

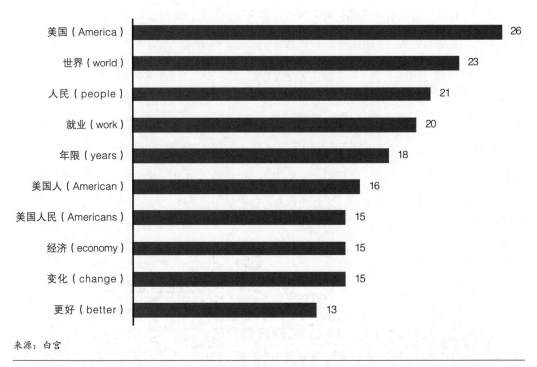

来源：白宫

该条形图显示了奥巴马在2016年演讲中最常用的10个词

创建有效词云的另一种方法是，将整个文本划分为不同的语义组。在奥巴马演讲后，《今日美国》（*USA Today*）将他的演讲总结如下：

奥巴马为过去 7 年所取得的进展进行了辩护，并提出了一个可能在其任期结束后很长时间内仍无法完成的议程：扭转气候变化的影响，发起"登月计划"以治疗癌症，以及要求改变政治制度的草根运动。

演讲中那些重要的政策在之前的词云中没有体现，但将文本分成不同的语义组，再创建词云可能更好。例如，在下一个版本中，演讲中最重要的主题和词语，可以很容易被看到。这显然需要分析员做更多的工作来确定语义组，但这也会产生更好的可视化效果。

哥伦比亚
伊朗　**叙利亚**　伊拉克
古巴　阿富汗
乌克兰

医学的　　　　　　　　就业　商业
煤炭　研究　　　　　　　机会
治愈　　疟疾　　　　收入　经济
癌症　　　　社会保障　工作

气候　　　　国家　人民　　　未来
行星　　　　**美国**　　　**年限**
太阳能　风能　世界　　　　变化
能源

政府　政治
民主政体
领导力
投票

来源：白宫

2019年，赫斯特（Hearst）等人建议将文本分成语义组，而不是单个单词的词云

文字树

文字树（word tree）是由马丁·沃登博格（Martin Wattenberg）和费尔南达·维加斯（Fernanda Viegas）于2007年发明的，它显示了文本中使用特定单词的所有方式。树形结构显示每个单词的上下文，单词大小体现了该单词出现的频率。

在第8章中我们已经介绍过一棵文字树，它呈现了一篇文章的层次关系。类似地，披头士乐队歌曲"Come Together"的歌词的文字树显示了歌曲的层次结构。

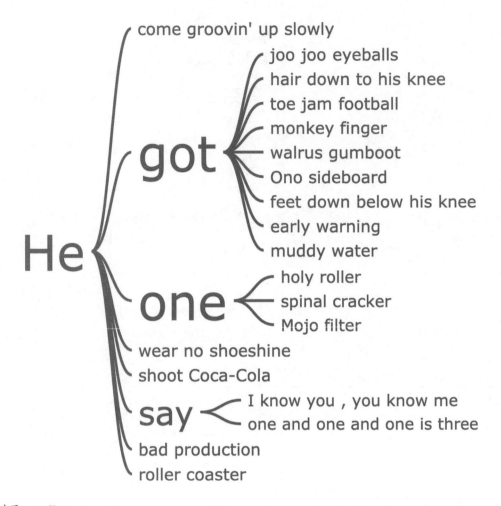

来源：AnyChart

文字树显示了文本中使用特定单词的所有方式，本例是披头士乐队歌曲"Come Together"的歌词

　　文字树也可以用其他形式呈现。下面的文字树是基于对50位科学博客作者的采访，并按照写博客的动机和目的分为9个类别。文字树和词云有着同样的缺陷：很难看到单词的确切频率。但它们确实提供了一个引人入胜、有趣的可视化图形[1]。

1　译者注：熟悉思维导图的朋友，也可以从思维导图的角度来理解，但要记得根据关键词出现的频率来调整字体的大小。

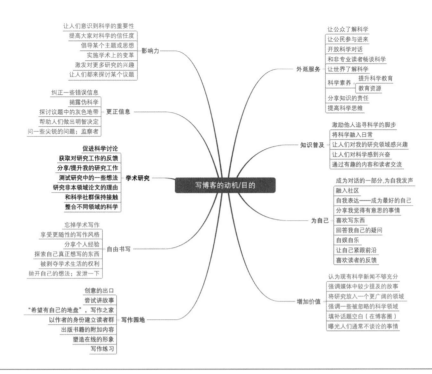

佩奇·贾罗（Paige Jarreau）使用文字树将采访内容分为不同的类别

特定词

可视化定性文本数据的另一种方法是将单词与定量信息结合起来。马特·丹尼尔斯（Matt Daniels）在数字出版物《布丁》（*the Pudding*）上的这张照片是一张直方图，显示了说唱歌手使用独特词的数量。作者绘制了歌手的名字，而不是普通的条形图，并使用颜色来区分专辑发行的年代。我们可以看到，最常见的单词数量约为4000个。随着时间的推移，单词数量越来越少（图表左侧标红的名字越来越多）。如果我们愿意，则也可以关注特定歌手的名字和年代。

和散点图类似，特定词也可以用于数据可视化中。在《布丁》中，马特·丹尼尔斯在可视化"嘻哈音乐中使用量最大的词汇"时使用了这种方法

与我们探讨过的其他图表（如蜂群图和网络图）一样，有许多方法可以将数据中的单个单词可视化。关键是以什么样的逻辑来组织这些信息，才能让读者立即理解你想展示的规律，并与图表互动。

引用

如果上下文很重要，那么仅仅可视化单个单词也许没有什么效果，这时可能需要完整引用一段话。

2016年德国议会选举后，《柏林晨报》（*Berliner Morgenpost*）发表了一篇关于当选官员与选区距离的报道。除使用一系列地图显示6名官员的住所，以及他们所代表的地区外，还提供了一系列直接引述。读者可以从地图上看到关键信息，并通过阅读引文找到更多细节。

Warum kandidieren Sie so weit entfernt?

Erol Özkaraca
SPD

Der Sozialdemokrat engagiert sich nach wie vor in Neukölln, obwohl er schon vor Jahren nach Frohnau gezogen ist. Die Familie habe ein Haus mit Garten gewollt, das gebe es im Neuköllner Norden nun mal nicht. „Ich bin da eigentlich nur zum Schlafen, kenne mich dort kaum aus." Ihm sei aber klar, dass das durchaus Sozialneid im Wahlkreis auslösen kann.

Wolfgang Albers
DIE LINKE

Der Chirurg aus Wannsee ist seit 2006 im Abgeordnetenhaus - und überzeugter Experte für Gesundheits- und Hochschulpolitik. „Das Entscheidende ist, dass man gute Sachpolitik macht." Im Lichtenberger Wahlkreis ist er regelmäßig und hält Kontakt über sein Büro. „Das Einzige was nervt, ist der 34 Kilometer lange Weg im Stadtverkehr."

Iris Spranger
SPD

Die stellvertretende SPD-Landesvorsitzende hat lange in Marzahn-Hellersdorf gewohnt, ist dort 1994 in die Partei eingetreten „Es ist ja kein Geheimnis, ich habe meinen Mann kennengelernt und bin vor drei Jahren mit ihm zusammengezogen - in Frohnau. Ich habe aber keine Minute überlegt, ob ich politisch nach Reinickendorf gehe."

Anja-Beate Hertel
SPD

Ihre politische Heimat war lange Reinickendorf, wo sie auch wohnt. Nach einem internen Streit verlegte sie den Schwerpunkt ihrer Parteiarbeit nach Neukölln-Buckow. „Als Innenpolitikerin stehe ich den Positionen von Heinz Buschkowsky und der Neuköllner SPD in der Innen- und Integrationspolitik nahe, die in anderen Bezirken lange nicht mehrheitsfähig waren."

Holger Krestel
FDP

Der Liberale ist schon lange mit Tempelhof-Schöneberg verbunden. Hier hat er 1974 seinen Schulabschluss gemacht. „Bis heute bin ich in meinem Bezirk aktiv". Von 2010 bis 2013 hat er ihn im Bundestag vertreten, war zuvor auch im Abgeordnetenhaus. „In Spandau wohne ich nicht zuletzt, um mich mit meiner Frau um meine 86-jährige Mutter zu kümmern."

André Lefeber
PIRATEN

Der Kandidat der Piraten wohnt noch in Lichterfelde, doch es zieht ihn immer wieder in den Südosten der Stadt. „Da viele meiner Bekannten und Freunde im Bezirk Treptow-Köpenick wohnen, finden viele meiner Freizeitaktivitäten dort statt, wo ich kandidiere." Er plane sogar einen Umzug in die Gegend. „Doch dies scheiterte bisher an den Mieten."

为了交流定性数据，有时你需要引用整段文字。

来自《柏林晨报》的这篇报道的标题翻译为"你为什么要从很远的地方跑来参加选举？"

左边图片中的引语是Erol Özkaraca，"这位社会民主党人仍然参与了新克尔恩（Neukölln）的选举，尽管他在几年前搬到了弗罗努（Frohnau）。这家人本来想要一栋带花园的房子，但在新克尔恩北部却没有。'我只是在那里睡觉，我几乎不知道该怎么办。'但他知道，这肯定会引发选区内民众的不满。"

作为一名数据分析师，你可能没有调查对象的确切姓名或照片，即便有，也可能因为隐私和安全而不允许公开。你需要考虑的是，一个带有人物照片的通用引用是否足以使内容更加直观和个性化。有时，仅仅引用就足以帮助传达内容，比如，城市学院（Urban Institute）关于计划外怀孕的研究项目。

女性想要避免计划外怀孕的原因多种多样

几乎所有的焦点小组受访对象都不希望明年怀孕。不少人已经历过计划外怀孕。她们说，养育孩子的成本很高，给家庭和财务都带来很大压力，并让整个家庭的关系更紧张。

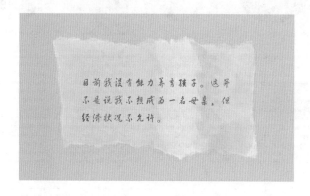

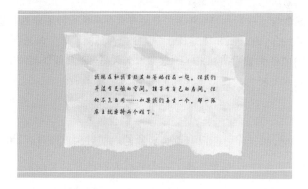

来源：城市学院

使用特定的引文或短语也是传达信息的有效方式

着色短语

根据可视化的目标，突出显示文本的特定部分，可能有助于分析和总结。你可以用彩色或粗体字来标出重点。

下面的图片来自彭博社（*Bloomberg News*）的一篇新闻报道，该报道对2019年民主党初选辩论的记录进行了标注。每种颜色代表不同的内容区域，这有助于读者轻松浏览文章，并快速了解哪些话题讨论得最频繁。

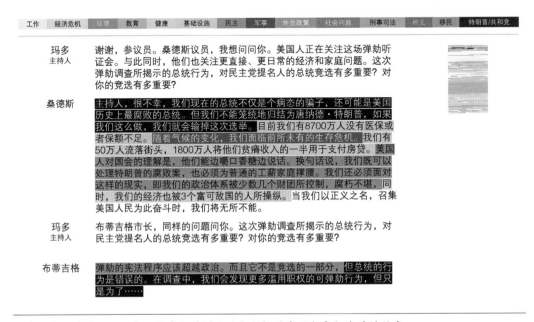

彭博社在一篇关于2019年民主党初选辩论的新闻报道中用颜色标出关键信息

下图显示的"保护受欢迎的遗迹"项目，描述了查尔斯·达尔文（Charles Darwin）的《物种起源》（*On the Origin of Species*）中的编辑顺序。达尔文的最终手稿实际上是第五稿，通过对每个单词按其首次出现的版本进行颜色标注，我们可以看到达尔文这几年来的写作和思考变化。交互式版本使用户可以放大、搜索和浏览文本细节。

这种定性数据可视化提供了一种概览图，但它不是量化的。你还可以使用此技术突出文本中的引用或段落，将它们标记为"积极的"或"消极的"，这可能是主观的，不过也具有启发意义。在过去几年中，自然语言处理、文本分析和机器学习等取得了令人振奋的进展，现在研究人员可以更准确地测量文字的语调和语义。

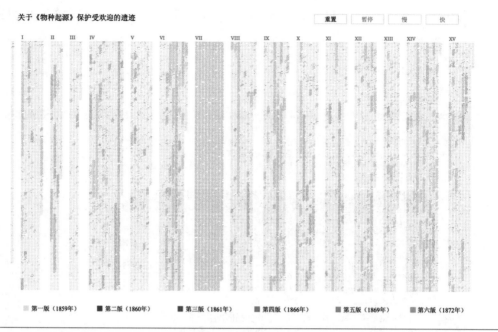

特别是有大量文本时，突出显示特定的短语会吸引读者的注意力。本·弗莱（Ben Fry）在他的"突显达尔文使用的词汇"项目中使用了这种方法

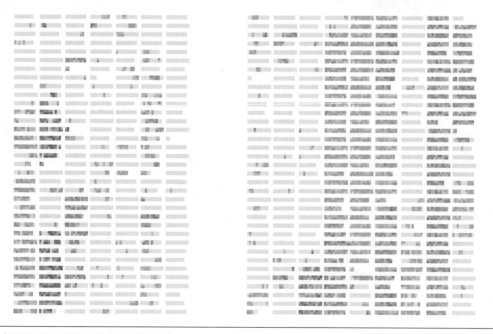

局部放大"突显达尔文使用的词汇"

矩阵和列表

如果无法显示整个定性数据，那么可以将数据简化并分组。本质上，这种方法创建了一个定性数据表，读者能够更容易地浏览密集信息，并看到关键结论。

下面这张来自《得克萨斯论坛报》（*Texas Tribune*）的图片归纳了2018年得克萨斯州共和党和民主党政纲中的主要问题。将政纲中的定性信息与其他调查中的定量数据相结合，记者们对六大政策问题提供了更多元化的视角。在私立学校补贴的例子中，是从三个图标开始的，一个描述问题的句子，以及显示2017年民意调查的条形图。再往下，是引用各平台的文档，以及记者将整个问题汇总在一起的摘要。

私立学校补贴

德克萨斯人在2017年6月的德克萨斯大学/德克萨斯论坛报上说什么？

重新调整州税收以帮助家长支付私立学校费用

48%	10%	42%
强烈或部分反对	不知道	强烈或部分赞同

由于四舍五入的关系，数据加总可能不是100%，会有 ± 2.83%的偏差

民主党人怎么想

"德克萨斯州民主党人反对用公共税收支持私立学校和宗派学校的"学校选择"计划。"

Read the full Democratic platform

共和党人怎么想

"德克萨斯州的家庭应该有权选择公立、私立、特许或家庭学校的子女教育方案，使用税收抵免或免税，而不受政府限制或干预。"

Read the full Republican platform

我们的观点

民主党人长期以来一直反对补贴私立学校教育，但在今年的演讲中增加了一句话，认为此类补贴将影响德克萨斯州残障学生获得特殊教育的机会。共和党修改了其长期支持学校选择的说法，主张"不应强迫任何儿童上糟糕的学校"，并"拒绝政府对私立、教会或家庭学校的干预。"

来源：得克萨斯论坛报

《得克萨斯论坛报》综合了有关投票结果的引用、文字、图标和定量数据在定性图表中，需要对语义或意义做出判断，然后决定它们属于哪一类别。换句话说，可视化定性数据不需要一个复杂的过程，只需要将文本组织成读者可以轻松索引和阅读的方式即可。

小结

整理和总结访谈的内容，简洁地呈现定性数据，以便读者能够快速、轻松地理解关键信息，是一项挑战。通过良好的设计和组织，定性数据能以定量数据无法做到的方式吸引读者，鼓励他们探索单词、引语和短语。

词云是可视化定性数据最常见的方法。虽然单词的长度、字体和布局会影响人们对信息的理解，但是它很吸引人，因此在某些场景中很有帮助。根据研究，我们可以将文本分割成语义组并创建词云，这能帮助我们理解信息。

除了词云，还有很多其他选择，比如显示特定词或短语，将引用与照片配对，或者在文本中使用图标等。正如我们在本章示例中所看到的，强调某些段落和短语通常依赖于特定的设计、颜色和布局。我们可以通过实践不断优化定性数据的可视化。

表格

表格（table）也是数据可视化的一种形式。如果要显示数据中的每个值，那么最好的解决方案可能是使用表格。如果你希望显示大量数据，或者在紧凑的空间中显示数据，那么就不要使用表格。但设计良好的表格，仍然可以帮助读者找到特定的数值，并发现其规律。

和其他图表一样，网格线、标记和其他杂乱无章的东西会让表格显得乱七八糟。有效可视化的指导原则同样适用于表格设计：清楚地显示数据，以便读者能够发现最重要的模式、趋势或数值；减少杂乱的网格线、额外的空白和不均匀的对齐；用简洁的标题和副标题，以及单位标签（百分比号或美元符号），让表格和文本融为一体。

在本章中，我们将介绍设计表格的10个步骤。

表格结构剖析

我们必须先了解表格的基本结构，才知道怎么调整和改进。下图显示了表格的十大构成要素，其中一些和第12章"数据可视化样式指南"中的说明类似。与图表一样，在选择表格样式时会比较主观，它取决于你对颜色、字体大小和线宽的偏好。

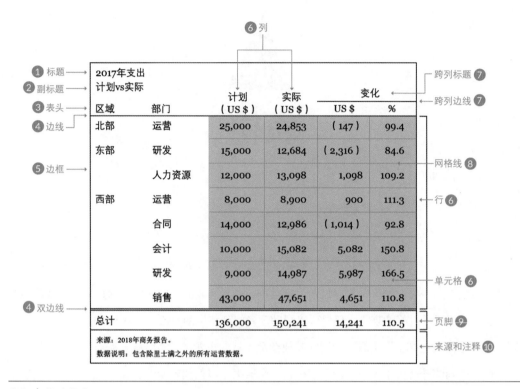

数据表格的构成

1. **标题**。使用简洁、有力的标题。"表1-回归结果"就不如"工作经验增加一年，年收入增长2.8%"这样的标题清晰。标题和副标题左对齐，这样在视觉上看起来会更舒服。

2. **副标题**。它位于标题下方，通常采用较小的字体或不同的颜色。副标题应说明表格中的数据单位（如"百分比"或"千美元"），或者提出次要观点（如"经验效应对男性的影响大于女性"）。

3. **表头**。这些是列标题。用黑体字将它们与其他单元格里的内容区分开，或者用一条线（也称为"边线"）将它们分开。

4. **边线**。将表格的各个部分彼此分开的线条。至少，将边线放在表头下方，以及底行和来源或注释之间。

5. **边框**。环绕表格的一组线条。是否设置边框，取决于表格中信息的排列方式。有时候，需要添加一些线条来区分表格，这时可以设置边框。但是，如果表格中行和列的线条太多，那么就可以不用设置边框。

6. **列、行和单元格**。表格中纵排的是列，横排的是行。纵横相交的区域被称为单元格。

7. **跨列标题和跨列边线**。横跨多列的文本和边线。虽然表格中的文本一般左对齐或右对齐，但是跨列标题通常居中对齐。

8. **网格线**。表格中用于分隔单元格的相交线。与图表一样，网格线应设置得淡一些，太深会让表格看上去很凌乱。

9. **页脚**。表格的底部区域，可以是总计或平均值。与表头一样，要将这一行与表格的其余部分区分开来，可以通过加粗数字、用线分隔或给单元格设置填充色来实现。

10. **来源和注释**。表格下方用来写引文或注释的地方。美国现代语言协会（MLA）建议将来源放在第一位，将注释放在第二位。

设计表格的十大准则

这些准则可以帮助我们设计出简洁明了、重点突出的数据表格。比如下面这两张表格，左边的就显得有些繁复，而右边的更清晰明了。

角色	姓名	ID	开始日期	季度利润	变化百分比
运营	Waylon Dalton	A1873	5.11	5692.88	34.1
运营	Justine Henderson	B56	1.10	4905.02	43.522
运营	Abdullah Lang	J5867	6.14	4919.53	38
运营	Marcu Cruz	B395	12.13	9877.52	37.1
研发	Thalia Cobb	C346	4.13	3179.49	−9
研发	Matias Little	D401	3.11	5080.26	3.2
研发	Eddie Randolph	A576	7.18	7218.24	43.1
合同	Angela Walker	B31	2.18	6207.53	−1.788
合同	Lia Shelton	C840	1.16	1070.61	4.31
合同	Hadassah Hartman	D411	11.15	3735.96	3.01

角色	姓名	ID	开始日期	季度利润	变化百分比
运营	Waylon Dalton	A1873	5.11	$5,693	34.1
	Justine Henderson	B56	1.10	4,905	43.5
	Abdullah Lang	J5867	6.14	4,920	38.0
	Marcu Cruz	B395	12.13	9,878	37.1
研发	Thalia Cobb	C346	4.13	3,179	−9.0
	Mathias Little	D401	3.11	5,080	3.2
	Eddie Randolph	A576	7.18	7,218	43.1
合同	Angela Walker	B31	2.18	6,208	−1.8
	Lia Shelton	C840	1.16	1,071	4.3
	Hadassah Hartman	D411	11.15	3,736	3.0

灵感来自DarkHorse Analytics[1]

1 译者注：这是美国的一家分析公司。

准则1. 将表头字段（列标题）与正文区分开

让表头字段清晰可见。使用黑体字或边线将其与表格正文中的内容区分开来。表头字段不是数据值，而是类别或标题。在下面的人均GDP增长的示例中，表头的列标签为黑体字，并用一条线与数据分开。

国家	2013	2014	2015	2016
中国	7.23	6.76	6.36	6.12
印度	5.10	6.14	6.90	5.89
美国	0.96	1.80	2.09	0.74
印度尼西亚	4.24	3.73	3.65	3.85
墨西哥	-0.06	1.45	1.90	1.68
巴基斯坦	2.21	2.51	2.61	3.44

国家	2013	2014	2015	2016
中国	7.23	6.76	6.36	6.12
印度	5.10	6.14	6.90	5.89
美国	0.96	1.80	2.09	0.74
印度尼西亚	4.24	3.73	3.65	3.85
墨西哥	-0.06	1.45	1.90	1.68
巴基斯坦	2.21	2.51	2.61	3.44

准则1. 将表头字段（列标题）与正文区分开

准则2. 使用淡而细的分隔线，而不是粗的网格线

与减少图表混乱的原则一样，淡化甚至删除表格中的边框和分隔线。通常没有什么表格是所有单元格都带边框的。表格中的总计部分，可以通过填充颜色、加粗字体或轻微换行来区分。

在左边的表格中，显示平均值（2007—2011年和2012—2016年）的两列很难一眼看到，你甚至没有注意到年度系列中有中断。在右边的版本中，则用灰色填充标出平均值的两列。

国家	2007	2008	2009	2010	2011	平均值	2012	2013	2014	2015	2016	平均值
中国	13.64	9.09	8.86	10.10	6.36	10.74	7.33	7.23	6.76	6.36	6.12	6.76
印度	8.15	2.38	6.95	8.76	6.90	6.30	4.13	5.10	6.14	6.90	5.89	5.63
美国	0.82	-1.23	-3.62	1.68	2.09	-0.30	1.46	0.96	1.80	2.09	0.74	1.41
印度尼西亚	4.91	4.59	3.24	4.83	3.65	4.47	4.68	4.24	3.73	3.65	3.85	4.03
墨西哥	0.70	-0.48	-6.80	3.49	1.90	-0.19	2.15	-0.06	1.45	1.90	1.68	1.41
巴基斯坦	2.72	-0.36	0.74	-0.48	2.61	0.64	1.34	2.21	2.51	2.61	3.44	2.42
平均值	5.15	2.33	1.56	4.73	3.92	3.51	3.52	3.28	3.73	3.92	3.60	3.61

国家	2007	2008	2009	2010	2011	平均值	2012	2013	2014	2015	2016	平均值
中国	13.64	9.09	8.86	10.10	6.36	10.74	7.33	7.23	6.76	6.36	6.12	6.76
印度	8.15	2.38	6.95	8.76	6.90	6.30	4.13	5.10	6.14	6.90	5.89	5.63
美国	0.82	-1.23	-3.62	1.68	2.09	-0.30	1.46	0.96	1.80	2.09	0.74	1.41
印度尼西亚	4.91	4.59	3.24	4.83	3.65	4.47	4.68	4.24	3.73	3.65	3.85	4.03
墨西哥	0.70	-0.48	-6.80	3.49	1.90	-0.19	2.15	-0.06	1.45	1.90	1.68	1.41
巴基斯坦	2.72	-0.36	0.74	-0.48	2.61	0.64	1.34	2.21	2.51	2.61	3.44	2.42
平均值	5.15	2.33	1.56	4.73	3.92	3.51	3.52	3.28	3.73	3.92	3.60	3.61

准则2. 使用淡而细的分隔线，而不是粗的网格线

准则3. 数字和表头字段（列标题）右对齐

数字沿小数位或逗号右对齐。有时会在小数点后添加0以保持对齐，这样更易于读取数字。例如，下表中，最右列是右对齐的，相比于左对齐和居中对齐，更容易读取里面的数据。为了保持布局美观，列标题也与数字右对齐。

	2016	2016	2016
中国	6,894.40	6,894.40	6,894.40
印度	1,862.43	1,862.43	1,862.43
美国	52,319.10	52,319.10	52,319.10
印度尼西亚	3,974.73	3,974.73	3,974.73
墨西哥	9,871.67	9,871.67	9,871.67
巴基斯坦	1,179.41	1,179.41	1,179.41
平均值	12,683.62	12,683.62	12,683.62

准则3. 数字和表头字段（列标题）右对齐

在选择表格中的字体时，需要留意，有些字体使用了所谓的"复古数字"，其中一些数字会更靠下，就像字母p、g或q一样。这对于数字与数据无关的情况来说是很好的，就像小说中章节的编号一样。但在数据表中，它们可能会分散读者的注意力，更难阅读。因此，建议使用没有高差的数字字体，即所有的数字都在水平基线上。

下面表格中的逗号和小数点与自定义字体（如Karla和Cabin）不一致。在选择字体时，请注意，数字的大小并不总是相同的。有些复古数字字体，比如Georgia字体，它的有些数字会落在水平基线的下方（为了清楚起见，为每个数字都添加了下画线）。

	Calibri	Karla	Cabin	Georgia
中国	6,894.40	6,894.40	6,894.40	6,894.40
印度	1,862.43	1,862.43	1,862.43	1,862.43
美国	52,319.10	52,319.10	52,319.10	52,319.10
印度尼西亚	3,974.73	3,974.73	3,974.73	3,974.73
墨西哥	9,871.67	9,871.67	9,871.67	9,871.67
巴基斯坦	1,179.41	1,179.41	1,179.41	1,179.41
平均值	12,683.62	12,683.62	12,683.62	12,683.62

注意因字体不同而产生了不同的视觉效果

准则4. 文本和标题左对齐

表格中数字右对齐，而文本左对齐。英语是从左往右阅读的，因此以这种方式排列会很整齐，阅读起来也比较舒服[1]。下表中最右一列是左对齐的，阅读起来就比较容易。

右对齐 很难阅读	居中对齐 阅读也不方便	左对齐 阅读比较容易
英属维京群岛	英属维京群岛	英属维京群岛
开曼群岛	开曼群岛	开曼群岛
朝鲜	朝鲜	朝鲜
卢森堡	卢森堡	卢森堡
美国	美国	美国
德国	德国	德国
新西兰	新西兰	新西兰
哥斯达黎加	哥斯达黎加	哥斯达黎加
秘鲁	秘鲁	秘鲁

准则4. 文本和标题左对齐

准则5. 选择适当的精度级别

在必要的精度和整洁、宽敞的表格之间取得平衡，精确到小数点后5位几乎没什么必要。例如，人均GDP增长率，既没有必要精确到小数点后5位，也没有必要直接取整，如果将人均GDP增长率显示为整数，则会掩盖各国之间的重要差异。

1　译者注：这个对中文来说也一样，因为中文也是从左往右阅读的。

国家	小数位过多	没有小数位	合适的精度
中国	6.12380	6	6.1
印度	5.88984	6	5.9
美国	0.74279	1	0.7
印度尼西亚	3.84530	4	3.8
墨西哥	1.58236	2	1.6
巴基斯坦	3.43865	3	3.4
平均值	2.63104	3	2.6

准则5.选择适当的精度级别

准则6. 利用行、列之间的留白来引导读者的视线

表格内部和周围的留白会影响读者读取数据的方向。例如，在左边的表格中，列与列之间的空间大于行与行之间的空间，因此你会从上到下，而不是从左到右阅读表格。而在右边的表格中，行空间大于列空间，因此你会更倾向于横向阅读，而不是纵向阅读。有策略性地使用间距，可以引导读者的阅读顺序。

国家	2014	2015	2016
中国	6.76	6.36	6.12
印度	6.14	6.90	5.89
美国	1.80	2.09	0.74
印度尼西亚	3.73	3.65	3.85
墨西哥	−0.38	−4.37	−4.25
巴基斯坦	2.51	2.61	3.44
平均值	3.43	2.87	2.63

国家	2014	2015	2016
中国	6.76	6.36	6.12
印度	6.14	6.90	5.89
美国	1.80	2.09	0.74
印度尼西亚	3.73	3.65	3.85
墨西哥	−0.38	−4.37	−4.25
巴基斯坦	2.51	2.61	3.44
平均值	3.43	2.87	2.63

准则6.利用行、列之间的留白来引导读者的视线

准则7. 删除重复的单位

如果在标题或副标题中已经告诉读者单位是什么，那么在整个表格中就不要再重复使用单位了，否则会让表格看上去很混乱。在标题或表头区域定义单位，或者仅将单位放在第一行（请记住，将数字沿小数点对齐）。如果在表格中混合使用单位，则请确保你的标示简洁而清晰。

国家	2014	2015	2016	国家	2014	2015	2016
中国	6.76%	6.36%	6.12%	中国	6.76%	6.36%	6.12%
印度	6.14%	6.90%	5.89%	印度	6.14	6.90	5.89
美国	1.80%	2.09%	0.74%	美国	1.80	2.09	0.74
印度尼西亚	3.73%	3.65%	3.85%	印度尼西亚	3.73	3.65	3.85
墨西哥	−0.38%	−4.37%	−4.25%	墨西哥	−0.38	−4.37	−4.25
巴基斯坦	2.51%	2.61%	3.44%	巴基斯坦	2.51	2.61	3.44
平均值	3.43%	2.87%	2.63%	平均值	3.43	2.87	2.63

准则7. 删除重复的单位

准则8. 突出显示异常值

与前面的例子中只显示6个国家和3年的数据不同，如果需要显示20个国家和10年的数据呢？在这种情况下，可以通过文本加粗、设置字体颜色甚至填充单元格来突出显示异常值。有的人会查看表格中的所有数据，因为他们需要寻找一些特定信息，但更多的人只想了解最重要的值。引导他们找到那些重要的数字，可以让他们更好地理解你的观点。

	2010	2011	2012	2013	2014	2015	2016
中国	10.10	9.01	7.33	7.23	6.76	6.36	6.12
印度	8.76	5.25	4.13	5.10	6.14	6.90	5.89
美国	1.68	0.85	1.46	0.96	1.80	2.09	0.74
印度尼西亚	4.83	4.79	4.68	4.24	3.73	3.65	3.85
巴西	6.50	3.00	0.98	2.07	−0.38	−4.37	−4.25
巴基斯坦	−0.48	0.61	1.34	2.21	2.51	2.61	3.44
尼日利亚	5.00	2.12	1.52	2.61	3.52	−0.02	−4.16
孟加拉国	4.40	5.25	5.28	4.77	4.84	5.37	5.96
俄罗斯	4.46	5.20	3.48	1.57	−1.04	−3.04	−0.41
墨西哥	3.49	2.12	2.15	−0.06	1.45	1.90	1.58

	2010	2011	2012	2013	2014	2015	2016
中国	10.10	9.01	7.33	7.23	6.76	6.36	6.12
印度	8.76	5.25	4.13	5.10	6.14	6.90	5.89
美国	1.68	0.85	1.46	0.96	1.80	2.09	0.74
印度尼西亚	4.83	4.79	4.68	4.24	3.73	3.65	3.85
巴西	6.50	3.00	0.98	2.07	−0.3	−4.3	−4.2
巴基斯坦	−0.4	0.61	1.34	2.21	2.51	2.61	3.44
尼日利亚	5.00	2.12	1.52	2.61	3.52	−0.0	−4.1
孟加拉国	4.40	5.25	5.28	4.77	4.84	5.37	5.96
俄罗斯	4.46	5.20	3.48	1.57	−1.0	−3.0	−0.4
墨西哥	3.49	2.12	2.15	−0.0	1.45	1.90	1.58

准则8. 突出显示异常值

准则9. 将相似数据分组并增加空白

针对相同的组别可以合并单元格，让表格看上起更整洁。在下例中，将国家/地区进行合并分组，可以减少第一列中重复的信息。还可以用跨列标题和边线来合并相同的条目，以减少不必要的重复。在这里，除对国家名称进行分组外，还应用了其他一些准则，例如，左对齐文本、右对齐数字，以及标题和页脚加粗。

地区	国家	人均GDP		变化百分比
		2015	2016	
亚洲	中国	6496.62	6894	6.1238
亚洲	印度	1758.84	1862	5.8898
北美	美国	51933.40	52319	0.7428
亚洲	印度尼西	3827.55	3975	3.8453
南美	巴西	11351.57	10869	-4.2541
亚洲	巴基斯坦	1140.21	1179	3.4387
非洲	尼日利亚	2562.52	2456	-4.1601
亚洲	孟加拉国	971.64	1030	5.9627
北美	墨西哥	9717.90	9872	1.5824
亚洲	日本	47163.49	47661	1.0546
非洲	埃塞俄比亚	487.29	511	4.9041
中东	埃及	2665.35	2726	2.2633
欧洲	德国	45412.56	45923	1.1240
中东	伊朗	6007.00	6734	12.1010
中东	土耳其	13898.75	14117	1.5734
欧洲	法国	41642.31	41969	0.7845
平均值		15440	15631	2.6860

地区	国家	人均GDP		变化百分比
		2015	2016	
非洲	埃塞俄比亚	487	511	4.90
	尼日利亚	2,563	2,456	-4.16
亚洲	孟加拉国	972	1,030	5.96
	中国	6,497	6,894	6.12
	印度	1,759	1,862	5.89
	印度尼西亚	3,838	3,975	3.85
	日本	47,163	47,661	1.05
	巴基斯坦	1,140	1,179	3.44
欧洲	法国	41,642	41,969	0.78
	德国	45,413	45,923	1.12
中东	埃及	2,665	2,726	2.26
	伊朗	6,007	6,734	12.10
	土耳其	13,899	14,117	1.57
北美	墨西哥	9,718	9,872	1.58
	美国	51,933	52,319	0.74
南美	巴西	11,352	10,869	-4.25
平均值		15,440	15,631	2.69

准则9. 将相似数据分组并增加空白

虽然将类似的元素分组确实有助于减少页面的混乱程度，但请注意，如果将表格发布到互联网上，这个准则可能不适用。如果将表格作为图片发布到网站上，那么用户将无法复制和粘贴数据，屏幕阅读器[1]——它会逐级浏览表格，并大声读出数据值（参见第12章）——也无法读取数据值。由于当前Web编程语言和格式的限制，也许不能使用跨列标题和其他特殊格式，具体要看你是使用什么工具将表格发布到互联网上的。

准则10. 适当添加可视化元素

我们可以通过添加小的可视化元素来对表格进行优化。比如添加迷你图来可视化一些数据，或者使用小条形图直观地说明一系列数字，或者使用热力图将数字留在表中或隐藏，这能帮助读者关注整体模式而忽略细节。

我们也可以将图表嵌入表格中。如果希望在表格中嵌入完整的图表，那么使用点状图（参见第4章）非常简洁，可以在表格中很好地呈现。我们还可以对标准点状图进行修改，直接将数字放在表中的相对位置。

1　译者注：一种可以将计算机、手机屏幕上的内容通过文本转语音，并朗读出来的软件，该类软件的受众人群主要是视力障碍者。

国家	2007	2016	2007–2016
中国	13.64	6.12	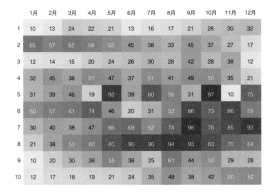
印度	8.15	5.89	
美国	0.82	0.74	
印度尼西亚	4.91	3.85	
墨西哥	0.70	1.58	
巴基斯坦	2.72	3.44	
平均值	5.15	3.60	

国家	2016	
中国	6.12	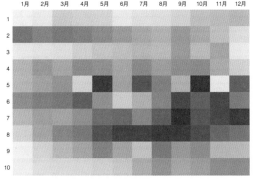
印度	5.89	
美国	0.74	
印度尼西亚	3.85	
墨西哥	1.58	
巴基斯坦	3.44	
平均值	3.60	

	1月	2月	3月	4月	5月	6月	7月	8月	9月	10月	11月	12月
1	10	13	24	22	21	13	16	17	21	28	30	32
2	65	57	62	58	52	45	38	33	45	37	27	17
3	12	14	15	20	24	26	30	28	42	28	38	12
4	32	45	38	51	47	37	51	41	49	50	35	21
5	31	39	46	19	92	39	80	56	31	97	10	75
6	50	57	61	74	46	20	31	53	86	73	86	59
7	30	40	38	47	66	69	52	74	98	78	85	93
8	21	38	53	60	80	90	90	94	93	83	70	64
9	10	20	30	38	55	38	25	61	44	50	29	28
10	12	17	18	19	21	24	35	48	38	42	50	52

	1月	2月	3月	4月	5月	6月	7月	8月	9月	10月	11月	12月
1												
2												
3												
4												
5												
6												
7												
8												
9												
10												

国家	2007	2016
中国	—— 13.64	—— 6.12
印度	—— 8.15	—— 5.89
美国	– 0.82	– 0.74
印度尼西亚	—— 4.91	—— 3.85
墨西哥	– 0.7	—— 1.58
巴基斯坦	—— 2.72	—— 3.44
平均值	—— 5.86	—— 2.63

准则10. 适当添加可视化元素，例如，迷你图、条形图、热力图或点状图

示例: 重新设计基本数据表

下面这张来自美国农业部食品和营养服务局的表格，显示了参与印第安人保留区（Indian Reservations）食品分配计划的人数。该表中列出了2013至2016财年24个州的估算，以及2017财年的初步估算。这张表中使用了又黑又粗的网格线，使表格看上去很丑，且难以阅读。当我们放大看时，会发现每个单元格中的数字都是顶部对齐的，这让数据看上去有些不连贯。

印第安人保留区食品分配计划：参与人员					
（截至2018年3月9日的数据）					
州名	2013财年	2014财年	2015财年	2016财年	2017财年 初步的
阿拉斯加	204	347	479	650	724
亚利桑那	10,835	11,556	11,880	11,887	11,235
加利福尼亚	5,593	5,495	5,159	4,795	4,463
科罗拉多	419	454	402	442	353
爱达荷	1,440	1,566	1,688	1,706	1,530
堪萨斯	416	551	569	592	613
密歇根	1,299	1,846	1,971	2,061	1,960
明尼苏达	2,297	2,756	2,645	2,600	2,487
密西西比	701	863	958	1,056	1,169
蒙大拿	2,375	3,144	3,149	3,313	3,271
内布拉斯加	1,010	1,229	1,339	1,396	1,267
内华达	1,373	1,611	1,508	1,468	1,328
新墨西哥	2,533	2,853	2,966	2,890	2,809
纽约	380	384	369	452	350
北卡罗莱纳	584	736	743	700	671
北达科他	3,840	4,800	4,976	5,661	5,569
俄克拉荷马	25,678	29,012	31,042	33,588	32,795
俄勒冈	678	871	800	785	687
南达科他	7,457	8,123	8,208	8,505	8,525
得克萨斯	117	131	142	124	114
犹他	117	167	217	421	384
华盛顿	3,164	3,185	3,284	3,410	3,221
威斯康星	2,441	2,978	3,240	3,442	3,367
怀俄明	657	742	881	1,096	1,190
总计	75,608	85,397	88,615	93,038	90,083

FDPIR是印第安部落补充营养援助计划的替代方案，它倾向于对食品进行分配。参与人数为12个月的平均值。
数据可能会被修订。

这张来自美国农业部食品和营养服务局的表格杂乱无章，难以阅读

10,835	11,556	11,880
5,593	5,495	5,159
419	454	402
1,440	1,566	1,688
416	551	569
1,299	1,846	1,971

来源：美国农业部

请注意美国农业部（USDA）表格中那些粗粗的网格线

我们可以删除所有的网格线，只保留列标题下方的那一条。列标题文本加粗，以将其与表格中的数字区分开来。表格底部是注释，总计行用粗体显示，以将其与表格正文分开。

印第安人保留区食品分配计划：参与人员

（截至2018年3月9日的数据）

州名	2013财年	2014财年	2015财年	2016财年	初步的2017财年
阿拉斯加	204	347	479	650	724
亚利桑那	10,835	11,556	11,880	11,887	11,235
加利福尼亚	5,593	5,495	5,159	4,795	4,463
科罗拉多	419	454	402	442	353
爱达荷	1,440	1,566	1,688	1,706	1,530
堪萨斯	416	551	569	592	613
密歇根	1,299	1,846	1,971	2,061	1,960
明尼苏达	2,297	2,756	2,645	2,600	2,487
密西西比	701	863	958	1,056	1,169
蒙大拿	2,375	3,144	3,149	3,313	3,271
内布拉斯加	1,010	1,229	1,339	1,396	1,267
内华达	1,373	1,611	1,508	1,468	1,328
新墨西哥	2,533	2,853	2,966	2,890	2,809
纽约	380	384	369	452	350
北卡罗莱纳	584	736	743	700	671
北达科他	3,840	4,800	4,976	5,661	5,569
俄克拉荷马	25,678	29,012	31,042	33,588	32,795
俄勒冈	678	871	800	785	687
南达科他	7,457	8,123	8,208	8,505	8,525
得克萨斯	117	131	142	124	114
犹他	117	167	217	421	384
华盛顿	3,164	3,185	3,284	3,410	3,221
威斯康星	2,441	2,978	3,240	3,442	3,367
怀俄明	657	742	881	1,096	1,190
总计	**75,608**	**85,397**	**88,615**	**93,038**	**90,083**

FDPIR是印第安部落补充营养援助计划的替代方案，它倾向于对食品进行分配。
参与人数为12个月的平均值。数据可能会被修订。

对表格进行简单的重新设计，消除了杂乱感，使整张表格看上去更干净、简洁

接着，我们可以进一步添加颜色等视觉效果。

印第安人保留区食品分配计划：参与人员

（截至2018年3月9日的数据）

州名	2013财年	2014财年	2015财年	2016财年	初步的 2017财年
阿拉斯加	204	347	479	650	724
亚利桑那	10,835	11,556	11,880	11,887	11,235
加利福尼亚	5,593	5,495	5,159	4,795	4,463
科罗拉多	419	454	402	442	353
爱达荷	1,440	1,566	1,688	1,706	1,530
堪萨斯	416	551	569	592	613
密歇根	1,299	1,846	1,971	2,061	1,960
明尼苏达	2,297	2,756	2,645	2,600	2,487
密西西比	701	863	958	1,056	1,169
蒙大拿	2,375	3,144	3,149	3,313	3,271
内布拉斯加	1,010	1,229	1,339	1,396	1,267
内华达	1,373	1,611	1,508	1,468	1,328
新墨西哥	2,533	2,853	2,966	2,890	2,809
纽约	380	384	369	452	350
北卡罗莱纳	584	736	743	700	671
北达科他	3,840	4,800	4,976	5,661	5,569
俄克拉荷马	25,678	29,012	31,042	33,588	32,795
俄勒冈	678	871	800	785	687
南达科他	7,457	8,123	8,208	8,505	8,525
得克萨斯	117	131	142	124	114
犹他	117	167	217	421	384
华盛顿	3,164	3,185	3,284	3,410	3,221
威斯康星	2,441	2,978	3,240	3,442	3,367
怀俄明	657	742	881	1,096	1,190
总计	75,608	85,397	88,615	93,038	90,083

FDPIR是印第安部落补充营养援助计划的替代方案，它倾向于对食品进行分配。
参与人数为12个月的平均值。数据可能会被修订。

在表格中添加一些颜色，做成热力图，可以让读者更容易、更快速地找到特定值或了解数据模式

通过添加颜色，我们将表格做成了热力图。直到标完颜色，我才意识到俄克拉荷马州的项目参与率超过了其他州。只有当这一行以深蓝色出现时，重要性才变得清晰。

　　另一种方法是保持基本外观，但添加额外的视觉元素。在下表中，在左边的表格中添加了一列平均值，并添加了一列小条形图。这个小图形元素为表格提供了一个视觉锚，并将读者的视线引导到参与率更高的州上。在右边的表格中则添加了2013—2017财年的变化百分比，并用向上或向下的小箭头来表示变化方向。

印第安人保留区食品分配计划：参与人员
（截至2018年3月9日的数据）

州名	2013财年	2014财年	2015财年	2016财年	2017财年	平均值 2013—2017财年
阿拉斯加	204	347	479	650	724	481
亚利桑那	10,835	11,556	11,880	11,887	11,235	11,479
加利福尼亚	5,593	5,495	5,159	4,795	4,463	5,101
科罗拉多	419	454	402	442	353	414
爱达荷	1,440	1,566	1,688	1,706	1,530	1,586
堪萨斯	416	551	569	592	613	548
密歇根	1,299	1,846	1,971	2,061	1,960	1,827
明尼苏达	2,297	2,756	2,645	2,600	2,487	2,557
密西西比	701	863	958	1,056	1,169	949
蒙大拿	2,375	3,144	3,149	3,313	3,271	3,050
内布拉斯加	1,010	1,229	1,339	1,396	1,267	1,248
内华达	1,373	1,611	1,508	1,468	1,328	1,458
新墨西哥	2,533	2,853	2,966	2,890	2,809	2,810
纽约	380	384	369	452	350	387
北卡罗莱纳	584	736	743	700	671	687
北达科他	3,840	4,800	4,976	5,661	5,569	4,969
俄克拉荷马	25,678	29,012	31,042	33,588	32,795	30,423
俄勒冈	678	871	800	785	687	764
南达科他	7,457	8,123	8,208	8,505	8,525	8,164
得克萨斯	117	131	142	124	114	126
犹他	117	167	217	421	384	261
华盛顿	3,164	3,185	3,284	3,410	3,221	3,253
威斯康星	2,441	2,978	3,240	3,442	3,367	3,094
怀俄明	657	742	881	1,096	1,190	913
总计	75,608	85,397	88,615	93,038	90,083	86,548

FDPIR是印第安部落补充营养援助计划的替代方案，它倾向于对食品进行分配。参与人数为12个月的平均值。数据可能会被修订。

印第安人保留区食品分配计划：参与人员
（截至2018年3月9日的数据）

州名	2013财年	2014财年	2015财年	2016财年	2017财年	变化百分比 2013—2017财年
阿拉斯加	204	347	479	650	724	254.9 ▲
亚利桑那	10,835	11,556	11,880	11,887	11,235	3.7 ▲
加利福尼亚	5,593	5,495	5,159	4,795	4,463	-20.2 ▼
科罗拉多	419	454	402	442	353	-15.8 ▼
爱达荷	1,440	1,566	1,688	1,706	1,530	6.3 ▲
堪萨斯	416	551	569	592	613	47.4 ▲
密歇根	1,299	1,846	1,971	2,061	1,960	50.9 ▲
明尼苏达	2,297	2,756	2,645	2,600	2,487	8.3 ▲
密西西比	701	863	958	1,056	1,169	66.8 ▲
蒙大拿	2,375	3,144	3,149	3,313	3,271	37.7 ▲
内布拉斯加	1,010	1,229	1,339	1,396	1,267	25.4 ▲
内华达	1,373	1,611	1,508	1,468	1,328	-3.3 ▼
新墨西哥	2,533	2,853	2,966	2,890	2,809	10.9 ▲
纽约	380	384	369	452	350	-7.9 ▼
北卡罗莱纳	584	736	743	700	671	14.9 ▲
北达科他	3,840	4,800	4,976	5,661	5,569	45.0 ▲
俄克拉荷马	25,678	29,012	31,042	33,588	32,795	27.7 ▲
俄勒冈	678	871	800	785	687	1.3 ▲
南达科他	7,457	8,123	8,208	8,505	8,525	14.3 ▲
得克萨斯	117	131	142	124	114	-2.6 ▼
犹他	117	167	217	421	384	228.2 ▲
华盛顿	3,164	3,185	3,284	3,410	3,221	1.8 ▲
威斯康星	2,441	2,978	3,240	3,442	3,367	37.9 ▲
怀俄明	657	742	881	1,096	1,190	81.1 ▲
总计	75,608	85,397	88,615	93,038	90,083	19.1

FDPIR是印第安部落补充营养援助计划的替代方案，它倾向于对食品进行分配。参与人数为12个月的平均值。数据可能会被修订。

还可以添加其他视觉元素——条形图或表示变化的图标

示例：重新设计回归表

　　典型的回归表包含点估计、标准误差和一些表示统计显著性水平的符号（通常为星号），如1%、5%和10%。当读者需要了解详细数据时，这种基本表格非常有用。

　　通过遵循本章前面介绍的设计表格的十大准则和可视化策略，我们可以使回归表更清晰、更直观。我们也可以考虑把原始表格放在附录中（论文中或网页上）。

　　下面是相对简单的回归表，包含带星号的系数估计值、括号中的标准误差和第一列中的变量名。不要使用变量名来列出结果！即使是学术期刊的读者，也不知道"_educ"或"expr"是什么意思。在修改后的表格中，我们使用"教育"和"经验"等大家平时用的词，并遵循十大准则，让表格更干净、更易于阅读。

	模式1	模式2	模式3
r_age	0.0509***	0.0119***	0.0207***
	(0.0062)	(0.0044)	(0.0026)
gndr	0.0442***	0.0616***	0.0630***
	(0.0057)	(0.0037)	(0.0043)
_educ	0.0027***	0.0052***	0.0157***
	(0.0087)	(0.0050)	(0.0072)
hrswkd	0.0397***	0.0075***	0.0211***
	(0.0053)	(0.0025)	(0.0029)
expr	0.0003***	0.0043***	0.0030***
	(0.0051)	(0.0026)	(0.0024)
marstat	0.0191***	0.0066***	0.0069***
	(0.0053)	(0.0025)	(0.0027)

* $p < 0.05$, ** $p < 0.01$, *** $p < 0.001$

	模式1	模式2	模式3
年龄	0.0509***	0.0119***	0.0207***
	(0.0062)	(0.0044)	(0.0026)
性别	0.0442***	0.0616***	-0.0630***
	(0.0057)	(0.0037)	(0.0043)
教育	0.0027	0.0052	0.0157**
	(0.0087)	(0.0050)	(0.0072)
工作时长	0.0397***	0.0075*	0.0211***
	(0.0053)	(0.0044)	(0.0029)
经验	0.0003	0.0043*	0.0030
	(0.0051)	(0.0026)	(0.0024)
婚姻	0.0191***	0.0066*	0.0069*
	(0.0053)	(0.0025)	(0.0041)

* $p < 0.05$, ** $p < 0.01$, *** $p < 0.001$

根据设计表格的十大准则，对基本回归表进行优化

　　我们还可以将这类表格转换为数据图，比如带有误差线的柱状图。不过，如第6章所述，一些研究表明，我们倾向于忽略位于条形内的误差线。

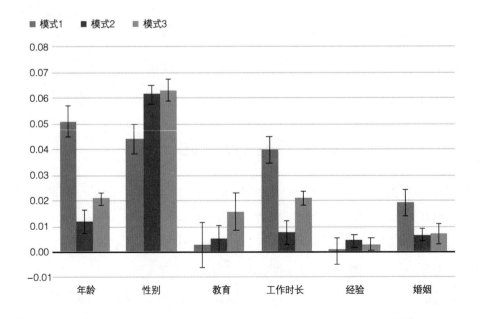

回归结果可以用柱状图显示。

或者，也可以试着用点状图（有或没有误差线），并用颜色进一步表示统计的显著性。在右边的图表中，实心圆是包含统计显著性的估计值，空心圆是不具有统计显著性的估计值。

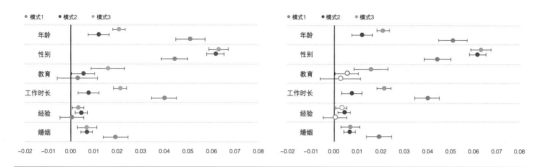

点状图也可以用来可视化回归结果

最后，如果你认为这些视觉元素没什么必要，那么请遵循设计表格的十大准则，以使表格更清晰、易读。记住，我们的目的是让读者更容易找到重要数值和模式，而不是让他们迷失在表格中。

小结

表格本身就是一种数据可视化的形式。许多研究人员和学者都特别喜欢用表格，可能是因为表格简单、容易使用，读者可以仔细阅读并解读相关数据。同时，表格很有价值，我们可以灵活运用设计表格的十大准则，让表格更清晰、更容易阅读。

准则1.　将表头字段（列标题）与正文区分开

准则2.　使用淡而细的分隔线，而不是粗的网格线

准则3.　数字和表头字段（列标题）右对齐

准则4.　文本和标题左对齐

准则5.　选择适当的精度级别

准则6.　利用行、列之间的留白来引导读者的视线

准则7. 删除重复的单位

准则8. 突出显示异常值

准则9. 将相似数据分组并增加空白

准则10. 适当添加可视化元素

第3部分

设计你的可视化内容

数据可视化样式指南

数据可视化样式指南对图表的作用，与《芝加哥风格手册》（*Chicago Manual of Style*）对英语语法的作用一样，它定义了图表的组成部分，以及如何正确且一致地使用它们。数据可视化样式指南展示了设计图表的最佳实践和策略，诸如字体、颜色、线条、样式、网格线、刻度线等元素都会影响图表是否清晰和引人入胜。

语法指南和数据可视化样式指南的区别在于，后者更主观些。单词"their"和"they're"是不同的，在句子中使用时，有对错之分。但对于图表来说，客观上没有正确或不正确的说法。然而，我们需要考虑一些设计原则，在大多数情况下，你选择的样式反映了你个人以及你所在组织的偏好。

数据可视化样式指南的要素

在组织中，数据可视化样式指南有三个用途。

首先，样式指南为团队成员提供了关于可视化中应该和不应该包含哪些内容的详细建议。例如，应该将标题放在哪里？它应该有多大？什么字体？什么颜色？

其次，样式指南为那些不熟悉（或不关心）组织和品牌视觉风格[1]的人提供了指导。有了样式指南，研究人员和分析师在汇编数据、创建图表时，就不用花太多时间去思考用哪种颜色和字体了。这些都可以被提前设置在软件中，然后直接套用。

最后，样式指南为组织中的人员设定了基调和期望，即数据可视化的风格、外观和细节与品牌材料一样重要。

即使你是一个独立数据分析师，样式指南对你也是有帮助的。自定义的样式指南会让你的工作更加统一和高效，这将打造你的个人品牌，使你脱颖而出。一个好的样式指南可以帮你快速确定设计风格，这样你就可以关注更有价值的方面了。

在创建样式指南时，要确保你或你的团队成员能够使用和实现它们。图表的样式需求可能不同于其他品牌材料的样式需求。在品牌logo中看起来很棒的颜色，在折线图或条形图中效果可能很差。另外，记得将数据可视化样式指南视为可迭代更新的文档。该指南应随着审美观、出版物类型、软件工具的变化而变化。

我们可以对比一下《经济学人》（*Economist*）和《金融时报》（*Financial Times*）的玛莉美歌图。这两种出版物都有自己的图表风格，即使是那些不经常阅读的人也能辨识。这种品牌效应是提高组织辨识度的一个重要方面。

我们将在本章中详细介绍样式指南的各个部分，以下是任何数据可视化样式指南都应该涵盖的基础要点。

1. **图表的结构**。应该将标签、标题和其他元素放在哪里？图表应该多大才合适？不同类型的图表，大小是否应该不同？

2. **图表的配色**。图表和数据应该使用什么颜色？配色是否因图表类型而异？印刷品和电子版是否有所不同？

3. **字体**。应该使用何种字体？其大小、粗细和位置应该如何变化？图表中的标题和文本应该统一字体样式吗？

1　译者注：品牌视觉风格是指一个组织、公司和品牌的视觉识别系统，也就是大家常说的VI系统。

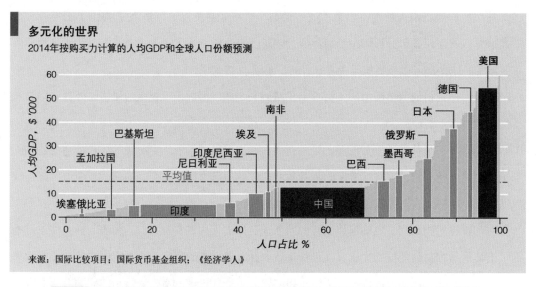

多元化的世界

2014年按购买力计算的人均GDP和全球人口份额预测

来源：国际比较项目；国际货币基金组织；《经济学人》

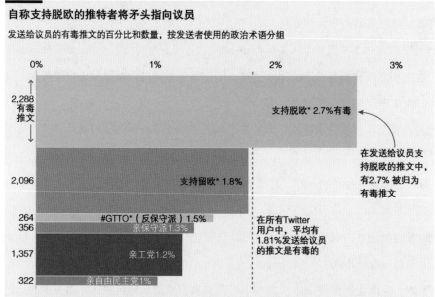

自称支持脱欧的推特者将矛头指向议员

发送给议员的有毒推文的百分比和数量，按发送者使用的政治术语分组

*支持脱欧是指那些在Twitter上的自我介绍中包含以下描述的人：Brexit party, #Brexit, #StandUp4Brexit, #GetBrexitDone, Pro-Brexit, Brexiteer。支持留欧则是指那些使用#FBPE, Pro-EU, #RevokeA50, #Remain, #PeopleVote, #StopBrexit, Revoke的人。#FBPE=追随亲欧派（Follow Back pro-European）；#GTTO=把保守党赶出去（Get the Tories out）

来自《经济学人》（上图）和《金融时报》（下图）的玛莉美歌图，它们通过颜色、字体和整体效果形成了独特的风格，使其便于识别

4. **图表类型**。对于某些类型的图表是否有特殊的注意事项？例如，是否在所有场合都不要使用饼图？折线图的数据系列是否有上限？

5. **导出图表**。如何把图表从软件工具里转到报告或网站上？可以使用PNG、JPEG或其他图片格式吗？如果软件工具不支持导出这些图片格式，那该怎么办？

6. **可访问性、多元化和兼容性**。如何才能让残障人士也可以访问你的图表？你在设计图表时，是否考虑到种族、性别和其他群体的影响？

图表的结构

若要创建图表样式，首先要定义图表中的各个部分。我们以华盛顿特区非营利机构城市学院（Urban Institute）发布的样式指南（下面简称"UI样式指南"）为例进行说明。

1. 整体尺寸

不同的产品类型，对尺寸的要求也不同。例如，在线的图表通常以像素为单位，而打印文档中的图表通常以英寸或厘米为单位。具体使用哪种，可能和组织使用的工具以及工作流程有关。在"UI样式指南"中，规定了打印图表水平尺寸的最大值（6.5英寸），以适合8.5英寸×11英寸的页面。

2. 图表编号

图表既可以单独放置，也可以用字母或数字进行编号。你可以将图表编号置于图表标题的上方，居中对齐或左对齐，用不同的颜色和字体与标题区分开。你也可以将其与图表标题排在一行，如"图1：图表标题"。如下图所示，图表标题上方的图表编号使用蓝色大写字母，具体细节包括字体（Lato Regular）、字体大小（9磅）、大小写（大写）和颜色（RGB：22 150 210）。

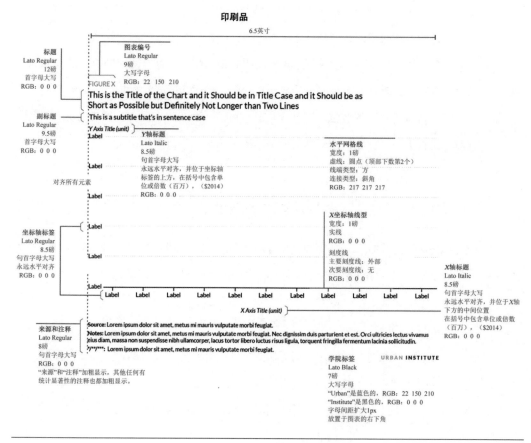

"UI样式指南"定义了图表的各个部分，以及适合它们的风格选择

3. 标题

标题是左对齐还是居中对齐？标题（和其他文本对象）左对齐的优点是，沿左边缘会形成一条垂直的基线，这让图表看起来更有条理，也更易于阅读。你还应该为标题设置一种基本风格。它们是纯描述性的还是更为活跃的，比如总结图表的要点？你使用的是句首单词的首字母大写，还是每个单词的首字母大写？在"UI样式指南"中，使用了每个单词的首字母大写。还要注意标题的使用是如何影响受众的——它应该是句首单词的首字母大写，尽可能简短，并且不超过两行。

4. 副标题

如果有副标题，那么如何在图表中使用？是在这个位置写一段更有吸引力的话，还是列出图表中数据使用的单位？在副标题的位置也可以放置纵坐标轴的标题，因为当左对齐时，它刚好位于纵坐标轴的顶部附近。要将副标题与标题区分开，可以将其放在括号中，缩小大小，甚至更改颜色。在"UI样式指南"中，副标题的样式是：句首单词的首字母大写、字号较小、黑色字体。

5. 坐标轴标题

将纵、横坐标轴的标题放在哪里？在许多软件工具中，纵坐标轴的标题会旋转90°，沿该坐标轴竖排。比较好的方式是水平放置，并位于纵坐标轴的上方，与标题和副标题（或者，就是副标题）对齐。而对于横坐标轴的标题，你需要决定它位于离坐标轴多远的地方。有时横坐标轴上的单位很明显，例如月份或年份，这时往往会省略横坐标轴的标题。你可以使用更小的字号或不同的颜色来区分坐标轴标题。在标明单位时，你需要考虑是使用文本（如"美元""百分比"），还是使用符号（如"$""%"）。在"UI样式指南"中，将纵坐标轴（$y$轴）的标题放在轴线的上方，将单位写在括号里；横坐标轴的标题位于该坐标轴的下方，采用8.5磅的Lato Italic字体，水平居中。

6. 坐标轴标签

应该如何设置标签格式？黑体、斜体、字号？纵坐标轴的标签（与标题不同）通常位于图表的左侧，但如果图表非常宽，则也可以将其放在右侧。横坐标轴的标签，对于某些单位是否有特定格式？例如，当沿横坐标轴使用年份时，像2000, '01, '02…这样的标签是否可接受，或者必须使用完整的形式？

7. 坐标轴和刻度线

坐标轴用什么颜色？轴线的粗细如何选择？刻度线位于坐标轴的内部还是外部？有些图表会直接省略纵坐标轴，但通常都会保留横坐标轴，这样就会有一个统一的视觉基准。我更喜欢把横坐标轴的颜色设置得比网格线更深一些。在有负值的情况下尤其如此：我们要确保零轴线不在图表的底部。条形图一般不需要绘制刻度线，但折线图往往需要。在"UI样式指南"中，纵坐标轴被省略了，横坐标轴是一条1磅的黑线，其主要刻度线位于坐标轴的外部。

8. 网格线

很多图表都包含水平的网格线，但格式各不相同。它们是实线还是虚线？是粗还是细？什么颜色？以什么样的增量添加？而垂直的网格线在图表中使用得较少，偶尔会用于散点图中。

9. 来源和注释

在图表中必须标注来源，以及重要的模型或修改。来源和注释通常位于图表的底部，与纵坐标轴标签、标题和副标题左对齐。通常"来源"和"注释"都会加粗显示。例如，《芝加哥风格手册》（3.20节）建议将来源置于注释行之上。在"UI样式指南"中，"来源"和"注释"这两个词都是粗体字，并按上、下方式排列。

10. logo

如果你想在图表上添加logo，则要注意它的位置和大小（确保使用高分辨率的图像）。logo通常位于图表的右下角，有时也会被放在其他位置。将logo放在图表右下角的优点是，它避开了"标题/副标题"和"来源/注释"区域。在"UI样式指南"中，在图表的右下角区域添加了一种logo格式，并对颜色和间距进行了具体说明。

11. 图例

是否要用图例？如果要用，则应将其放在哪个位置？图例的大小有什么讲究？用什么符号来做图例？在"UI样式指南"中有一个单独的部分，用于规范图表中的其他元素（包括图例）。

12. 数据标记

　　在数据图表（特别是折线图）中是否需要使用圆形或正方形的数据标记？数据标记需要填充颜色还是无填充？什么时候要标记数据值？对于具有一定数量值的图表，你最好设定数据标记的使用规则。

13. 数据标签

　　确定什么时候标记数据点、怎么放置，以及如何设置格式。在"UI样式指南"中有一个单独的字体大小列表，描述了数据标签的显示方式。

14. 数据系列

　　这将因图表类型、线条粗细、条和列之间的间距、每个元素颜色的不同而有所不同。根据图表的复杂性，你可能需要在样式指南中针对不同的图表类型设计不同的使用规范。

▶　▶　▶　▶　▶

　　下面是另两个不同的图表样式指南，第一张图是伦敦数据库（London Datastore，一个对公众免费开放的数据资源库）发布的数据可视化样式指南，第二张图是阳光基金会（Sunlight Foundation，一个倡导开放政府的无党派组织）的图表样式指南。它们通过规范图表中的各个要素，以反映各自的风格偏好。

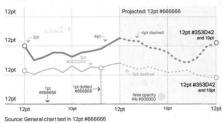

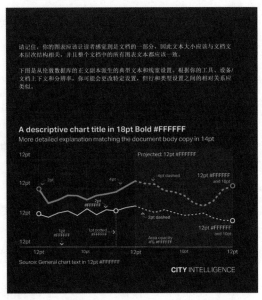

来源：伦敦管理局的Mike Brondbjerg，根据开放政府许可证复制

Basic Structure

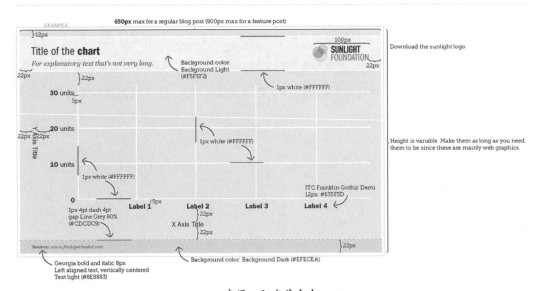

来源：阳光基金会

数据可视化样式指南应明确图表中字体、样式、颜色和大小的使用规范

图表的配色

颜色在视觉化中有着无与伦比的力量。人们注意到图表的第一个因素可能就是颜色，它唤起情感并引起注意。正如文森特·梵高（Vincent van Gogh）在1885年写给他哥哥的信中所说："颜色本身就表达了某种东西。一个人不能没有它；我们必须发挥它的作用。"

成功的品牌，从logo、信头到数据可视化，都拥有可识别的色彩系统。但适用于公司信头或网站的配色不一定适用于折线图。有许多免费的在线工具可以用来设计配色组合，比如Adobe Color、Color Brewer、Colour Lovers和Design Seeds。附录中还列出了很多其他配色工具。除了基本颜色，我们还需要设定每种颜色的不同色调和饱和度。

样式指南应包含不同的方案，以指导图表创建者进行颜色的选择。分析人员在设计和颜色选择上花的时间越少，他们就越能集中精力开发符合目的的最佳图表。

在数据可视化领域，主要有6种配色方案。

二元配色。用两种不同的颜色代表两类信息，例如，城市—农村、民主党—共和党、同意—不同意。

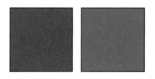

渐变配色。当数据值按照逻辑顺序从低到高排列时，其对应的颜色是同一色系的深浅变化。通常低值对应于浅色，高值对应于深色。例如，显示贫困率或人口的分级统计图使用的渐变配色法。

浅　　　　　　　　　　　　　　　　　　　　　　　　　　　　　深

　　对比渐变配色。这种配色方案可以被看作二元配色和渐变配色的结合。在此方案中，颜色从中心中间点向外逐渐变深。中间点两边，是两个不同的色系。例如，这种方法可以用来显示偏离零或中心值的数据。

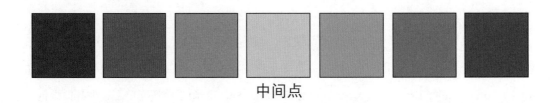

中间点

　　标准色配色。用不同的颜色表示差异的配色方案，例如，用不同的颜色表示不同的种族或性别。

　　突显配色。这是配色方案的一个特例。这种配色方案突出显示图表中的某个值或组。例如，我们可以强调散点图中的一个点或一小群点。

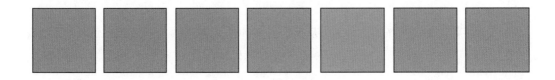

　　透明度配色。与其说是一种配色方案，不如说是一种在图表中使用颜色和透明度的技术，让重叠的信息也能被看见。

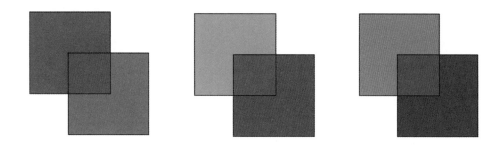

　　我们来看两个图表配色的例子。国家癌症研究所（National Cancer Institute，NCI）的样式指南中说明了颜色的使用规范，比如主题色、辅助颜色以及色调和饱和度。消费者金融保护局（Consumer Finance Protection Bureau，CFPB）的样式指南中有几套配色方案，它们都是为了"保持CFPB品牌的凝聚力"。

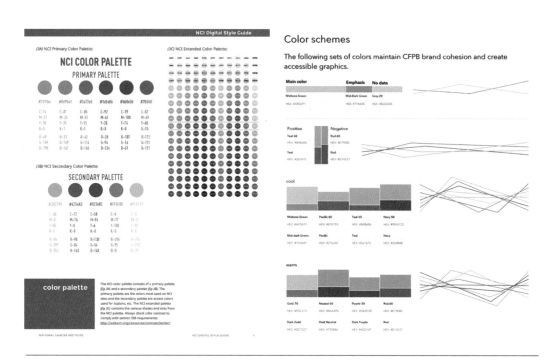

有很多方法可以定义品牌颜色和风格。这是两个实际的例子，左边是国家癌症研究所（NCI）的配色方案，右边是消费者金融保护局（CFPB）的配色方案

在使用颜色时，还应该考虑到色盲人群。全世界大约有3亿人患有某种形式的色觉障碍，其中以男性居多，他们中的大多数人很难区分红色和绿色。目前，有很多在线的颜色对比度检查工具，如Vischeck和WebAim，可用于颜色测试。

不要使用彩虹色

在进行配色时，不要使用彩虹色。在大多数情况下，彩虹色是一个糟糕的选择。首先，从浅蓝色（小数据值）到深蓝色（大数据值）的渐变色是合乎逻辑的，但说"紫色"比"橙色"的意思更重要就毫无逻辑可言。其次，彩虹色和我们的数字系统不匹配。比如，在下面的彩虹条中，绿色区域比蓝色区域要宽。如果想体现1到2的变化，那么在绿色区域内可能体现不出变化；但在蓝色区域内，同样是一个数字单位的变化，比如从9到10，就可能会从蓝绿色移动到蓝色。最后，彩虹色对于色盲患者（中间图像）或在黑白打印（最后一张图像）时读取的信息会不一致。

不要使用彩虹色。它和我们的数字系统不匹配，变化顺序也不符合逻辑；对于色盲人群来说，其无法理解相关信息，并且在转换为灰度后，和原来的信息不一致

色彩与文化

最后，需要注意的是，颜色可以强化刻板印象，或者在不同的文化中具有不同的含义。多年来，粉色和蓝色被用来区分女性和男性的数据。但在现代西方文化中，这些颜色都带有性别刻板印象：粉色表示软弱，蓝色表示坚强。有趣的是，这种刻板印象并非一直如此，早在20世纪中叶之前，这种印象是相反的。卡西亚·圣克莱尔（Kassia St. Clair）在《色彩的秘密生活》（*The Secret Lives of Color*）中写道："粉色毕竟只是褪色的红色，在穿猩红色外套的士兵和穿红色长袍的红衣主教的时代，红色是最具男子气概的颜色，而蓝色是圣母玛利亚的标志性色调。"在实际运用时，往往不用粉-蓝配，而是用其他颜色组合，如紫色和绿色（《电讯报》）、蓝色和橙色（《卫报》）。

另外，不同文化对颜色的理解也不一样。例如，在西方文化中，红色可能会唤起激情和兴奋的情绪，可以是正面的，也可以是负面的。然而，在东方文化中，红色代表幸福、欢乐和喜庆。在印度，红色代表纯洁；在日本，红色代表生命、愤怒和危险。

定义字体

在数据可视化样式指南中还要定义字体。你可能不需要设置两种以上的不同字体，一种就足够了。你可以通过调整单一字体的粗细、角度（斜体）和颜色来改变呈现效果。

谨慎使用自定义字体

自定义字体可以让你的样式与众不同，因为它们和微软办公软件中自带的字体不一样。但是要注意：你得在所有需要显示图表的设备上安装自定义字体。虽然自定义字体可以让你的图表脱颖而出，但在共享文件或用别人的电脑演示时，可能会带来麻烦。

　　有些默认字体如Century Gothic、Tahoma、Trebuchet MS和Verdana是数据可视化时不错的选择，这些字体在大多数操作系统上都有，不过大家平时不常用，因此看起来更新颖。

　　在Tableau[1]中，BBC的数据可视化样式指南（左图）规定了使用哪些字体、在哪里使用，以及如何与图表中的其他元素对齐。其中，Reith Sans字体不是默认字体，因此必须要确保组织中每个人的电脑上都安装了该字体。美国农业部的《视觉化标准指南》（*Visuals Standards Guide*）（右图）提供了一系列在其出版物中使用的字体，并且三种字体中至少有两种（Arial和Times New Roman）是典型的默认字体。

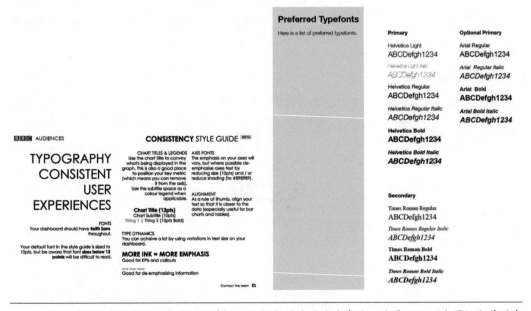

数据可视化样式指南还应定义要使用的字体，以及何时使用这些字体。这是BBC（左图）和美国农业部（右图）的样例

1　译者注：它是一款专业的数据可视化分析软件。

特殊图表类型指南

有的样式指南中可能还包括特殊图表类型的设置说明。你所在的组织可能希望明确不同图表的特定样式或数据可视化的最佳实践。在样式指南中，可以涵盖不太常见的图表类型，以扩展数据可视化的工具箱。

从明确常见图表类型的使用规范开始。例如，你可以规定不能使用双轴折线图，或者在饼图中对数据系列有上限要求。相关规范可以更精细，例如，在堆积条形图中标签的确切位置，或者在折线图中数据点位于刻度线上还是刻度线之间；你还可以规定，在条形图中不能有任何刻度线，或者只要包含数据标签，就必须去掉网格线和刻度线。

在特定的图表区域中，需要解决的另一个问题是如何管理不同数据系列之间的配色。如果主色调是蓝色、红色和橙色，若有两个或三个系列，这些颜色的顺序可能会发生变化，例如，在成对条形图（旋风图）与堆积条形图中。

你还可以添加数据可视化的提示和技巧。以下5条是"UI样式指南"的开篇提示。你可以制定自己的规则和技巧，也可以借鉴其他组织和团队的。

来自"UI样式指南"的提示

1. 所有图表都是全幅宽度（685px）的，因此保持尽可能高的数据密度非常重要。始终包含对图表的文本引用，以便为报告/简报/博客文章的内容提供上下文。如果图表中只有2~3个值，那么可以考虑用几句话来解释这些值。

2. 如果你发现用文字描述更有效，那么就别用图表。

3. 标题：保持简短，用简单的几个字来解释图表内容。如果需要添加修饰词（如年份、美元），或追加说明，请使用副标题。

4. 来源和注释：这是有关方法论的技术信息，应避免将这类信息放在标题、标签中或图表上。

5. 图例：放在图表的顶部或右侧，以符合数据逻辑顺序的方式进行排序。

来源："UI样式指南"，2020年1月。

导出图表

当可视化内容已准备好供外部使用时，必须将其导出为可用的文件格式。这时可能会出现一些失误：过分压缩图像分辨率，导致图像模糊不清。在下图中，你可以看到同一张图表在分辨率上的差异。你倾尽全力制作了一张清晰、美观、有效的图表，千万不要在导出时掉链子。

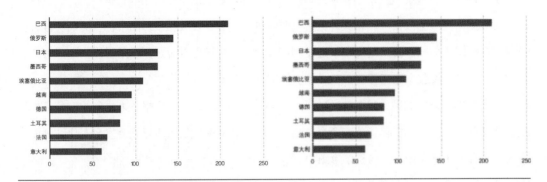

当将图表从软件工具中移动到最终页面（报表或Web图片）时，请确保图像有足够高的清晰度。关键是在发布图像之前要对其进行测试

在导出图表时选择正确的文件格式是关键。文件格式有很多种，每种格式都有优缺点。图像格式之间最大的区别在于，它们是位图还是矢量图。位图格式（也称为光栅）的图像被存储为一系列正方形（称为像素），每个正方形都指定一种特定的颜色。当你拍摄位图图像并将其拉伸时，像素变大，分辨率下降。你可能有类似的经历，比如把一张照片放在一个文档中，然后放大照片，这时每个像素都变大了，图像的清晰度也变差了。

另一种图像格式是矢量图。与位图相反，矢量图包含有关图像中实际形状的所有信息。在拉伸矢量图时会重建里面的图像信息，它不会像位图那样丢失分辨率。因此，矢量图与分辨率无关，不管你放大多少倍，都不会损失清晰度。当然，矢量图最大的缺点就是文件非常大。

类型	缩写	全称	应用
矢量图	pdf	便携式文档格式（Portable Document Format）	通用
	eps	封装式脚本（Encapsulated PostScript）	通用
	svg	可缩放矢量图形（Scalable Vector Graphics）	在线
位图	png	便携式网络图形（Portable Network Graphics）	针对线条图形进行优化
	jpeg	联合图像专家组（Joint Photographic Experts Group）	针对摄影图形进行优化
	tiff	标记图像文件格式（Tagged Image File Format）	打印制作；更好的色彩再现
	gif	图形交换格式（Graphics Interchange Format）	主要用于动图

来源：改编自Claus O. Wilke的《数据可视化基础》（*Fundamentals of Data Visualization*）

关于导出图表的规范取决于多种因素，包括数据可视化软件工具、操作系统，以及最终将图表发布在哪里：PDF报告中？网站上？Twitter里？最好的策略是尝试各种方法，并仔细检查最终效果，以确保图像足够清晰。

可访问性、多元化和兼容性

许多有视力障碍的人要依靠屏幕阅读器来浏览互联网。屏幕阅读器向用户大声读取屏幕上的内容，因此，如果你发布一张文件名为"图1.png"的图表，用户听到的就是这个文件名。如果你没有考虑到残障人士的可访问性需求，那么他们就很难阅读你的作品或使用你的网站。可访问性还包括人们是否可以访问互联网以及他们的网速。你可能还需要考虑内容的分级使用。

若要创建可访问的内容，你可以参照1973年的《康复法》（*Rehabilitation Act*）第508条规定的指导原则。它要求美国联邦政府机构开发、采购、维护和使用残障人士可访问的信息与通信技术（ICT）。这意味着，遵循第508条规定的联邦机构必须使他们的ICT（如在线培训和网站）人人都能访问。

我们都可以应用的一个图像标准是，在图像中使用"可选文本"。可选文本简洁地描述了图像中的内容。对于数据可视化来说，这是描述图表信息或结论的文本。换句话说，就是用一句话总结你的图表。

你也可以参考"网页内容可访问性指南"（Web Content Accessibility Guidelines，WCAG）的建议（WCAG是一个致力于"让Web充分发挥其潜力"的国际领先组织）。WCAG从4个维度定义了可访问性：

1. **可感知**。信息必须以用户能够感知的方式呈现。这意味着还要提供一些非文本的信息，如语音、符号或大幅印刷品。文本应该和背景色有足够的对比度，图像应该包含可以让屏幕阅读器和其他辅助技术读取的信息。

2. **可操作**。通过键盘可以操作所有功能。例如，用Tab键、Enter键和空格键可以进行页面导航操作，并且可以触发交互界面。

3. **可理解**。文本内容应该可读取和可理解，网页上的内容应该按正常的认知顺序排列。如果重新排列页面上的内容，则会使内容更难以阅读和理解。

4. **很稳定**。在线内容应该有较高的兼容性和稳定性，以满足当前和未来用户的需求，以及兼容各种辅助技术。例如，在开发网站时，要让屏幕阅读器和其他辅助技术可以准确地解读相关内容。

尽管人们一直在探索用不同的辅助技术让视觉内容更易访问，但到目前为止，还没有统一的规则。操作系统、浏览器和编程语言都在变化和发展，任何辅助功能指南都只能解决一部分问题。我们所能做的是，如何让具有不同能力的人访问相关内容。有很多策略都是值得借鉴的，我们可以用它们来更有效地通过文本和注释来交流内容。更好的可访问性，带来更好的实用性。

在数据可视化中，另一个需要注意的问题是，你在提及某些群体时的措辞。如果你在写作、制作表格或图表时使用诸如"黑人"、"非裔美国人"或"西班牙裔"等术语，则说明你已经考虑到这一点。你的措辞应该能被受众所接受，想想他们的生活经历，使用"以人为本"

的语言，比如用"残障人士"，而不是"残废"。重要的是要记住，数据是对真实生活的反映。

这也适用于图表的布局。如何在表格和图表中排列条形或折线？是按字母顺序，基于样本量，还是按其他标准来排序？这些问题的答案并不多，但值得花些时间思考一下方法和策略，以使你的工作更容易被不同群体所接受和包容。

综合运用

对于其中一些问题，并没有统一的答案。无论将网格线设置为1磅还是2磅，无论给这个还是那个添加灰色阴影——这些主要是从样式角度考虑的，但也需要考虑功能。正如在第1章中所讲的，我们的目的是通过设置网格线、刻度线和标记来强调数据。

有效、全面的数据可视化样式指南最好是在组织层面上开发的。如果可能，则将设计团队和数据团队召集在一起，共同商议确定可视化的指导原则，以满足组织和品牌的需求。如果你所在的组织没有这些部门，或者你在开发自己的样式指南，那么你可以请教专家或参考其他已发布的样式指南。

请记住，将数据可视化样式指南视为一个动态文档。随着技术和趋势的变化，要及时更新你的指南。并且记住，要灵活应对组织中的不同需求、工具和技能。创建一个每个人都可以访问和实施的指南，可以给组织、读者和你本人带来便利。

图表的再设计

截至本章，你的数据可视化工具箱里应该有不少工具了。我们已经学习了几十种图表，其中有许多对你来说可能是新的。当你开发自己的数据可视化设计时，你会发现这些新的图表类型可能特别有用。

在本章中，我们会对一些图表进行重新设计。但这并不是说我选择重新设计的图表都是糟糕的，只是因为我相信有更有效的方法来展示数据。我的目标是，展示我们所学到的内容是如何使数据可视化更清晰、更有效的。

这里的重新设计并不是修改这些图表的唯一方法，但都遵循书中提到的指导原则。总的来说，方法没有对错。当你开发出更好的数据可视化设计时，你也将建立自己的审美观和风格偏好。

簇状柱状图：大田作物面积

我们来看一下美国农业部的这张柱状图，它显示了6个年份美国5种主要农作物的种植面积。你最先看到的是什么？

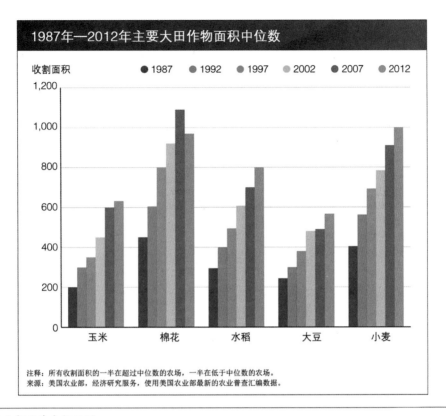

美国农业部的基本柱状图

　　我猜你最先看到的是，随着时间的推移，所有5种农作物的种植面积都在增加。接着你可能看到的是，棉花种植面积（第二组）在最后一年有所下降。与其他几种农作物不同，棉花最后一根柱形（绿色柱）比前一年的短。但它并不明显，因为图表中的颜色太多了。

　　如果此图表的目的是显示5种农作物种植面积的相对趋势，那么使用柱状图是一个糟糕的选择。虽然簇状柱状图能准确地显示数值，但却看不出相对趋势。

　　我们可以将其重新设计为一张简单的折线图。在折线图中，棉花种植面积下降很明显，5种农作物的相对面积也是如此。在柱状图中，我看不出水稻种植面积正好在5种农作物的中间，但在折线图中可以马上看到。这里我没有使用图例，而是在末尾添加了和折线颜色相同的标签。

　　另一种方法是使用周期图。这张图表本质上是一张小型序列折线图，每种农作物都有自己的坐标。它的优点是，图表空间更大，也更吸引人；缺点是，各种农作物的相对模式没有折线图清晰。

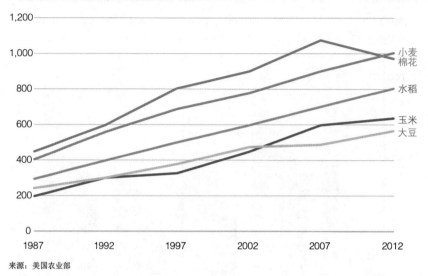

1987年—2012年主要大田作物面积中位数
（所有5种大田作物的面积中位数增加了1倍以上）

来源：美国农业部

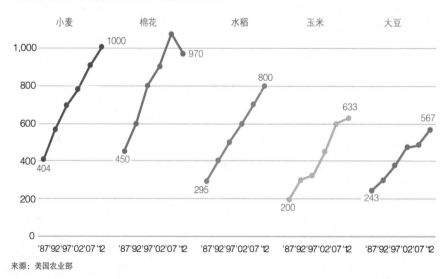

1987年—2012年主要大田作物面积中位数
（所有5种大田作物的面积中位数增加了1倍以上）

来源：美国农业部

两种重新设计的图表：折线图（上图）和周期图（下图）

堆积条形图：服务交付

让我们回顾一下第1章中的感知图谱。其最上方是沿坐标刻度定位的图表，例如，具有横坐标轴的柱状图或折线图。往下是那些不按坐标刻度定位的图表，要准确评估其数值会稍微困难一些。

下图同时包含了感知图谱中的两部分信息。我们可以清楚地辨别蓝色系列（功能分配）的值之间的差异，因为它们位于同一条垂直基线上。然而，我们没法评估其他系列的值，因为它们没有共同的基线。你可以自己试一试：对比"所有国家"和"赞比亚"（前两个系列），在"政治机构"（黄色系列）这一项的得分哪个更高？

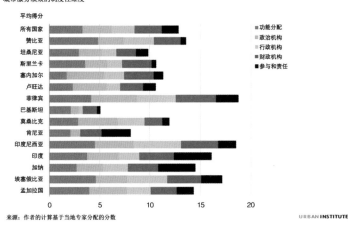

城市电讯：是什么使亚州和非州的城市无法有效提供公共服务？

大多数国家系统没有赋予城市改善服务的权力
城市服务绩效的制度性维度

来源：作者的计算基于当地专家分配的分数

比较这五个因素的相对大小表明，地方政府具有相对较高的政治权力，但缺乏有意义的地方公民参与。

来源：Roth和Malik，2016年

我们几乎看不出"所有国家"在"政治机构"这一项的得分比"赞比亚"高

我们可以将上面的图表分成5张单独的图表，而不是将所有数据放在一张图表中。这样一来，每个数据系列都有自己的垂直基线，因此更容易进行比较。这类图表的制作要点是：每个数据系列的横坐标范围是一样的。例如，如果缩小"财政机构"的坐标范围，那么它的值看起来会比其他系列的值大。

大多数国家系统没有赋予城市改善服务的权力
（城市服务绩效的制度性维度，按国家的平均得分）

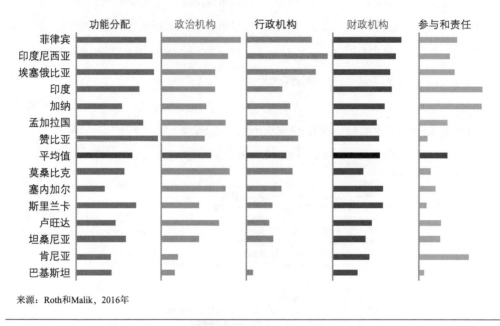

来源：Roth和Malik，2016年

重新设计堆积条形图的方法之一是，将其分解成小型序列图

然而，这种方法不能体现总计值之间的比较。解决方法很简单，只要我们使用相同的横坐标范围，添加一个总计项即可。换句话说，每条网格线之间的距离是相同的。这种方法在各数值总和相同或等于100%的情况下效果更好，因为总和的条形长度一样，就没必要添加总计项了。

大多数国家系统没有赋予城市改善服务的权力
（城市服务绩效的制度性维度，按国家的平均得分）

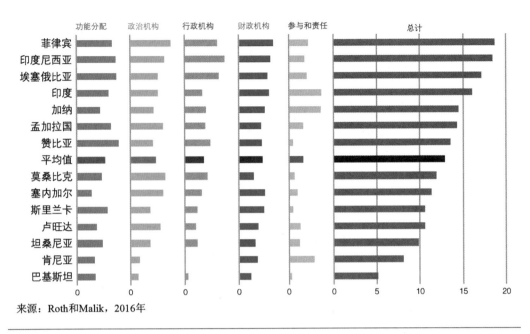

来源：Roth和Malik，2016年

在分解堆积条形图时，有时添加总计项很重要

折线图：社会保障受托人

每年，联邦保险信托基金委员会都会报告美国社会保障计划当前和预计的状况。受托人负责评估项目当前和未来的财务状况，以便向公众和决策者说明项目面临的挑战。社会保障技术小组（Social Security Technical Panel）是一个独立的专家小组，负责审查受托人的工作，包括具体方法、经济和人口假设，以及受托人是否尽力沟通。

2019年技术小组强调了最后一个类别："小组认为，随着大家对公共机构理解的增强，信任感也会增加……在这种情况下，受托人必须就其财务状况与公众进行清晰、有效的沟通。"该小组强调了使用清晰、平实的语言，关注核心信息，以及在受托人工作中运用更好的数据可视化方法。

下面让我们来看两个数据可视化的例子。

整理

第一个例子是相对简单的整理，而不是大规模的重新设计。几乎每一份受托人报告中都会出现这张折线图，它按时间顺序显示了社会保障体系的基本财务状况。系统收入（缴纳到系统中的税款）被放在系统成本（支付给受益人的福利）的旁边，呈现了短期（2000年至2018年）的历史状况和较长时期（2018年至2092年）的预测。图表中显示了两组成本：一组显示计划支付的福利数量（虚线）；另一组显示实际可支付的福利数量（粗体实线）。

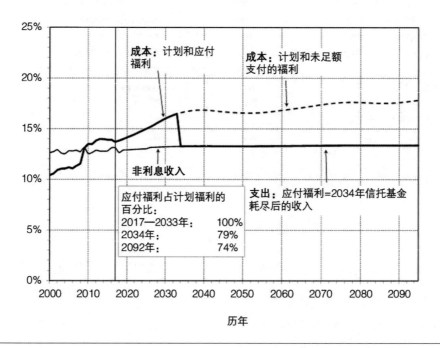

社会保障管理局（2019年）发布的这张图表，显示了多年来社会保障体系的基本财务状况

让我们用一种简单的方法来重新设计这张图表，删除一些无关的细节和标记。在这里，我删除了垂直网格线和刻度线；删除了里面的小表格，把相关信息直接标注在图表上。我使用了一些与黑白印刷一致的颜色，并在预测期（2018年后）添加了一个灰色背景框，以吸引大家的注意力。

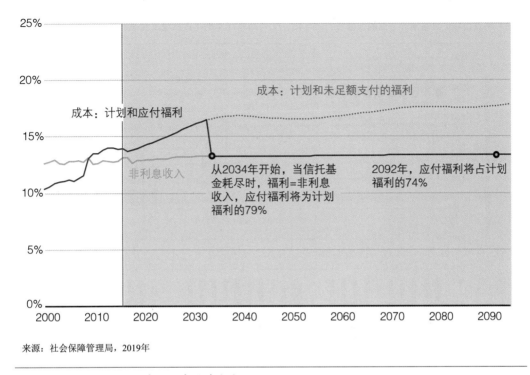

来源：社会保障管理局，2019年

一些基本的整理和注释提高了图表的清晰度

更好的点状图

下面的图表来自2011年的技术小组报告，它显示了不同社会保障模型的敏感性。在1999年以来发表的6份报告中，大多数都以一系列表格的形式体现这一信息。但在2011年，该小组以点状图和简化的箱线图来呈现这些数据。图表中间有一个"中间"值，而"低成本"和"高成本"分列两端。

在这张图表中使用了不同的形状、垂直网格线和水平网格线，以及旋转的标签，让整张图表看上去很杂乱。接下来，我们使用第2章中介绍的基本指导原则——展示数据、减少混乱、图文结合、使用更多的图形，以及从灰色开始——改进这张图表，让它更清晰、易读。

图4–精算余额汇总对预计范围的敏感性：25年期、50年期和75年期（占应税工资总额的百分比）

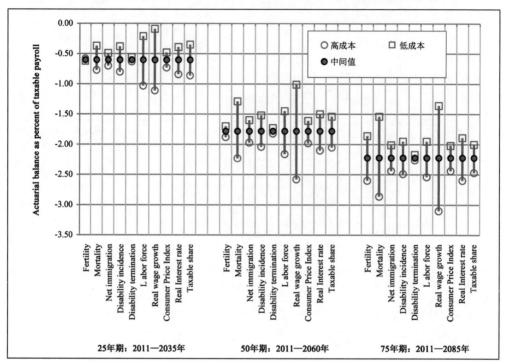

来源：2011年受托人报告，附录D；社会服务管理局首席精算师办公室提供的额外估计数。

来源：2011年技术小组关于假设和方法的报告

网格线、旋转的文本以及杂乱无章，让图表难以阅读

　　最简单的方法是先将纵、横坐标轴互换，现在我们不需要扭着头来阅读标签了。接着，把点状图（本身也没什么不对）换成矩形，从而减少图表中多余的点和线。矩形的一端是"低成本"，另一端是"高成本"，中间用一条线标记为中间值。我们还可以将度量的标签放在第一组矩形的旁边，如果有必要，则也可以在每一组前面都重复添加这些标签。

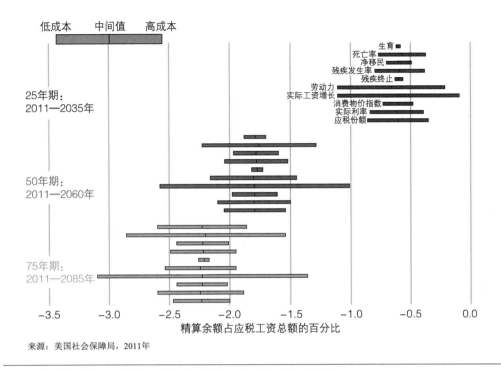

来源：美国社会保障局，2011年

重新调整图表布局，并去除一些杂乱的内容，使图表更易于阅读

分级统计图：阿拉巴马州奴隶制和参议院选举

2017年年末，阿拉巴马州举行了美国参议院席位的决选。在一次紧张而激烈的选举中，记者莎拉·斯洛宾（Sarah Slobin）（当时在Quartz公司工作）在1860年写了一篇关于投票行为与奴隶分布之间关系的故事。斯洛宾写道："虽然相关性不等于因果关系，但是当你放大阿拉巴马州，将之前各地奴役情况与本周的投票情况进行比较时，会发现两组数据出现了惊人的重叠……"

根据那次选举的投票数据，在右边的地图上有一条清晰的深蓝色水平带（代表更多的民主党选票）。左边的地图来自美国人口普查局出版的1860年的地图，显示了一条较深的颜色带，代表被奴役人口比例较高的县。斯洛宾写道："如果你把注意力集中在两张地图上水平方向的

'黑带'上，你可以看到在历史上被奴役人口较多的地区，把选票都投给了（民主党候选人）琼斯。"

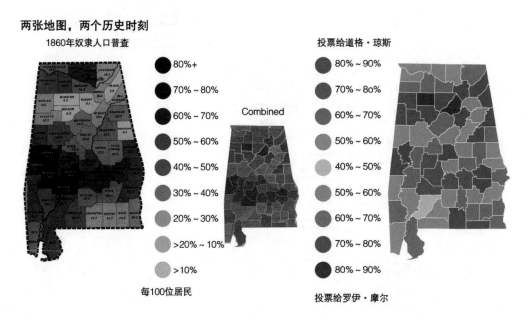

两张地图，两个历史时刻

1860年奴隶人口普查

Combined

每100位居民

投票给道格·琼斯

80% ~ 90%
70% ~ 80%
60% ~ 70%
50% ~ 60%
40% ~ 50%
50% ~ 60%
60% ~ 70%
70% ~ 80%
80% ~ 90%

投票给罗伊·摩尔

80%+
70% ~ 80%
60% ~ 70%
50% ~ 60%
40% ~ 50%
30% ~ 40%
20% ~ 30%
>20% ~ 10%
>10%

来源：作者根据Quartz的原始图表做了一些渲染。美国人口普查局的地图；莎拉·斯洛宾提供的投票数据

通过对比1860年人口普查局的地图和2017年阿拉巴马州参议院选举地图，我们可以看到类似的较深的颜色带穿过该州中部

　　尽管它在视觉上很吸引人，但是读者为了对比中间那部分的相似性，不得不在两张地图之间来回切换。我们可以采取不同的方法吗？

　　阿拉巴马州有67个县，民主党人的得票率从16.1%到88.1%不等。这些县与我在人口普查局的地图上能找到的51个县大致（虽然不是完全）重叠，从3.1%到78.3%不等（在1860年至2017年间，由于各县发生了变化、合并或解体，我们将忽略一些数据）。

　　在散点图中绘制这两个变量，可以让我们更容易地看到奴役和投票正相关，图表右上角的黑色圆点是该州中间地带的12个县。

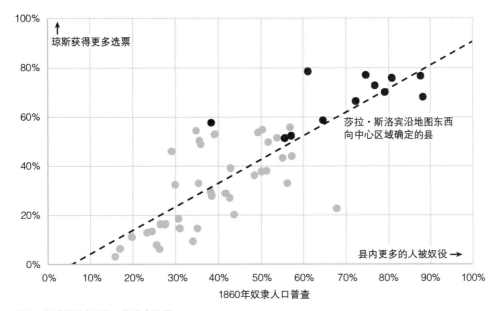

可以用散点图来替代原来的地图，或者作为地图的补充

斯洛宾的地图在视觉上很吸引人。对于新闻报道来说，它很可能是展示数据的最佳方式。相比之下，对于不太熟悉这种图表类型的普通读者，散点图提供了一些额外的解释。我们可以同时发布这两张图表，既能吸引人，又能清晰地展示数据。如果是在专业的学术期刊上发表文章，我会倾向于用散点图，因为它清楚地显示了两个系列之间的关系。

点状图：国家学校午餐计划

在查阅国家教育进展评估（National Assessment of Educational Progress，NAEP）关于黑人和白人学生成绩差距的报告时，我看到了下面这张图表，它显示了黑人和白人学生的学校成绩差异，它是按黑人学生的分数排序的。

图8：2011年，按黑人学生密度分类的符合国家学校午餐计划（NSLP）资格的黑人和白人学生比例，以及父母受过高中以上教育的比例

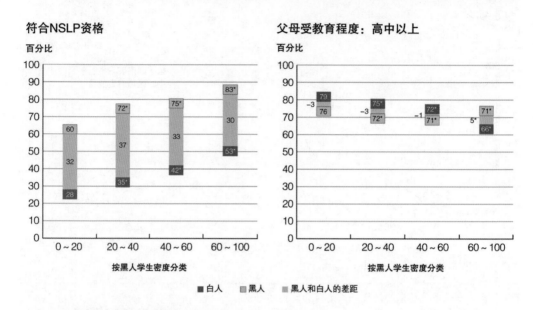

符合NSLP资格

父母受教育程度：高中以上

■ 白人　▨ 黑人　▨ 黑人和白人的差距

*0%～20%的密度分类有显著差异（*p*<0.05）。
注释：此图表中显示的测量值是每个黑人学生密度分类中的学生百分比。
来源：美国教育部、教育科学研究所、国家教育统计中心、国家教育进展评估、2011年数学八年级评估。

这张来自国家教育统计中心的图表显示了有资格参加学校午餐计划的学生百分比

　　我们看左侧图表中最左边的条形，这里有三个数字：28%、32%和60%。绿色框中的数字显示白人（60%）和黑人（28%）学生的考试分数，中间数字显示两组之间的差距（32%）。但绿色框使其看起来好像28%代表一系列数字，比如从22%到28%。当使用矩形而不是点或标记制作点状图时，它看起来更像是堆积条形图。

　　作为替代方案，让我们将其设置为典型的点状图（垂直方向）。我们可以用绿色圆圈替换绿色框，并用灰色垂直线将它们连接起来。现在，我们将绿色圆圈视为一个点，而不是一个范围或一组堆积的值。

符合国家学校午餐计划（NSLP）资格的学生比例

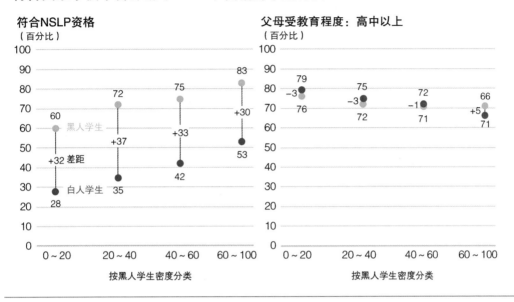

改变形状和去除一些杂乱的东西，使这张图表更容易阅读

你可能还注意到，我删除了图例，并在左侧图表上直接标注了三个系列。我没有在右侧图表中重复标注，原因有两个：第一，因为间隙太小，写标签的空间不够；第二，读者不需要它们反复出现也能理解。

点状图：美国的GDP增长

每个季度，美国经济分析局（Bureau of Economic Analysis，BEA）——负责制定美国经济最重要指标的联邦机构——都会发布关于国内生产总值（GDP）变化的报告。该机构还会发布一篇特定行业随时间变化的新闻稿。

下面的图表来自2014年第三季度的新闻稿，它显示了"实际增加值（RVA）"——衡量某个行业对GDP的贡献。根据之前所学的知识，你可能会更改很多地方，从而让这张图表更有效。比如，直接在条形上标注相关信息，将图例横向排列放在标题下方，把网格线的颜色设置得淡一些。

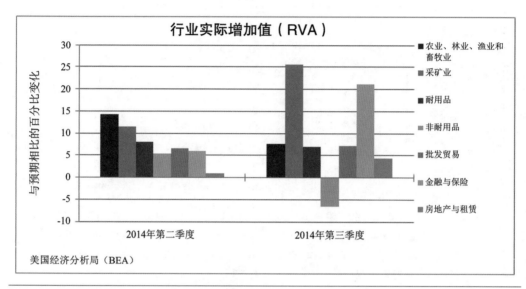

经济分析局季度报告中的条形图与正文中的内容不符。

更重要的是，让我们看看这张图表想要展示什么。以下是BEA文件中关于行业实际增加值图表的6个要点：

▶ 金融与保险实际增加值在第二季度增长6.0%之后，第三季度增长了21.2%。

▶ 采矿业实际增加值在增长11.5%之后增长了25.6%。这是自2008年第四季度以来的最大增幅。

▶ 房地产与租赁实际增加值在增长0.9%之后增长了4.4%。

▶ 耐用品实际增加值在增长8.0%之后增长了7.0%，而非耐用品实际增加值在增长5.4%之后下降了6.6%。

▶ 农业、林业、渔业和畜牧业实际增加值在增长14.2%之后增长了7.6%。

▶ 批发贸易实际增加值在增长6.5%之后继续强劲增长，增长了7.3%。

以上罗列的信息，你注意到了什么？每一条都详细说明了每个行业的实际增加值前后两个周期内的变化情况。然而，图表却被设计成更利于比较每个时期内跨行业的变化。

比较好的表现方式是图文结合：显示各个行业在不同时期的变化。使用簇状柱状图和点状图是两种有效的方法。在簇状柱状图中，我根据2014年第三季度对数据进行排序，以引导读者找到表现最好的行业。在点状图中，我根据两个时期之间的变化对数据进行排序——最大的增长变化在图表的顶部，最大的下降变化在图表的底部。

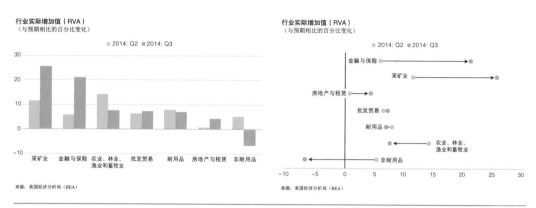

以这两种方式重新设计BEA的原始图表，以匹配新闻稿的内容

这两张图表都能更好地说明文本中的要点。它们是按行业分类的，你可以更容易看到，"采矿业实际增加值在增长11.5%之后增长了25.6%"。你的数据可视化不是为了将长文本分开或只是调节阅读节奏的"视觉中断"，它们是用来支持论点的。将它们与内容相结合，可以创造流畅的阅读体验。

折线图：政府借款净额

正如在第5章中所提到的，我非常喜欢折线图，它们能清楚地显示变量随时间的变化，每个人都知道怎么读取信息。然而，请看下面这张图表，它来自2012年明尼阿波利斯（Minneapolis）联邦储备银行的经济政策报告（Economic Policy Paper）。

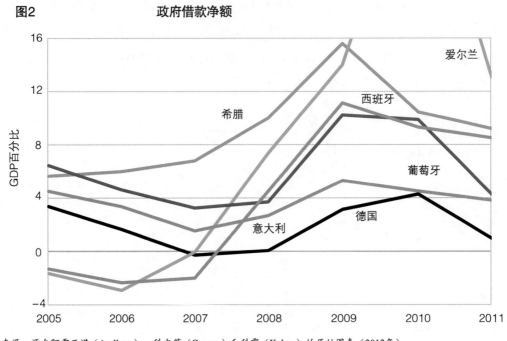

图2　　　　　　　　政府借款净额

来源：源自阿雷亚诺（Arellano）、科内萨（Conesa）和科霍（Kehoe）的原始图表（2012年）。

这张折线图只是简单地切断了爱尔兰的数据

　　注意到这张图表有什么奇怪的地方吗？标题被分为三个部分（左上角的"图2"、中间的"政府借款净额"，以及沿纵轴的"GDP百分比"）。除了零轴，其他网格线粗细相同，而且零轴不在底部。还有，柔和的颜色和明亮的颜色相互混合。

　　爱尔兰的这条折线是如何从图表的顶端跳出来的呢？如果你要显示部分数据，则要有充分的理由。

　　这张图表的绘制者面临着一个问题：2011年爱尔兰债务激增，远远超过其他国家。因此，在一张图表中显示所有的数据，会使其他国家的数据被压扁，从而失去一些细节。

　　我们可以用两张图表来解决这个问题。其中一张图表包括爱尔兰，其纵轴从-10%到35%，另一张图表的纵轴从-4%到18%，显示其他国家的详细情况。我们可以将这两张图表设置为同等大小，或者将第二张图表缩小，以进行缩小/放大比较。在这两种情况下，我都用副标题来解释，一张图表包括爱尔兰，另一张不包括。

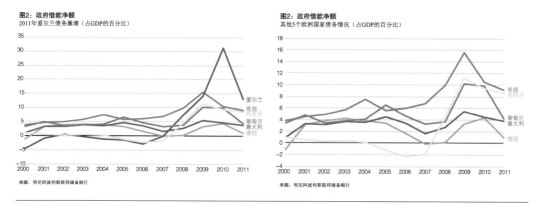

不要将所有信息放在一张图表上，而是尝试将它们拆分并创建一个"放大"的视图

表格: 坚定的承诺

正如我们在第11章中所看到的，有很多方法可以让表格更直观。我们可以添加颜色、图标、条形或其他元素来突显重要的值，而不是让读者浏览所有的数据。

下面这张表格使用不同的形状和灰色阴影显示从事不同商业活动（如设计和市场调查）的公司所占的市场份额。读者必须了解各形状所对应的百分比，然后找出不同的着色样式。当然，三角形不一定意味着比圆"更多"，所以很难解释为什么用三角形代表更高的百分比。

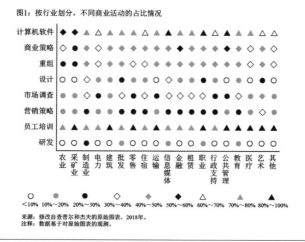

源自查普尔（Chappell）和杰夫（Jaffe）（2018年）的原始图表，可通过改变值的显示方式来改进

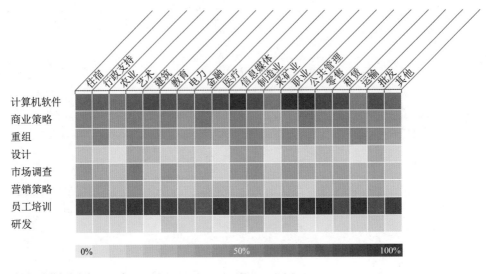

来源：查普尔和杰夫，2018年。
注释：数据基于对原始图表的观测。

可以用热力图来呈现查普尔和杰夫（2018年）的图表内容

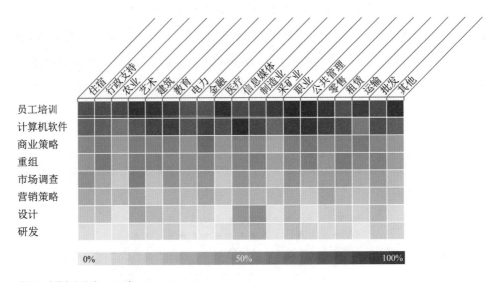

来源：查普尔和杰夫，2018年。
注释：数据基于对原始图表的观测。

可以用热力图来呈现查普尔和杰夫（2018年）的图表内容。和上图不同的地方在于对数据进行了排序如果使用单色渐变，从低百分比的浅蓝色渐变到高百分比的深蓝色，会有什么效果？在这种热力图方法中，从表格底部的深蓝色一行更容易看到，有大量时间花在员工培训上。

我们可以再进一步，对数据进行排序，这将自然引导读者的视线。对于较长的标签需要旋转一定的角度[1]，或者纵、横坐标轴互换，并调整单元格大小，以便能放下所有的文本。

小结

现在，你的数据可视化工具箱中有更多的图表可供选择，并且你也看到了一些最佳实践，我相信你已经准备好改进自己的图表了。找到并重新设计哪怕是最简单的图表，也能帮你完善技能，发展自己的数据可视化审美观。我发现，挖掘学术同行的文献是一个不错的起点。和其他技能一样，刻意练习会让你变得更好。

还有两个重要的忠告。首先，如果你公开点评一张图表，请记住，这些图表都是人做的，即使你充满善意地重新设计它，也可能得罪人。图表创建者可能有时间压力、软件限制或组织要求，而你对此一无所知。向创建原始图表的人伸出援手，可能值得你付出努力。其次，尝试确定图表的核心目标和数据系列可能面临的挑战，这有助于你找到适合手头任务的最佳图表类型。

1　译者注：这里指英文较长的单词构成的词组。

总结

现在，你的数据可视化工具箱已经大大扩展。

你可以利用更多的示例，以最适合受众的方式可视化数据，而不是使用软件工具里的默认图表。

本书介绍的图表经过了一次又一次实践的检验。分析师、研究人员、记者和学者已经将其用于不同的数据集、不同的领域、不同的风格和不同的平台中。你可以使用的图表集是无限的，条形图在有人发明它之前并不存在，也许你就是发明下一种伟大的图表类型的人。

创新的可视化灵感来源就在我们周围，比如来自公共和私人组织、媒体、数据科学家、设计师和艺术家。接下来几页中的图表来自一些流行的数据可视化项目，它们使用不同的形状、布局、方法和技术，展示该领域所独有的数据可视化形式。

自由数据设计师马丁·兰布雷希茨（Maarten Lambrechts）维护着一个名为Xenographics的项目网站，其口号是"怪异但（有时）有用的图表"。它是一个"新颖的、创新的和实验性的可视化资源库，可以启发你，对抗墨守成规，推广新的图表类型"。在那里，你可以找到不同的、独特的以及奇怪的图表。通过推广这种形式，我们可以推动该领域的发展，并以更好的方式交流数据和信息。

在创造你的视觉效果时，请保持探索精神。还有一些尚未发现的选项、表单、形状和图表类型可以更好地显示你的数据。哪怕你想到一个好主意，但不知如何在电脑上实现它，也没关系，你可以找那些能帮你把想法付诸实践的同事或合作伙伴。

来源：纳迪·布雷默（Nadieh Bremer），Visual Cinnamon[1]

经验教训

在本书中，我们介绍了许多规则、原则和指导方针。如果把这些总结成数据可视化的核心原则，只有以下4条。

展示数据

人们阅读你的图表是想了解一些东西，最好让他们通过查看数据来做到这一点。这并不意味着你要向他们展示所有的数据，但你应该始终突显最重要的数据。

1　译者注：这是一个视觉化网站。

减少混乱

减少并消除所有会分散读者注意力的信息，让他们尽可能容易地看到图表中最重要的内容。

图文结合

直接为数据添加标签，删除图例，使用清晰有力的标题，运用良好的标签和注释。在帮助读者理解数据之前，你可能需要引导读者浏览图表。

以受众为中心

永远记住你在和谁交流。理论研究者寻求的东西与执行者不同，执行者寻求的东西与管理者、决策者不同。试着找出你的受众，如果可能的话，和他们谈一谈，并根据他们的需求来设计图表。这样一来，你可以帮助他们洞察本质，揭示真相，进而更好地完成他们的工作。

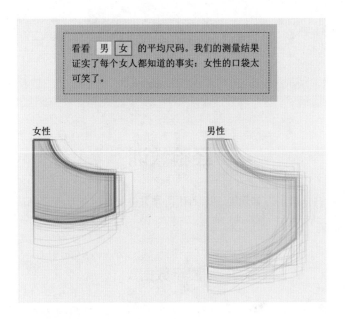

来源：简·迪姆（Jan Diehm）和安珀·托马斯（Amber Thomas），
"女性的口袋较差"，*The Pudding*

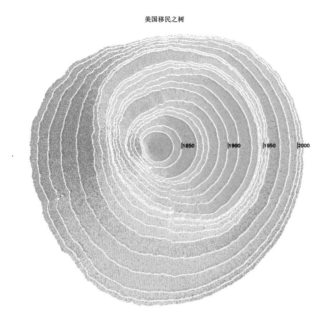

来源：克鲁兹（Cruz）、威比（Wihbey）、盖尔（Ghael）和涉谷（Shibuya），2018年

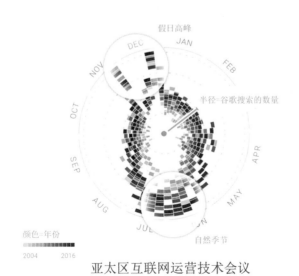

亚太区互联网运营技术会议

来源：莫里茨·斯特凡纳（Moritz Stefaner）

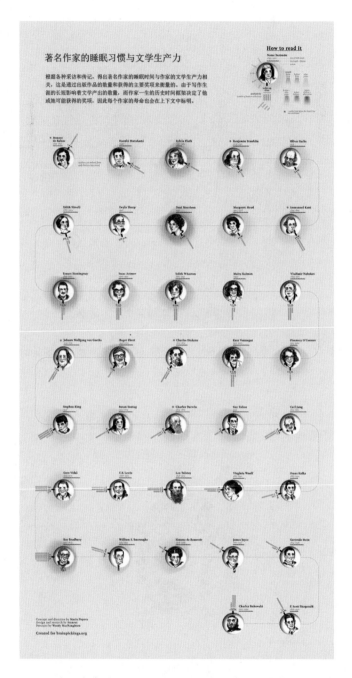

来源：Accurat。温迪·麦克诺顿（Wendy MacNaughton）的肖像画；由乔治娅·卢皮（Giorgia Lupi）、西莫尼·夸德里（Simone Quadi）、加布里埃尔·罗西（Gabriele Rossi）、大卫·休菲（Davide Ciuffi）、费德里卡·弗拉加潘尼（Federica Fragapane）、弗朗西斯科·马吉诺（Francesco Majno）设计和研究。2013年

来源：Periscopic：善用数据

最后的想法

　　我第一次对数据可视化感兴趣，是因为看到我和我的同事的许多工作被忽视。我并没有设计、计算机科学或数据科学的学位，但我现在能有效地利用图表。既然我都能做到，你也一定能！事实上，任何人都可以通过批判性地思考自己的工作以及受众的需求来有效地传达他们的数据。

附录A
数据可视化工具

本书探讨了80多种图表，但我的目的不是教你怎么制作图表。用于制作图表的工具太多了，重要的不是使用哪种工具，而是它能帮你创建满足需求的图表。

市面上有很多数据可视化工具可用，它们可用于不同的平台上，有免费的，也有收费的。这些工具的数量、类型和功能不断变化，以反映最新的技术和程序语言。你使用哪种工具取决于个人喜好和技能，以及你所在的组织能提供的支持。

数据可视化工具的范围很广。一端是点击或拖放的工具，如Excel，其允许用户点击并插入图表。另一端是像R和JavaScript这样的编程语言，它们需要编写代码来创建视觉效果。在Excel中，使用障碍要低得多，几乎任何人都可以在几秒钟内创建折线图或条形图。但使用编程语言需要知道怎么编写代码，以及不同语言之间的语法差异。不过，编程语言提供了更大的灵活性，而Excel等工具提供了一部分可以直接使用的图表。

这些工具的"难度"取决于个人，有时取决于组织。如果你喜欢编程语言，那么JavaScript、Python或R可能更适合你，但由于各种原因，你所在的组织可能不允许你使用这些开源工具。许多社会科学研究人员使用诸如SAS、SPSS和Stata等统计语言，但在我看来，这些工具的绘图能力不如其他语言。一些拖放工具（如Excel和Tableau）使用起来比较容易，但想要设计出更多定制化的可视化效果，就很困难了，或者需要一些编码（例如，Tableau中的计算字段）。

低　　　　　　　　　　　　　使用难度　　　　　　　　　　　高
（主要基于拖放或点击）　　　　　　　　　　　　　　　　　（主要依靠编程语言）

在本书中，我使用了各种工具来创建图表。很多图表是用R或JavaScript等编程工具创建的；在Excel和Tableau等拖放工具中也创建了不少。通过使用各种工具，我发现有些工具更容易创建图表，但很难设计出我想要的样式，有些更难学，还有一些则更直观。本附录中的工具列表主要是基于我在该领域的经验总结，因此并非详尽无遗（到目前为止）。在投入大量时间或金钱学习这些知识之前，你应该先了解这些工具和产品的基本情况。

主要基于拖放或点击的工具

Adobe Illustrator：这是一个设计工具。Adobe Illustrator以及其他Adobe Creative Suite（如Photoshop和InDesign）是设计师的主要工具。Illustrator中的图形库实际上非常差，但你可以插入其他工具中生成的图形，以添加更多的样式、标签和注释。Adobe Creative Cloud现在主要基于订阅购买，但不便宜。

Charticulator：微软的Charticulator于2018年推出，是一款在线工具，可用于创建自定义图表布局。它与其他一些工具的不同之处在于，它不是从预设图表中进行选择的，而是由创建者将图表转换为数字参数，例如标记（如矩形、直线或文本）和轴（如绘图中一个方向的属性）。Charticulator的图表主要是静态的，但可以与微软的Power BI集成以创建交互式图表。目前，Charticulator是免费使用的。

Datawrapper：这是一款来自德国团队的在线工具，你可以上传数据、选择图表模板、优化和设计样式，以及发布或下载。其创建的图表可以被嵌入网站中，并且可以进行交互。Datawrapper在大多数情况下都是免费的，付费版本允许自定义主题和其他导出选项。在这方面也有很多工具（如下面的Flourish和RAW），各有千秋。

Excel：Excel可能是世界上最广为人知的数据处理和可视化工具。作为Microsoft Office套件的一部分，Excel是付费软件。目前，在Excel中可以创建的基本图表类型超过16种，其中大多数类型都有不同的变化。Excel有一个基本的图表库，你可以通过VBA编程语言来扩展它。

Flourish：Flourish于2016年推出，是一款在线工具，主要面向新闻编辑，帮助记者在可拖放框架中创建静态的和交互式的图表。使用底层的JavaScript框架，通过一些选项可以定制和再开发Flourish图表。Flourish有免费的公共版、个人付费版（它提供了额外的功能）和商业付费版（面向大型团队和组织）。通过与谷歌新闻实验室（Google News Lab）合作，Flourish为新闻编辑从业人员提供了免费的高级账户。

Google Sheets：Google Sheets是Google工具套件的一部分。它的工作原理与Excel非常相似，但没有Excel那么复杂。因为它是在线工具，所以它的共享功能比Excel要好一些（但必须在联网的情况下才能使用）。

Power BI：Power BI是微软出品的商业智能工具，允许你创建交互式仪表板。它直接与Microsoft Office套件（尤其是Excel）链接，并且可以用类似于Tableau的方式进行修改和自定义。Power BI有免费的桌面版，也有付费的Power BI Pro和Power BI Premium供组织使用。

RAW：RAW由意大利DensityDesign研究实验室于2013年创建，是一个早期项目，旨在将Excel等电子表格工具与Adobe Illustrator等图形编辑工具联系起来。它是一个开源工具，这意味着你可以下载代码以进一步自定义可视化选项。它还有一个在线平台，你可以上传数据、选择图表并进行自定义编辑。RAW为某些非标准图表（如流图和凹凸图）提供了多种选项，而这些图表在其他工具中通常无法使用。RAW是免费的。

Tableau：Tableau可能是最流行的商业智能仪表板工具，它的拖放界面使你能创建交互式仪表板等可视化效果。与Excel一样，用户可以自定义他们的Tableau工作，以在基本图形菜单之外创建一系列可视化效果。Tableau有很多版本，有免费的Tableau公共版（但这意味着你的内容需要保存到Tableau网站上），也有适合大型组织的付费版，如Tableau Desktop和Tableau

Server。

在线工具（基于点击）

Infogram、Venngage和Vizzlo：它们仅仅是许多基于点击的在线工具中的三个，这些工具更多地面向那些想要快速创建信息图表和报告的人。根据我的经验，这些工具有时比其他在线工具有更多的图形选项，但它们并不总是基于最佳实践。定价也各不相同，有免费的，这往往意味着任何人都可以查看你的数据；也有付费版供大型团队和企业使用。

编程语言

D3：我们首先需要了解JavaScript。JavaScript是一种编程语言。每当网页显示更新、动态图形或播放视频时，可能都会用到JavaScript。D3是一个基于数据操作对象的JavaScript库，是由斯坦福大学的麦克·伯斯托克（Mike Bostock）、杰夫·希尔（Jeff Heer）和瓦迪姆·奥吉维茨基（Vadim Ogievetsky）在20世纪10年代初共同开发的。目前我们在网络上看到的大多数交互式数据可视化都是在D3上运行的，实际上《纽约时报》、《华盛顿邮报》和《卫报》网站上的每张交互式图表都是用D3构建的。与其他编程语言一样，使用D3有一条陡峭的学习曲线，但是一旦学会了，你创建的可视化类型就有无限可能。D3是开源的，因此可以免费使用。

Highcharts：Highcharts及其同类工具Highstock、Highmaps、Highcharts Cloud和Highslide由挪威的一个团队于2009年推出，是一套基于JavaScript的交互式数据可视化工具。要使用Highcharts，你需要了解一些编程知识，但是模板和资料库可以用来创建基本图表，然后在此基础上添加其他样式。Highcharts免费供个人和非营利组织使用；商用是收费的，价格因许可证和软件包的数量而异。

Python。Python被广泛应用于许多领域和行业，从数据分析到Web应用，再到人工智能。与D3和R一样，该语言也是开源的，这意味着有许多开放的、免费的资料库可以用来创建数据图表，例如Matplotlib、Seaborn、Bokeh和ggplot。

R：R于1992年构思，并于1995年首次发布，是一种用于统计计算和统计图的免费的、开源的编程语言。R在数据可视化方面的应用越来越广泛，特别是在哈德利·威克汉姆（Hadley Wickham）于2005年推出ggplot2［基于利兰·威尔金森（Leland Wilkinson）的"图形语法"］之后。R可以帮助你进行统计分析并创建定制的数据图表；其他工具和软件包可以让你创建交互式图表。

致谢

2014年，我为《经济展望杂志》（*Journal of Economic Perspectives，JEP*）撰写了一篇介绍数据可视化的文章。我一直想在JEP上发表文章，但没想到数据可视化会成为我感兴趣的话题。文章发表后不久，我接到哥伦比亚大学出版社布里吉特·弗兰纳里·麦考伊（Bridget Flannery-McCoy）的电话，询问我是否有兴趣写一本关于数据可视化的书。当时，我还没准备好写这本书——要写好这本书，我需要投入更多的时间和资源。尽管如此，布里吉特的电话还是很有成效的，它最终促成了我的第一本书《更好的演讲》（*Better Presentations*）的出版。

五年后，布里吉特再次打电话给我，问我是否准备好写一本后续的书。现在，我换了工作，更加关注基于数据的沟通，我发现自己有更多的话要说，我有了一个想法，想要写一本书，把想说的话放在里面。

我在华盛顿特区和纽约市之间的两次火车旅行中撰写了整个手稿的初稿。接着花两年半的时间来全面展开。最后就是你手上拿着的这本书。

这个成果的达成，需要感谢几个重要的人：布列塔尼·方（Brittany Fong）、阿吉特·纳拉亚南（Ajjit Narayanan）、乔恩·佩尔蒂埃（Jon Peltier）、安西娅·皮昂（Anthea Piong）和亚伦·威廉姆斯（Aaron Williams），帮助我完成了各种Tableau、Excel、R和JavaScript的挑战与任务。R.J. 安德鲁斯（R. J. Andrews）、约翰·伯恩·默多克（John Burn-Murdoch）、阿尔贝托·开罗（Alberto Cairo）、詹妮弗·克里斯蒂安森（Jennifer Christiansen）、爱丽丝·冯（Alice Feng）、约翰·格里姆韦德（John Grimwade）、史蒂夫·哈罗兹（Steve Haroz）、罗

伯特·科萨拉（Robert Kosara）和塞维里诺·里贝卡（Severino Ribecca），抽出宝贵的时间参与讨论、提供反馈，并帮助查找现代的和历史的研究与图片记录。

感谢那些允许我将他们的作品写进本书的人和组织。

还要感谢肯·斯卡格斯（Ken Skaggs）帮助管理PolicyViz播客，以及出席该节目的200多位嘉宾。

特别感谢阿尔贝托·开罗（Alberto Cairo）、奈杰尔·霍姆斯（Nigel Holmes）、杰西卡·赫尔曼（Jessica Hullman）、大卫·那不勒斯（David Napoli）和 查德·斯凯尔顿（Chad Skelton）审阅了部分或全部手稿，并提供宝贵的意见。

非常感谢肯尼斯·菲尔德（Kenneth Field）制作了许多地图，并耐心地跟着我缓慢的节奏。特别感谢海勒姆·亨利克斯（Hiram Henriquez）将本书的图片制作成可供打印的版本。

这本书的出版离不开哥伦比亚大学出版社编辑斯蒂芬·韦斯利（Stephen Wesley）的帮助，他一直及时响应我的邮件和问题。还要感谢克里斯蒂安·温廷（Christian Winting）、本·科尔斯塔德（Ben Kolstad）和哥伦比亚大学新闻团队的其他成员，是他们的帮助让这本书的出版成为现实。

我也很感谢城市学院（Urban Institute）的同事，他们致力于基于事实的研究，有助于改善公共政策和实践，加强社区建设，改善人民的生活。他们帮助创建了一个特殊的领域，不仅重视深入的学术研究，而且也重视创新的交流方式。

我还要感谢许许多多的朋友和陌生人，这些年来，我与他们就数据可视化和数据沟通的各个方面进行了讨论甚至辩论。数据可视化社区是一个特殊的地方——大约10年前，它热烈地欢迎我的加入，从而彻底地改变了我的职业生涯，我希望将这份热情传递给更多的数据传播者。我想特别感谢这个领域里的人，他们个个都充满了创造力。

写第三本书与写第一本和第二本相比，既容易又困难。如果没有家人和朋友深切的爱与无私的支持，我不可能鼓起勇气去再写一本书，他们为我加油，甚至对我工作中最平凡的细节都给予了肯定。特别感谢我全家的支持和爱意。

最后，我要特别感谢我生命中最重要的三个人：我的妻子和孩子们。我的孩子埃莉（Ellie）和杰克（Jack）是我快乐、骄傲和乐趣的源泉。他们看着自己的父亲与代码斗争，抱怨配色和字体，看着我熬夜阅读和写作。通过这一切，他们给了我坚定的鼓励、爱和支持。作为一个父亲，当他们靠在你的肩膀上说"热力图怎么样了？"时，你就有了无穷的动力。

我最深切的感谢要献给我的妻子劳伦（Lauren），她审阅了这本书的每一页，删去了重复的文字，让语言更清晰明了，处处为我的读者着想。她鼓舞我们勇敢前行，特别是当我因写作、演讲或出差而必须远行时。她无时无刻不在提醒着我，"她是我人生中最美丽的遇见"，这句话说得太对了。